JN295493

基地の政治学

川名晋史
Kawana Shinji

戦後米国の海外基地拡大政策の起源

Base Politics: The Origins of the Post War
U.S. Overseas Bases Expansion Policy

東京　白桃書房　神田

目　次

図表一覧……iv
略語一覧……v

序　章 …………………………………………………………………… 1

　　第1節　はじめに……1
　　第2節　基地の政治学……9
　　第3節　本書の議論……11
　　第4節　構成……12
　　第5節　基地研究における本書の位置付け――体系化の試み……13

第1章　分析枠組――基地の政治学 ……………………………… 17

　　第1節　戦略論――脅威と資源制約……19
　　第2節　同盟政治論――脅威の共有性と基地のディレンマ……24
　　第3節　契約論――交渉と基地契約……28
　　第4節　仮説の位置付けと分析枠組……34
　　第5節　方法……39

第Ⅰ部　戦後基地計画

第2章　戦後基地計画の胎動
　　　　――JCS 570/2（42年12月～43年11月） ………………… 52

　　第1節　戦後基地構想……52
　　第2節　個別の基地計画……55
　　第3節　JCS 570/2の決定……64
　　第4節　小結……67

i

目次

第3章　基地システムの拡大計画
——JCS 570/40（44年〜45年10月）……75

第1節　戦後世界とソ連の脅威……76
第2節　JCS 570/2の改訂作業——核の出現と戦争の終結……86
第3節　JCS 570/40……95
第4節　小結……99

第4章　拡大計画の頓挫
——JCS 570/83（46年〜47年9月）……108

第1節　計画の見直し……109
第2節　ソ連の行動と地中海……115
第3節　戦争対処計画……117
第4節　JCS 570/83……119
第5節　基地交渉の難航—詳述……123
第6節　小結……129

第5章　再拡大への道
——基地獲得の原理（47年9月〜49年4月）……137

第1節　戦争計画との結合—ポストJCS 570/83……137
第2節　デンマークとの基地交渉と見返り……139
第3節　見返り原則……143
第4節　JCS 570/120……148
第5節　小結……153

第II部　基地計画の実行——接受国との交渉とその結果

第6章　英国 …… 164

第1節　第二次世界大戦期の展開と戦後の撤退……165
第2節　戦後の再展開……168
第3節　ベルリン危機後……173
第4節　「共同決定」方式と駐留の固定化……176
第5節　小結……178

第7章　デンマーク ……………………………………………………… 182
　　第1節　歴史的背景……182
　　第2節　スカンジナビア同盟連合構想と北大西洋条約……184
　　第3節　グリーンランドを巡る交渉……186
　　第4節　本土を巡る交渉……193
　　第5節　小結……196

第8章　スペイン ………………………………………………………… 201
　　第1節　国際環境……201
　　第2節　交渉への道……203
　　第3節　交渉開始……211
　　第4節　マドリード協定……214
　　第5節　小結……216

終　章　結論——戦略と対接受国政策 ………………………………… 221
　　第1節　40年代から50年代初頭にかけての海外基地政策……221
　　第2節　含意と将来の研究課題……231

　　Appendix　基地の変動性と安定性，及び接受国のリスト……242
　　おわりに……245
　　引用・参考文献……248
　　索引……263

図表一覧

図表序-1　1945年から2005年までの接受国数……3
図表1-1　基地政策に影響を与える要因とそのプロセス……36
図表1-2　選択したケースと時期による基地の有無……43
図表2-1　JCS 570/2に至るまでの各アクターの計画……67
図表3-1　JCS 570/40に至るまでの各アクターの計画……99
図表4-1　JCS 570/83に至るまでの各アクターの計画……129
図表5-1　JCS 570/120に至るまでの各アクターの計画……154
図表終-1　戦後基地システムの形成過程……222
図表終-2　戦略と基地計画の変遷……224
地図1　　JCS 570/2……65
地図2　　JCS 570/40……97
地図3　　JCS 570/83……120
地図4　　JCS 570/120……149

略語一覧

ATC：Air Transport Command（輸送航空司令部）
CNO：Chief of Naval Operations（海軍作戦部長）
COMINCH：Commander-in-Chief of the United States Fleet（合衆国艦隊司令長官）
ECA：Economic Cooperation Administration（経済協力局）
FACC：Foreign Assistance Coordinating Committee（対外援助調整委員会）
GPR：Global Posture Review（米軍のグローバルな態勢の見直し）
IPWAF：Initial POST WAR Air Force Plan（初期の戦後航空部隊計画）
JCS：Joint Chiefs of Staff（統合参謀本部）
JSP：Joint Staff Planners（統合計画参謀）
JPWC：Joint POST WAR Committee（統合戦後委員会）
JSPC：Joint Strategic Plans Committee（統合戦略計画委員会）
JSPG：Joint Strategic Plans Group（統合戦略計画グループ）
JSSC：Joint Strategic Survey Committee（統合戦略調査委員会）
JWPC：Joint War Plans Committee（統合戦争計画委員会）
MAAG：Military Advisory Assistance Group（軍事勧告支援グループ）
NATO：North Atlantic Treaty Organization（北大西洋条約機構）
NSC：National Security Council（国家安全保障会議）
OPD：Operations and Planning Division（企画・作戦部）
PPS：Policy Planning Staff（政策企画室）
SAC：Strategic Air Command（戦略航空軍団）
SEATO：The Southeast Asia Treaty Organization（東南アジア条約機構）
SHAPE：Supreme Headquarters Allied Powers Europe（欧州連合軍最高司令部）
SOFA：Status of Forces Agreement（地位協定）
SWNCC：State, War, Navy Coordinating Committee（国務・陸軍・海軍三省調整委員会）
VCNO：Vice Chief of Naval Operations（海軍作戦副部長）
WEU：Western European Union（西欧連合）

序章

第1節　はじめに

基地システムの安定性

　米国の海外基地とそのネットワークは米国の覇権の重要なインフラストラクチャーの一つであり，それは特定の，また世界の様々な地域で起きる脅威に対して活用されるだけでなく，平時においても一般的かつ潜在的な脅威に備えるためのものである。そしてそれは，単に米国の戦略や安全保障上の利益だけでなく，世界全体の力のあり方やその分布に大きな影響を与え，国際政治の構造の一つの特徴となっている。[1]

　このような海外基地は第二次世界大戦以前，植民地に置かれるか戦時に限って同盟国やその植民地に置かれるのが常であった。しかし，大戦が終わると基地は平時から同盟国をはじめとした主権国家にときに長期間維持されるようになった。ケント・カルダー（Kent Calder）は次のようにいう。

　　海外基地展開には保守性がみられる。戦争中，もしくは終戦直後に基地が確立すると，その基地の実際の機能がどう発展しているかには関わりなく，永続的に存在し続けることが多い。……現地住民が基地の存在に複雑な感情を抱いている場合でも，基地が長期に維持される驚くべき例は，歴史を見ても数限りなくある。……沖縄の海兵隊基地も地元の強硬な反対を受け，戦略任務を効率的に実施できるような代替の候補地が多数あるにもかかわらず，1945年から居座り続け，その間ずっと日本政府からかなりの額の財政支援を受けている。[2]

序章

　米国の上院外交委員会も1970年の時点から，基地の持続性を次のように指摘していた。

　　海外基地はいったん展開されるとそれ自体に生命が宿る。仮に当初の任務が終了しても，そこには新たな任務が確立される。基地は維持されるだけでなく，ときに拡大されるのである[3]。

　このような基地の安定性は，ティム・ケイン（Tim Kane）が作成した米軍の海外展開（1950-2005年）に関するデータからも確認することができる（詳細はAppendix参照）[4]。例えば，いまケインのデータから100人以上の米軍展開がある国を便宜的に基地のある国（以下，接受国）と見做すとすれば（これは後述する基地の定義や内容とは異なるが，基地展開の大まかなイメージを得るには便利な指標である），1950年から2005年までの間に米国の基地を受け入れたことのある国は計71あることになる[5]。そして，それらの国に基地が展開される平均的な期間は24年となる。さらに，その中で基地が一度も撤収されていないのは，日本，韓国，ベルギー，ドイツ，ギリシャ，デンマーク（グリーンランド），イタリア，ポルトガル，英国，サウジアラビア，トルコ，カナダ，キューバの13か国で，その数は全体の18％を占めている。

　一方，基地が5年未満で撤収された国も中東，アフリカ，南米を中心に14あり，それが全体の20％を占めている。つまり，ケインのデータからは，米国が折々の戦略環境に反応し，一部の国と地域で短期に基地の展開と撤退を繰り返す一方で，半数以上（61％）の国では10年以上，そして1/3の国では40年以上の長きにわたって基地を維持していることがわかるのである。

　この点，世界全体に広がる基地のネットワークを一つのシステムと捉えてみても，それが特定の危機や緊張の程度，或いはその振幅を越えて安定していることがみて取れる。但し，そのような基地システムは，第二次世界大戦後にスムーズに形成されたものではなかった。図表序−1は1945年から2005年までの接受国の数を示したものである[6]。

図表序-1　1945年から2005年までの接受国数

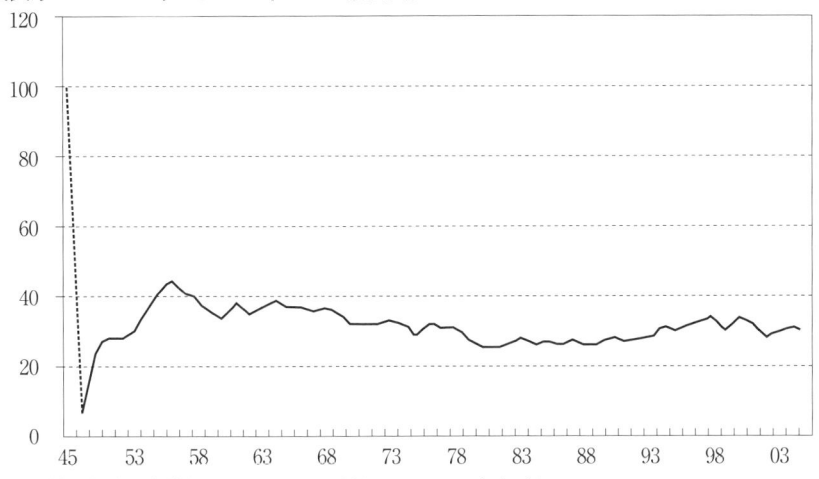

出所：筆者作成．点線部分はデータ元が異なっていることを示している．

基地システムの起源

　第二次世界大戦の勃発以降，米国はそれまで限定的にしか有していなかった海外基地システムを大きく拡大し，戦争終結時には世界の100の国と地域に基地を置いていた[7]。ところが，終戦後の1947年から49年辺りにかけてフィリピン，占領下にあった日本（旧委任統治領も含む），ドイツの西側占領地区，そして英国から貸与されていたカリブ海や大西洋の島嶼地域を除いたほとんどの地点から基地を撤収し，わずかに残った基地についても，その大半が協定の期限切れを迎える事態に直面していた。1945年以降，海軍は325の海外基地を閉鎖し，1949年にはわずか25の基地を使用するのみであった。また，空軍は1949年の終わりには10ほどの海外基地しか持っていなかった[8]。

　しかしそれからしばらくすると，米国は1950年辺りを境に再び基地システムをグローバルに拡大し，現在に至るまで一貫して大よそ30前後の国と地域に基地を置き続けている。もっとも，時期によってそれが東アジアに集中していたり，中東や欧州に集中していたりするのであるが，図表序-1からは，50年代以降の米国が戦略環境の如何にかかわらず安定して大規模な基地システムを維持してきたことがわかるのである[9]。

では，第二次世界大戦後の米国はなぜ，如何にして，かくも広大な海外基地システムを形成したのか。本書はこの問いに答えようとするものである。戦後の米国は，それまでに例のない主権国家である接受国（候補）との平時における基地交渉の問題を克服し，脅威の有無やその大小にかかわらず基地を展開する仕組みを作り出した。ポスト植民地時代への移行期にあって，米国はなぜ，どのようにそのような試みを成功させたのか。

実は，本書でみていくように米国の統合参謀本部（Joint Chiefs of Staff：JCS）は，戦時中の1942年12月からフランクリン・ローズヴェルト（Franklin D. Roosevelt）大統領の指示によって戦後の基地計画，すなわち戦後世界における基地のあり方ついての研究を開始していた。例えば，1943年11月，ローズヴェルトの承認を得てまとまった初の公式的な基地計画は，戦中に獲得した太平洋と西半球の基地を戦後も維持，拡大することを企図したものであった（JCS 570/2）。そして，枢軸国の脅威が消失し，動員解除の動きが明白になっていた1945年10月，JCSは従来の勢力範囲であった西半球や太平洋を越えて，北大西洋，北アフリカ，中東にまで基地システムを拡大することを決定した（JCS 570/40）。ところが，トルーマン・ドクトリンが発出され，冷戦の様相が深まる1947年9月，彼らは一転して基地計画を縮小し，北大西洋と西半球を中心に限定的な基地システムを構築することを決めた（JCS 570/83）。そして，基地交渉が世界中で困難を極めていた1948年以降，彼らは再び基地システムを西ヨーロッパ，北アフリカ，中近東にまで拡大していくことを決断したのである（JCS 570/120）。

このような基地計画の変遷は，われわれに理論的に重要な疑問を投げかけるものである。なぜなら，そこでみられた計画の変遷はこれまで基地政策の決定に重要な影響を与えると考えられてきた脅威の大小，或いは資源制約に対する政策決定者の認識と平仄を合わせたものではないからである。例えば，なぜJCSは戦争が終結し，将来的な軍事予算の削減や動員解除の動きが明白だった1945年10月に基地システムの拡大を決めたのか。そこでは，以後の脅威の対象や基地の目的はどのように認識され，それに基づいた基地の拡大計画は資源制約の問題と如何にして整合性が図られたのか。

また，彼らはなぜソ連との対立が激化する最中の1947年9月に基地システ

ムの縮小を決めたのか。実は，JCSはこのときすでにソ連との戦争を想定した戦争対処計画（war plan）の立案に着手していた（第3章）。にもかかわらず，新たな基地計画は共産圏との国境地帯に基地を配置しようとするものではなかったし，対ソ航空攻撃にとって不可欠と考えられた南アジアの基地を構想から外すものだったのである。

そしてその後，米国はどのように基地システムを再拡大しようとし，そのような試みはなぜ成功したのか。よく知られているように，米国は1948年当時，欧州で誕生しつつあった多国間同盟（WEUや後のNATO）への参加には未だ積極的ではなかった。一方の接受国候補の側も，依然として米国の基地を受け入れることには難色を示していた[10]。そのような状況下で，米国は如何にして基地の拡大を模索し，接受国候補はなぜ最終的に米国の基地を受け入れたのか。

本書はこれらの疑問を一つの手掛かりにして，米国の基地拡大のメカニズムを「基地の政治学（base politics）」，すなわち，1）戦略，2）脅威の共有性及び「基地のディレンマ」，3）基地契約，の三つの要素の相互作用の中から明らかにしようとするものである。以下，そのような分析枠組を解説する前に，本書の主題に対する先行研究の見解と，冷戦史における基地拡大政策の位置付けを明確にしておこう。

冷戦と基地システムの拡大

従来，戦後の基地システムの拡大については，米国の冷戦戦略を規定したNSC 68（1950年4月）とその直後の朝鮮戦争（1950年6月）に起源を見出すのが常であった。例えば，既出のカルダーは世界の基地のありように最も強い影響を与えた時期の一つとして「1950年から朝鮮戦争が終わる53年まで」を挙げ，朝鮮戦争という現実と理論上の枠組であるNSC 68が「冷戦期における米軍の前方展開の規模を事実上定めた」と指摘した[11]。また，ジョン・ルイス・ギャディス（John L. Gaddis）も，NSC 68と朝鮮戦争を米国の戦後安全保障政策の「転回点」とし，それを「封じ込めの世界化と軍事化（globalization and militarization of containment）」の起源と考えた[12]。

NSC 68と朝鮮戦争は，実際に次の二つの側面から米軍の前方展開の枠組を強化した。まず，NSC 68は西側世界にとって脅威であったソ連を「軍事力の

増強によってグローバルレベルで封じ込める」ことに主眼を置いていた[13]。その ため，1) 大規模な米軍地上兵力の欧州駐留，2) 核兵器搭載の爆撃機を展開さ せるための空軍基地の欧州への設置，3) 同盟軍の統合と統合的軍事計画の推進， という三つの重要な提案がなされることになった[14]。米国が戦略的に重視すべき 地域としては，カナダ，英国，西ヨーロッパ，アラスカ，西太平洋，アフリカ， 中近東が指定され「それら地域にまたがる兵站線をソ連の航空及び地上攻撃か ら効果的に防衛」することの重要性が指摘された。NSCは実際に戦争が起こ った場合のソ連の軍事作戦を，1) 英国に対する航空攻撃，2) 大西洋及び太平 洋の西側の兵站線に対する海からの攻撃，3) 選択された目標に対する核攻撃 と想定していたからである[15]（この点，第5章）。

一方，それから程なくして勃発した朝鮮戦争は，ハリー・トルーマン（Harry S. Truman）米国大統領をして，NSC 68を正式に承認せしめる重要な契機と なった。1950年9月，トルーマンはNSC 68の具体化を関係省庁に指示し，同 年12月にはそれをNSC 68/4として承認した。以降，米国の軍事予算は急速に 増大し，軍の海外展開，とりわけ地上軍の増強が真剣に検討されるようになっ た[16]。事実，米軍の展開兵力は朝鮮戦争が勃発した1950年6月末の時点で，す でに146万人まで縮小されていたが，1952年6月末にはそれが363万6,000人 にまで増大し，陸軍は10個師団から18個師団，空軍は42飛行隊から72飛行隊， 海軍の艦船数は618隻から1,000隻以上，そして空母艦隊も9航空群から14航 空群に増強された[17]。ギャディスはこれらの事実をもって「共産主義を至るところ で封じ込めるという，実際の米国のコミットメントは朝鮮戦争に端を発す る[18]」と指摘するのである。

しかし，政策決定者の構想レベルでいえば，米国の基地拡大政策はすでに述 べたようにNSC 68や朝鮮戦争よりも遥かに前から立案が開始されていた。と 同時に，それを実現するための交渉も1946年以降，順次世界中で行われていた。 例えば，NSC 68でみられた基地システムについての考え方は，1948年3月に JCSが策定していた『短期的緊急事態計画』を踏襲するものであったし，NSC 68が示した戦略地域（既述のカナダ，英国，西ヨーロッパ，アラスカ，西太平洋， アフリカ，中近東）は，1949年4月のJCS 570/120で示された基地地域と重な るものであった（この点，第5章）。

また，朝鮮戦争が勃発した時点で米国にとって重要と考えられていた基地の幾つかはそれより前に占領や交渉を通じて獲得されていたか，そのほとんどがすでに接受国との交渉の俎上に載せられていた。例えば，40年代後半以降，米国の冷戦戦略にとって柱石と考えられていた日本とドイツの西側占領地区には戦争終結後，一貫して基地が置かれていた[19]。とりわけ沖縄と小笠原に関しては，1945年8月に日本が降伏した時点から日本本土を監視，もしくは管理するために不可欠の基地と見做されていた[20]。そのため両地域はJCSの戦後基地計画においても1945年10月の段階から，米国による長期的な「直接統治」の必要性が指摘されていたのである（詳細は第3章）。

　一方，日本本土とドイツの西側占領地区で確立された基地には当初，両国の軍事力を解体するための，言わば懲罰的な機能が与えられていた[21]。例えば，日本占領の根拠となったポツダム宣言は，無責任な軍国主義が世界から駆逐されるまで連合国は日本国内の諸地点を占領する，と謳っていた。同様に，ドイツの西側占領地区の基地はナチスの影響力を排除し，連合国による占領政策を円滑に進めるための手段として捉えられていた[22]。

　ところがその後，それらの基地には米国や周辺諸国の安全保障にとって脅威となり得る日独を無力化するだけでなく[23]，ソ連に対抗する米国の役割を強化するという「二重の封じ込め」の効果があることが明らかになってきた。そのため1948年にもなると，両地域の基地は米国の大西洋と太平洋の同盟国全体の安定を維持する重要な要素と見做されるようになったのである[24]。

　かくして両地域で行われた占領は，当時基地システムの拡大を企図していたJCSにとってアジアと欧州に大規模な基地を建設する大きな契機となった。というのも，占領地の基地は施設の設置や拡張，或いは兵力の移動等について接受国側と交渉する必要がなく，ほとんど制約なしにそれを実行することが可能だったからである（この点，第1章）[25]。これは当時，他の主権国家で運用を開始するか，或いは交渉を通じて獲得しようとしていた基地では望むことのできない条件であった。そのため，軍は日本に関しては朝鮮戦争の勃発以降もできるだけ長期に占領を継続することを望んだ。日本の基地は，1）貿易ルートと海洋航路をコントロールし，2）ソ連に太平洋の米軍基地に対する攻撃拠点を与えることを防ぎ，3）アジア大陸ならびにソ連に対して軍事力を投入する重

要な拠点,と見做されたからである(すなわち,講和交渉は米国が享受していた基地の排他的権利を損なわせるものと認識された)[26]。

一方,朝鮮戦争より前に交渉によって獲得されていた重要な基地としては,例えば英国があった(この点,第6章)。戦前,米国は1940年9月の「駆逐艦─基地交換協定」によって一部の英領に基地を展開し,後に英国本土にも基地を置いた。そして,終戦後の1946年2月,同協定の対象地域を除く英領から基地を撤収した。ところがその後も定期的に連絡を取り合っていた米英両軍は,次第に増強するソ連の陸軍兵力に対する脅威認識を共有するようになった[27]。そのため,撤収からわずか1年後の1947年初頭,米国は再度英国に基地を設置し,後に空軍部隊の展開を開始した[28]。また英国以外でも,米国はブラジルとの間で1944年6月に戦後の継続的な基地使用を謳った二国間協定を締結し,1947年3月には独立したばかりのフィリピンとの間で基地協定を締結,スービック,クラーク両基地に大規模な海・空軍基地を展開した。

このように,米国は戦後のかなり早い段階から日本とドイツの西側占領地区,そして英国という近代軍事力の基盤となり得る潜在工業力を持った地域を中心に基地を展開し,それらの同心円状に,中継基地や後方基地,或いは兵站ラインを設定するための交渉を北大西洋と欧州(アイスランド,グリーンランド,アゾレス諸島,スペイン,フランス,オランダ),アフリカ(モロッコ,アルジェリア,チュニジア,エジプト,リベリア),南米(パナマ,エクアドル,キューバ,ペルー),そして南アジア地域(カラチ,カルカッタ)の国々と開始していた(詳細は第3章,第4章)。

ところが,そのような交渉には大きな壁が立ちはだかっていた。本書の議論を先取りしていえば,それは接受国側の主権と自立性,そして「巻き込まれ」に派生する問題であった。戦中に締結した基地協定は接受国側の平時の利益までを保障するものではなく,基地は主権侵害の象徴として,或いはソ連との望まぬ対立を招く火種として忌避されたのである。そのため,戦後の基地交渉は世界中で難航し,1948年以降,米国は従来の対接受国政策の転換を真剣に検討せざるをえない事態に直面したのである。

これらのことから,戦後の基地拡大の過程にはNSC 68(戦略)や朝鮮戦争(共通脅威の拡散)だけでは捉えられない多様な要因が関係していた可能性を推察

することができる。実際，朝鮮戦争の勃発直後に基地を受容していった国の中には，必ずしも米国と脅威認識を共有しない国（例えば，スペイン）や，基地を単なる安全保障上の利益とは見做さない国（例えば，デンマーク）も含まれていた。本書が米国にとっての脅威や戦略，或いは同盟といった要素に留まらず，接受国側の主権や自立性，或いは基地契約の問題にまで踏み込んで考察を行おうとする理由はここにある。

そこで本書は朝鮮戦争から時計の針を巻き戻して，戦時中から開始されていた米国の基地拡大政策を考察し，そこから本書の問いに対する解答を提示したい。具体的には，すでに述べた個別の問題（すなわち，なぜ米国は枢軸国の脅威が消失し動員解除が進む中で基地の拡大を計画し，逆にソ連との対立が激化する只中に基地の縮小を決断したのか。そしてその後，如何にして基地の拡大を図っていったのか）についての考察を手掛かりに，米国の基地政策の決定に影響を与える要因を抽出し，最終的には基地が拡大に至るプロセスを明らかにする。

第2節　基地の政治学

そのような目的を達成するために本書が用いるのが「基地の政治学」とも呼ぶことのできる分析枠組である（詳細は第1章）。本書が提示する基地の政治学とは，1) 米国の戦略，2) 接受国側の脅威の共有性と「基地のディレンマ」，3) 米国と接受国の交渉とその結果としての利得配分を示す基地契約，の三つの要素から成り立つものであり，その分析レベルは，米国の意思決定過程と接受国の意思決定過程，そしてその相互作用（交渉）が交叉するものである。そしてそれぞれの要素は，戦略論，同盟政治論，契約論という異なる理論的背景を持ち，それらが相合わさることで基地政策の決定から実行までを説明する有効な分析枠組となる。

具体的には次のようなものである。まず，米国の基地計画，すなわち米国による基地及び接受国の選択と配置の問題を説明するのが基地の戦略論である。ここでいう戦略とは，米国にとっての脅威と資源制約（例えば，軍事予算や動員兵力）の関数であり，そのような視角からは——（他の条件を一定とすると）

米国にとっての脅威が増大すれば，米国は資源制約の範囲の中で基地を拡大しようとし，脅威が低下したり資源制約が強まればそれを縮小しようとする——との仮説が引き出される。

次に，基地計画の実行可能性の問題を説明するのが基地の同盟政治論である。それは同盟政治の理論を援用したものであり，1) 米国と接受国の共通脅威と，2) 接受国側の「基地のディレンマ」（すなわち，自立と安全，及び「捨てられ」と「巻き込まれ」のディレンマ）の問題に焦点を当てるものである。そしてそのような視角からは——接受国が米国と脅威認識を共有していれば基地は受け入れられるが，そうでない場合は拒否される。しかし，接受国が米国と脅威認識を共有していても，自立性の低下や巻き込まれの危険性を強く懸念していれば基地は拒否される——との仮説が引き出される。

最後の契約論は，米国と接受国の交渉の問題を説明するものである。焦点となるのは，米国と接受国が締結する基地契約のタイプである。例えば，脅威が極めて深刻で，またそれが接受国との間で共有されている場合（例えば，戦時），両国は単一契約を締結し，戦争が終われば再交渉の余地なく基地は終焉する。一方，脅威が共有されていないか，また共有されていたとしても接受国側が自立性の低下や「巻き込まれ」を恐れている場合，両者は包括契約を締結し，米国は接受国に対して問題領域を超えた見返り（quid pro quo）を提供する。このような視角からは，次のような仮説——米国が深刻な脅威に直面して基地を拡大しようとしても，同盟政治論的な観点から，米国と脅威認識を共有しないか，自立性の低下や「巻き込まれ」を恐れる接受国との交渉が難航すれば基地計画は縮小される。しかし，米国と脅威認識を共有しなくとも，或いは（また）自立性の低下や「巻き込まれ」を恐れる接受国に対しても，単一的ではなく包括的な基地契約を提案し，そこで十分な利益供与を行うことで基地は展開される可能性がある——が導かれる。

基地の政治学のこのような三つの視角を組み合わせれば，基地政策の計画と実行の過程は次のように捉えられる。まず，基地計画の決定に主たる影響を与えるのは米国の戦略であり，それが基地の配置や規模を決定する。そしてそのような計画の実行には，接受国側の脅威の共有性と基地のディレンマに起因する制約が課せられ，それを克服するのが基地契約（base contract），つまり「見

返り」の問題である。

　このような分析枠組と仮説をもって，本書は第二次世界大戦中から50年代初頭まで（図表序 – 1でいえば，戦争直後に基地システムがいったん縮小し，それが再度拡大に転ずるまでの時期）の海外基地システムの形成過程を考察する。具体的には，1）米国の基地政策の決定過程については，第二次世界大戦中から数次にわたって行われたJCSによる基地計画の策定過程とその変遷を詳細に分析することによって，2）そして，接受国が基地を受容する過程については，四つの基地交渉（英国，グリーンランド，デンマーク本土，スペイン）のケースを考察することで明らかにする。

第3節　本書の議論

　全体の議論を先取りすれば次のようになる。戦後の米国は，従来考えられてきたように朝鮮戦争という脅威に対抗するために，言わば「白紙」の状態から基地を拡大したわけではなかった。彼らはすでに40年代中頃から迫りくる冷戦を目の当たりにして基地の拡大を試み，基地の受け入れを渋る国に対して安全保障や経済援助などの利益を与える「見返り原則」という交渉原理を採用した（1948年12月）。そしてそれが適用され，その効果が十全に発揮されることで基地が拡大したのがNSC 68や朝鮮戦争を契機とした時期のことであった。換言すれば，戦後の基地拡大はNSC 68や朝鮮戦争を待つまでもなく，40年代後半にはすでにその「種」が蒔かれていたのである。

　時系列的に整理すれば次のようになる。戦後の基地拡大の過程には，まず戦後の基地構想とその部分的な実行の過程があり，その後に冷戦戦略の策定が開始された。両者は戦争対処計画を通じて次第に連動し，そこで形成された基地戦略の基本的な枠組が朝鮮戦争という現実と結びつくことによって最終的に基地をグローバルに拡大させた。そしてその過程では，見返り原則が基地拡大の「潤滑油」として重要な役割を果たした。というのも，それは当時多くの接受国候補が直面していた基地のディレンマを解決し，米国と脅威認識を共有しない国に基地を受容させる有効な手段となったからである。

序章

　もっとも，見返り原則が生みだされるまでの道のりは平坦ではなかった。戦争終結後，米国は少なくとも計画レベルでは一貫して基地システムを拡大しようとしていた。しかしながら，接受国側との交渉は悉く難航した。JCSが米ソ対立の深刻化する只中に基地計画を縮小し，対ソ戦略上不可欠な基地でさえ獲得を断念せざるを得なかった背景には，基地を主権侵害と捉え，米ソ対立への「巻き込まれ」を恐れる接受国側の抵抗があった。見返り原則はそのような接受国からの制約を克服するために，国務省と国防総省，そして軍が一丸となって考え出したものであった。かくして，今日みられる広大な基地システムの起源の一つには，平時の基地政策に正当性と互恵性を担保しようとした対接受国政策の転換，すなわち見返り原則の導入があったことがわかるのである。

第4節　構成

　本書の構成は次のようなものである。まず，第1章では本書の分析枠組（基地の政治学）と仮説を示し，その検証方法を述べる。以下は2部構成になっている。第Ⅰ部（第2章から第5章）は，戦中から戦後にかけて行われたJCSの基地計画とその変遷に関する考察である。第2章は，戦後の基地計画の立案が開始された1942年12月から43年11月までの戦中期を扱う。ここでは，戦中の基地システムを戦後も維持，拡大することを決めたJCS 570/2の決定過程を考察する。第3章は，戦後の海外基地システムを大きく拡大しようとした1944年から45年10月まで（大戦末期の戦後構想期から，戦後の動員解除期まで）を扱う。そこで明らかになるのは，一方での政策決定者の脅威への対抗意思と，他方での接受国の主権や平時の利益に対する無自覚である。
　第4章は，東西冷戦構造が徐々に顕在化しつつあった1946年から47年9月までが対象である。同時期，米国はソ連との対立が顕在化するなかにあって，基地システムの大幅な縮小を決めた。そこから明らかになるのは，同盟国や友好国の意思決定が米国の戦略を制約する過程である。第5章は，冷戦戦略の策定期である1947年9月から49年4月までの時期を扱う。同時期，米国はそれ以後の基地交渉に「見返り原則」を適用することを決定した。そのため本章は，

本書全体の問いを解明する上で大きな意味を持つと同時に，第Ⅱ部のイントロダクションとしても位置付けられるものである。

　第Ⅱ部（第6章から第8章）は，40年代後半から開始された米国の実際の基地交渉に関する考察である。つまり，第Ⅱ部は米国と接受国の平時の基地交渉を考察し，特に見返り原則の効果を明らかにしようとするものである。そこで取り上げるケースは英国，グリーンランド，デンマーク本土，スペインの四つである。第6章は，英国のケース・スタディーである。英国が特徴的なのは戦中に基地を受け入れ，大戦直後にそれを撤退させ，その直後に再度基地を受け入れたことである。そこから明らかになるのは，接受国の意思決定に与える共通脅威要因の影響力である。第7章は，グリーンランドとデンマーク本土のケース・スタディーである。同時期，デンマーク政府はグリーンランドで基地を受容した一方で，本土ではそれを拒絶した。そこから明らかになるのは，接受国にとっての基地のディレンマとそれを解決する見返りの条件である。第8章は，スペインのケース・スタディーである。同時期のスペインは，米国と共通脅威を持たず，NATOのメンバーでもなかった。そこから明らかになるのは，接受国の意思決定に対する見返りの影響力の大きさである。

　終章では，米国の海外基地政策が決定，実行されるまでの過程を整理し，仮説が有効であるための条件を示す。そして最終的には，そこから明らかになったことの含意として，1）基地の安定性のメカニズム，2）基地が戦略に与える影響，3）見返りとしての同盟，そして，4）占領地における基地の問題を指摘する。

第5節　基地研究における本書の位置付け——体系化の試み

　米国の海外基地は国際政治の論争的なテーマの一つであり，多様な側面を持ち，またそれに対しては様々なアプローチが可能である。基地問題が包摂する領域は広く，即座に挙げられるだけでも戦争，戦略，同盟，交渉，主権，支配，資源，地位協定（SOFA），行政，事故・環境汚染と多様である。そしてそれらは相互に密接に関連した問題でもある。ただ，研究者の関心はもっぱら特定

の，或いはそれと隣接する少数の問題に集中するのが一般的であった。

　例えば，接受国側からみた基地を論じるとき，それを米国の拡大抑止を機能させ，接受国の安全を守る不可欠の手段と捉えて分析することもあれば，基地から派生する事故や騒音の問題，すなわち，地域住民の問題と捉えて分析することもある（勿論，この二つの問題を政府や他のアクターが如何に調整するかも分析の対象である)[29]。また，主権の問題や米国と接受国の非対称な関係性を取り上げて分析されることもある[30]。基地を設置する大国側の視点に立てば，基地は脅威への対抗手段として捉えられたり，資源アクセスのための方途として捉えられたりもする[31]。或いは，広く国際システム的な観点からみると，基地は中小国を政治的，経済的にコントロールする手段として，より一般的には国際システムの階層性や帝国（主義）の象徴として捉えられることもある[32]。

　このように海外基地は国際システム，基地のネットワーク，二国間関係，さらに国内レベルという複数のレベルにわたって考えなければならないものであり，またそこに影響を与える要因も脅威，戦略，主権，支配，依存など様々なものが複雑に絡み合っている。さらに，海外基地の問題は国際政治学の分析や研究の対象であると同時に，すぐれて政策的な要素が強く，またその評価は上に挙げた問題群の何を強調し，それをどこから眺めるのかによって大きく変化する。

　このようなことを念頭に置いた場合，本書の特徴はグローバルに広がった米国の海外基地システムの形成過程とその起源を客観的に明らかにするなかで，様々な分析レベルや多様な要因の関連性を可能な限り解き明かし，その上で新たな理論的，実証的地平を示すことにある。

注

1）　山本 2006.
2）　Calder 2007 : 35.
3）　Senate Committee on Foreign Relations, *Final Report of the Sub-Committee on US Security Arrangements and Commitments Abroad*, 91st Congress, 1970.
4）　Kane 2006. このデータは，米国防総省が毎年発表している米軍人の海外展開人数のデータ（*Active Duty Personnel Strengths By Regional Area and By Country*）から作成したものである。
5）　本書で採用した100人以上という数字は，カルダー（Calder 2007.）やジョンソン（Johnson 2004.）も採用する，言わば「研究者の合意」とでもいえるものである。

6） 但し，1945年のデータと46年のデータ（点線部分），そして1950年以降のデータはソースが異なっているため，それが意味するところは限定的である。1945年のデータは，Blaker 1990：37.からとっている。1946年のデータは，JCS 570/62, "Overall Examination of U.S. Requirements for Military Rights," May 15, 1946, Box 86, Section 19, file CCS360 (12-9-42), Central Decimal Files, 1946-1947, RG 218, National Archives Ⅱ, College Park, MD. に基づいている。1950年以降のデータは，Kane 2006.に基づくものである。
7） Blaker 1990：37. ブレーカーの基地の定義は以下の通りである。基地とは，軍隊によって恒常的に使われている軍事施設（installation）であり，25マイル以内の軍事施設は一つの基地として扱う。軍事施設と基地は，設備（facilities）の資産価値のデータによって区別する。また，25マイル以上離れた軍事施設は，別個の基地として扱う。なお，米国が初めて北米大陸の外に基地を持ったのは，1898年の米西戦争後のことである。米西戦争の結果，米国はフィリピン，グアム，ウェーク島，プエルトリコを獲得し，キューバを事実上の保護国とした。そしてそれら地域に基地を展開した。また1902年にはハワイを正式に併合し，基地を置いた。ところがそれから半世紀，米国は基地システムをそれ以上拡大することはなく，彼らが本格的に基地システムを構築するまでには，第二次世界大戦の開戦を待たなくてはならなかった。というのも，当時，特定の国が他の主権国家に長期に基地を展開するということは一般的ではなかったからである。実際，米国は第一次世界大戦の後，戦中に使用していたアゾレス諸島のポントデラゴやロッテルダム，或いはスプリトの基地を即時に返還した。
8） Converse 1984：262.（なお，博士論文であるConverse 1984.は加筆されて，Converse 2005.として出版されているが，本書は，Converse 1984.を参照した。）
9） 実際，米国は冷戦後，世界中で前方展開兵力を削減したが，特定の国から基地を全面的に撤収することはほとんどなく，むしろ東欧や中央アジアでは新たな接受国の獲得に動いた（Desch 1992.）。このことが意味するのは，軍事的には，米軍が彼らの前方展開戦略を担保する世界レベルでの即応能力を常時，分散的に維持してきたということであり，政治的には，ある一定の規模を持った米国の覇権システムがときにその空間的広がりと分布を変化させながら，冷戦の終結以降でさえ持続的に機能してきたということであろう。
10） NATOの創設とそれに対する米国の政策志向の変化については，金子 2008. を参照されたい。
11） Calder 2007：34, 21.
12） Gaddis 1974：386. 冷戦史研究については，次を参照。Bogle 2001; Wohlforth 2003; Hermann and Lebow 2004；Skinner 2008.
13） NSC 68：United States Objectives and Programs for National Security, April 14, 1950. 同文書の全文は，May 1993：23-82.に収められている。
14） このことは，従来ケナンが進めていた，政治的，イデオロギー的，心理的脅威であるソ連に対する，適用範囲において選択的かつ限定的な非軍事手段を重視する封じ込め政策からの大きな転換を意味するものであった。ケナンにとっての「封じ込め」とは，あらゆる地点と時間を意味する普遍的なものではなく，特定の重要地域に限局された選択的介入を意味するものであった。具体的に，彼は米国，英国，ライン渓谷近接の工業地帯，ソ連，日本の5地域を，その可能性を持つ地域と考えており，米・ソ以外の他の3地域がソ連の

勢力下に編入されるのを防ぐことを米国の主要責務と考えていた。(Kennan 1967 : 359.)
15) May 1993 : 38.
16) McCullough 1992 : 825.
17) Hogan 1998 : 322.
18) Gaddis 1974 : 386.
19) なお，韓国において米軍は1949年春までに500人の軍事顧問団を残し，段階的撤兵を完了した。また，イタリアにおいては占領が終了した1947年以降も，55年まで事実上の駐留を継続した。(Duke and Krieger 1993 : Cap.10.)
20) エルドリッヂ 2003 : 8.
21) Sandars 2000 : 200.
22) Calder 2007 : 19.
23) 例えば，オーストラリアやニュージーランド，或いはフィリピンなどのアジア・太平洋諸国は，ソ連の脅威よりも日本の軍国主義の復活を強く警戒していた。
24) 永井 1978 : 227-228.
25) 占領地の基地の扱いについては，"United States Army and Navy Manual of Military Government and Civil Affairs, 22 December 1943," FM 27-5, NAV 50E-3. 同文書は，『米国陸海軍軍政・民事マニュアル：1943年12月22日 FM27-5 NAV50E-3』として出版されている。
26) *FRUS, 1949*, 7, p.774. またこのことは1948年以降，「本土基地不要論」を唱え，また早期の講和を求めるGHQ（連合国最高司令官総司令部）総司令官，ダグラス・マッカーサー（Douglas MacArthur）及び国務省と，駐留の継続を求めるJCSの対立を招く要因となった。そのため，軍と国務省が本土に基地を置くことに合意し，トルーマン大統領が講和交渉の開始を承認したのは，朝鮮戦争が勃発した後の1950年9月のことであった。
27) この点，Duke 1987 : 20-23.
28) Campbel 1984 : 27.
29) 例えば，在日米軍基地についても様々な見方が存在しよう。この点，上杉 2008；川上 2004；森本 2008；我部 2007；沖縄国際大学公開講座委員会 2006；明田川 2008. を参照されたい。
30) Shalom 1981; Cullather 1994; Vine 2009; Hohn and Moon 2010.
31) 代表的な研究としては，Harkavy 1982; Blaker 1990. また，とりわけ2000年代以降であれば，基地は世界レベルで行われている米軍基地の再編問題（Global Posture Review：GPR）との関連で論じられることが多い。例えば，Barnett 2004, 2009；O'Hanlon 2005; 福田 2011.
32) Gerson and Birchard 1991; Priest 2004；Johnson 2004; Kaplan 2005.

第1章

分析枠組──基地の政治学

　本章では，本書の主題──戦後の米国はなぜ，如何にして広大な海外基地システムを形成したのか──を考える上で欠くことのできない先行研究を踏まえつつ，それに答えるための分析枠組と仮説を提示する。最初に用語の定義と分析の射程を明確にしておこう。

　まず，本書でいう海外基地とは，ある国が他国で使用する権利を持つ軍事施設や設備（建物，飛行場や滑走路，通信施設，部隊の宿泊施設，道路，等々），或いはそれらを使用する権利そのもののことである[1]。また，海外基地システムとは陸・海・空軍基地のネットワークを指すものであり，それは戦略的要衝にある主要基地を中心に，補助基地や中継基地，事前集積基地などが網の目のように配置されるものである。国家単位でいえば，それは米国を中心としたハブ・アンド・スポークスの体系（Hub-Spokes System）である。

　海外基地システムの規模は，1）基地地域の範囲，2）基地の数，3）接受国の数，の三つから補完的に捉えることができる。まず，基地地域の範囲は相対的な問題である。例えば，米国が基地地域をカリブ海や南太平洋などに限定している場合と，それを西半球，欧州，中東，太平洋，東アジアに設定している場合では後者の方が広い。次に基地の数であるが，これは研究者の多くが認めているように正確に数えることは難しい[2]。というのも，研究者が合意する基地の定義が存在せず，また軍や政府が公開する一次的な情報も不足しているためである。

　一方，基地の数に比して正確に数えることができるのが接受国の数である。本書が扱う40年代でいえば，例えばJCSの基地計画には基地権を要求する接受国候補と地域の一覧が示されており，それをカウントすることができる。但し，植民地をどのように扱うかという課題も残されており，基地システムの規

第1章　分析枠組——基地の政治学

模を表す指標としては十分とはいえない[3]。そこで本書では基地システムの変化を単に縮小・拡大と表すのではなく，必要に応じて質的に示していく。なぜなら，通時的な比較を行う際に，基地の数は減っても接受国の数が増える場合や，基地地域の範囲は拡大したものの基地の数が減る場合などが想定できるためである。

次に，本書が分析対象とするのは，米国の海外基地政策における計画と実行（実際の基地獲得）の二つの過程である。そして，そのための分析枠組を提供するのが「基地の政治学」である。本書のいう基地の政治学とは，すでに触れたように，米国の意思決定過程と接受国の意思決定過程，そして彼らの交渉という，相互に関連する三つの分析レベルが交差するものである。理論的には，1）米国の戦略，2）接受国との脅威の共有性及び接受国の持つ「基地のディレンマ」，3）米国と接受国の交渉とその結果としての利得配分を示す基地契約，という三つの視角から成り立つものである。そしてそれらの視角が相合わさって，基地のライフサイクル——基地は設置国が基地計画を立案し，接受国との基地交渉を経て展開される。そして，その後は実際の運用を通じて固定化されたり，撤収される——の一端を説明する有効な分析枠組となる。

なお，基地の政治学という言葉はこれまでも使われてきたものである（例えば，我部 2003; Calder 2007; Cooley 2008.）。しかしながら，その用途や定義は研究者によって相違し，理論的前提や分析の射程も必ずしも共有されるものではない。例えば，カルダーの研究はすでに存在している基地の運用過程で生じる米国と接受国側の紛争（とその解決）の問題に焦点が当てられており，分析の中心となるのは国家以下のアクターの行動である[4]。また，彼は基地の政治学を政策学の一領域と捉え，実に多様かつ包括的な要因の影響を視野に入れている[5]。

一方，本書は基地の準備と確立（或いは拡大）の過程に影響を与える要因を整理しその因果メカニズムを明らかにするという目的に即して基地の政治学を設計している[6]。もっとも，本書の分析枠組が拠り所とする三つの視角（戦略論，同盟政治論，契約論）は理論的根拠が相違し，さらにそれがカヴァーする問題領域も異なっている。そのため，以下ではまず，それぞれの理論的特質を整理し，その相互補完的な点と，意味するものが相矛盾する点の双方を慎重に検討する。それを行った上で，本書の分析枠組から導かれる仮説を検討し，その検証方法を解説する。

第1節　戦略論——脅威と資源制約

　基地の戦略論は，基地を大国の戦略目標を達成し，陸・海・空軍の機動力を増大させる手段，すなわち軍事力の乗数（force multipliers）と捉えるものである[7]。それは今日まで，大国の海外基地政策を説明する最も有効な分析枠組と位置付けられてきたものであり，その系譜は，アルフレッド・マハン（Alfred T. Mahan）やハルフォード・マッキンダー（Halford J. Mackinder），或いはニコラス・スパイクマン（Nicholas J. Spykman）にまで遡ることができる[8]。中でも，マハンの研究は大国の海外基地を通商上の利益と国家安全保障上の利益の二つを満たす手段と見做したもので，国際システムの「勢力均衡（Balance of Power）」にとりわけ大きな関心を持つ50年代以降の基地の戦略論に大きな影響を与えるものであった[9]。例えば，マハンは特定の地域（例えば，カリブ海）での戦略的優位と海外基地の関係について次のように述べている[10]。

> ミシシッピー河への出入を安全にし，このような前進基地を手中に収め，それらの前進基地と本国基地の間の交通線を確保するならば……合衆国の地理的位置とその国力からして，この方面における合衆国の優位は数学的確実さをもって実現する[11]（傍点筆者）

このような考え方の背後にあったのは，大英帝国の植民地とそれらを結ぶ世界規模での海軍基地ネットワークに対する認識であった。マハンにとって海外基地とその発展は「その起因と本質において念入りに組織され，免許された植民地と同じ」[12]だったからである。

　基地の戦略論はこのような議論を踏まえて，基地の設置と拡大，或いは機能の問題を大国の戦略の観点から捉えてきた[13]。実際，第二次世界大戦後の米国は，基地を勢力範囲（sphere）の支配と力の優越を世界に拡大するための政治的，軍事的な装置と位置付けていた（例えば，第2章でも述べるが，海軍のアーネスト・キング（Ernest J. King）提督は基地を太平洋支配のための手段として捉えていた）。また，冷戦期には核報復能力を担保する手段としてだけでなく，

特定の接受国に内在する潜在的脅威を無力化するための手段としても捉えてきた（後述）。

では，大国の戦略とは具体的に何を指すのか。本書ではそれを，国家が何を目的とすべきか，或いは当該の目的を達成するために国家の軍事力を如何に適切に用いるかについての指針と捉えることにする[14]。そして，このようにして定義される戦略は，基地の文脈からいえば，米国にとっての脅威と資源制約（例えば，軍事予算や動員兵力）の二つの要素から構成されるものと考える。基地の戦略論が見据えるのは，こうして形成された米国の戦略が基地の配置や規模，或いはその拡大・縮小を決定する過程である。これらのことを理解するために，以下では，海外基地と脅威（認識）の関係を整理し，後に資源制約の問題を考察しよう。

1）海外基地と脅威，そして戦略

海外基地の動態を規定するのは，一義的には，米国にとっての脅威の性格とその大きさである。例えば，米国にとっての脅威が高まれば基地は展開・拡大される傾向にあり，それが低下すれば撤収・縮小される。或いは，そこで脅威の性格や対象が変化すれば，基地の再配置が計画される。そしてこのようなメカニズムは米国の戦略，とりわけ抑止や拒否の概念と相互に影響しながら複雑に展開していく。

抑止

冷戦期，海外基地を設置しそれを拡大することは，核抑止やそれに基づく戦略的安定性の計算に決定的な影響を与えると考えられてきた。例えば，ロバート・ハーカヴィー（Robert Harkavy）は，冷戦期の米軍基地をソ連に対する核抑止の観点から意義付けた[15]。冷戦期の西ドイツ，英国，日本，韓国には多数の戦略空軍基地が存在し，それを支える航空機のアクセス基地が地中海と東アジアに広く点在した。また，ソ連の周辺地域には通信（諜報）基地が展開し，米国の核戦略の一翼を担っていた。その他にも，スペインやモロッコには戦略空軍基地が存在し，英国，イタリア，トルコ，沖縄，台湾には中距離弾道ミサイル基地が展開した。さらに，ノルウェーやトルコには核ミサイルの早期警戒施設が存在した。ハーカヴィーはこれらの事実をもって，冷戦期の米国の基地の配

置やその規模は核抑止戦略の発展を抜きに論じることはできないと主張するのである[16]。

　実際，ドワイト・アイゼンハワー（Dwight D. Eisenhower）政権が50年代に採用した大量報復戦略は，海外の戦略航空軍団（Strategic Air Command: SAC）基地と不可分の関係にあった。ジョン・フォスター・ダレス（John Foster Dulles）国務長官は，この点，自由世界における軍事基地システムなくして大量報復戦略は不可能となり，SACはその抑止力の大部分を失ってしまうと述べ，基地が持つ抑止効果を次のように捉えていた[17]。まず，中ソ両国の周辺に広範囲に基地を分散させておけば，四方八方から多様かつ迅速な反復攻撃をかけることができ，それだけで両国による防御を困難ならしめる。次いで，多くの分散された基地の存在は，ソ連が米国の攻撃力を一挙に殲滅することを不可能にし，ソ連による米国本土攻撃を迎撃する際にも有利な条件を提供する。さらに，ソ連としては中ソ周辺の米軍基地を叩くことが必要となり，それだけ米国本土に対するソ連の核攻撃を弱めることができる。つまり，基地の拡大が核の被害を吸収するという「吸収（absorption）効果」が期待されていたのである[18]。

　また，基地には第三国に対する抑止機能だけでなく接受国に内在する（潜在的）脅威を抑止する「二重の封じ込め」の機能が与えられることもある[19]。このような機能は，とりわけ軍事占領を通じて展開された旧敵国内の基地で効果を発揮する。例えば，第二次世界大戦後の日本やドイツの西側占領地区の基地には，ソ連に対する抑止に留まらず日独の軍事力を解体し，彼らの軍事的復活を警戒する周辺諸国の不安を和らげる効果が期待されていた[20]。

　基地拡大戦略の観点からいえば，このような基地は施設の設置や拡張，或いは兵力の移動等について被占領地側と事前に交渉する必要がないため，大規模な基地建設を推し進める重要な契機となる。というのも，占領地においてはハーグ陸戦法規に反しない限りにおいて，戦略上の要請に基づいて占領地の住民に施設の提供を要求したり強要したりすることができると考えられているからである[21]。例えば，米国は朝鮮戦争中，沖縄の基地を強化するために実に4万エーカーの土地を接収したとされる[22]（それは沖縄の面積のおよそ13％にも上るものであった）。そのため，軍は当該の基地を戦略的に重要と判断する限り，

21

占領の長期化を求める傾向にある[23]。そして，大統領や国務省を含めた政策決定者の全体が占領後の基地の抑止機能（これは第三国に対する抑止の場合もあれば，接受国に対する抑止の場合もある）について合意していれば，基地は占領後も長期に維持されることになる[24]。しかもそのような政策は当面の間，安全を確保する十分な手立てを持たない接受国側の利害とも一致する傾向にある[25]。

もっとも，基地拡大戦略と抑止戦略との関係には，その時々の軍事技術も影響を与えている。例えば，朝鮮戦争後に米国が採用した中ソ両国を大規模な戦略空軍基地網で包囲しようとする「周辺基地戦略（peripheral strategy）」は，B-47中距離ジェット爆撃機の航続距離の問題と密接に関連していた[26]。というのも，B-47は航続距離が短く，中継拠点となる基地の獲得が不可欠だったからである。つまり，周辺基地戦略はそもそもB-47の航続距離の不備を海外基地で補完しようとの発想から生まれたものだったのである。それとは逆に，軍事技術の発展が基地の縮小を導くこともある。例えば，1960年代に開発された米国のターボファン・エンジン技術は航空機の航続距離を飛躍的に向上させ，それまであった中継基地の存在意義を低下させた。さらに，B-52やICBMの登場は，中距離爆撃機用の基地が配置されていた北アフリカの重要性を低下させることとなった[27]。

拒否

基地計画の立案には敵国が基地を置くのを阻止しようとする「拒否戦略（denial strategy）」が影響することもある[28]。このような議論は，とりわけ50年代から60年代にみられたもので，米国が撤退した後にソ連によって獲得されると予測される基地からは撤退すべきでないという議論に代表されるものである。例えば，チャルマーズ・ジョンソン（Chalmers Johnson）は，冷戦期の米軍基地は「共産主義の『封じ込め』政策の重要な一部として正当化され，ときにこうした基地はただソ連の手に落ちないようにするために保有する必要があると主張された[29]」（傍点，筆者）と述べ，基地の獲得動機の一つに拒否戦略を挙げている[30]。

実際，この拒否戦略は冷戦期に数多く確認されたものである。例えば，英国はソ連による「乗っ取り」を恐れて，マルタ，モルジブ，モーリシャス，セーシェルからの撤退を躊躇した。また，フランスはジブチとコモロからの撤退に

際して，ソ連による代替的駐留の恐怖から二の足を踏んだ。米国も北マリアナ諸島，パラオの独立に際して，バヌアツ及びキリバスで学んだ教訓から基地の撤退に難色を示した。ハーカヴィーによれば，それは米国のプレゼンスがソ連に取って代わられることを恐れた結果であった[31]。

2）資源制約

とはいえ，上のような戦略が国家の利用可能な経済資源に制約されることは明らかである。この点，コリン・デュエック（Collin Dueck）は米国の戦略形成に影響を与える要因の一つとして対外関与にかかる費用（とそれに対する政策決定者の認識）の問題を挙げた[32]。彼によれば，それは米国の伝統的な戦略文化の一つである孤立主義に根ざしたものであり，米国の戦略が過剰拡大するのを常に抑制してきたものであった。

この資源制約の問題は基地と戦略の関係を考える上でも重要である。例えば，基地を獲得，維持することで生じる費用には二つのタイプがある[33]。一つは，基地内の施設，鉄道，道路，倉庫，滑走路等の建設，維持，改修費用であり，二つは基地で働く従業員に対する給与や，基地内での炊事，洗濯，娯楽といった各種サービスに対して発生する運営費用である。それらの費用は変動的であるが，ジェイムス・ブレーカー（James R. Blaker）によれば，その総額は50年代には，年平均で50億ドルにも上り，防衛予算全体の大よそ2～4％を占めていた[34]。

上に挙げた二つ以外にも，基地に配備する武器や装備の輸送及び整備にかかる費用や，兵員やその家族を駐留させることで生じる様々な費用があり，これらが相合わさったものが基地政策にかかる費用，すなわち戦略に対する資源制約となる。そのため，ブレーカーは大戦後に米国の基地システムが縮小した原因の一つとして資源制約（軍事予算の削減と動員解除）の問題を挙げるのである[35]。

以上，基地の戦略論は，脅威と資源制約の関数である戦略の観点から基地計画の決定を説明しようとするものである。また，本書では正面から取り上げないが，海外基地展開を可能にする要因の一つは基地設置国の経済規模が大きいということであり，したがって，ここでの議論は米国が経済大国であることが前提となっている。そこからは，他の条件を一定と仮定すれば，次のような仮

説を導くことができる。

> **戦略仮説**
>
> 米国にとっての脅威が増大すれば，米国は資源制約の範囲の中で基地を拡大しようとし，脅威が低下したり資源制約が強まればそれを縮小しようとする。

第2節　同盟政治論——脅威の共有性と基地のディレンマ

　基地の同盟政治論は，同盟政治（alliance politics）の理論を基地政治の分析枠組に応用しようとするものである。その一つは直接に同盟と基地との関係を考えるものであり，いま一つは「同盟のディレンマ」の概念を応用して「基地のディレンマ」とでも呼べる問題を考えようとするものである。これら二つの概念は別々に取り扱って良いものであるが，両者とも同盟政治論にかかわっているので，ここでは一括して取り扱うことにする。

1）脅威の共有性

　第二次世界大戦後，同盟と平時の基地へのアクセスには密接な関係がみられるようになった。というのも，基地は接受国にとって有事の防衛のみならず平時においても他国からの攻撃を抑止し，さらに基地に米軍とその家族を居住させること自体が，米国が「見捨てない『象徴[36]』」になると考えられたからである。そのため，基地の設置を巡る問題は同盟から派生する安全保障協力の問題として位置付けられることになる。つまり，複数の国家が共通脅威に対抗するために力を結合（aggregate）することが同盟であるとすれば，基地はそのための主要な手段と解されるわけである[37]。

　実際，冷戦期の米国はNATOに加盟する欧州諸国のほとんどに基地を置いていた[38]。欧州以外でも，アジアでは日本（1951），韓国（1954），フィリピン（1951），オーストラリア（1952），ニュージーランド（1952）と相互安全保障条約を結び，基地を置いた[39]。南米でも，チャペルテック条約（1945）やリオ条約（1947）に

基づいて，パナマ，ホンジュラス，アンティグアに基地アクセスを行っていた。

　もっとも，基地がなくとも同盟関係にある場合（例えば，1966年にNATOの軍事機構から脱退したフランスや，上で述べたリオ条約に加盟している多くの国）や，同盟はなくとも基地が置かれる場合もある。例えば，米国は中東や北アフリカにおいてイスラエル，エジプト，モロッコ，オマーン，バーレーンとの間で防衛協定を結び基地を置いていた[40]。また，アフリカではケニア（1980）とソマリア（1980）との間で相互防衛援助協定を締結し，海・空軍基地を展開，リベリア，セネガル，ジブチにも限定的な基地アクセスを行っていた。さらに，ケースとしては特殊であるが，キューバ（グアンタナモ基地）も非同盟国に基地が置かれる一つの例である[41]。

2) 基地のディレンマ

　ところで，同盟を結んでいてもいなくても，基地を展開しようとするときにそれが接受国側に「同盟のディレンマ」と似たような「基地のディレンマ」と呼ぶことのできる問題を生じさせ，それが接受国の基地に対する受容性に大きな影響を与えることがある。同盟のディレンマとは一般に，中小国（大国にもありえるが，中小国に強くみられる傾向がある）が大国と同盟を組もうとするときに解決しなくてはならない二つの相反する問題のことである[42]。その一つは，自立と安全（或いは依存）のディレンマである。例えば，仮に中小国が大国と同盟を組まずに，単独で軍備を強化しようとした場合，そこには多くの経済的資源が必要となる。他方，自前の軍事力を抑えて大国との同盟によって不足分を補えば，経済的資源の節約には繋がろうが，国家の威信や自立性が犠牲となる。

　実は，基地の受け入れを巡る意思決定プロセスにもこれとよく似た問題をみることができる。なぜなら，接受国にとって基地の受け入れはときに国家の自立性の喪失を意味するものであるが，それを拒否すれば今度は国家の安全が危険に晒されることがあるからである。ここではそれを同盟のディレンマと区別するために「基地のディレンマ」と呼んでおこう。というのも，すでに述べたように基地は同盟が存在しなくても設置されることがあるからである（もっとも，同盟が存在するとき，基地のディレンマは同盟のディレンマそのものである場合もある）。

第1章　分析枠組——基地の政治学

　基地のディレンマが殊更厄介なのは，接受国（候補）が基地という問題の性格上，主権の問題を抱えていることである。主権の問題は広く，施設での国旗掲揚のルールから，施設を軍事使用する際の協議手続きの問題にまで及ぶ。基地の地位については，米国が排他的使用権を持つ場合や，接受国が主権を持つ場合，或いは，複数の国家が施設の共同使用を謳っている場合などバリエーションがある[43]。例えば，欧州の基地の多くはNATOが使用する基地として位置付けられているが，在日米軍基地は米国がそのほとんどを排他的に使用している（一部の施設は自衛隊との共同使用である）。

　基地の使用を巡るルールも接受国側の主権や自立性の問題と深くかかわっている。例えば，接受国はときに米国に対して接受国側の司令官が基地からの軍事作戦に指揮権を持つことや基地の安全や警備に責任を持つことを求める（例えば，冷戦期のフィリピン，ギリシャ，ポルトガル，トルコ）。また，基地からの軍事作戦に接受国側が拒否権を持つのか，或いはそうでなくても作戦前に事前協議が行われたり，米国から情報提供がなされたりするかどうかが，彼らの認識に影響を与える。例えば，日米安保条約では米軍は日本国内の基地から行われる作戦行動について，日本側と事前協議を行うことを約束している。また，欧州においては冷戦期，NATO域外（out of area）での米軍の活動が何度も大きな政治問題となった（例えば，1973年の第4次中東戦争[44]）。

　これらの問題は接受国をして基地の受け入れを拒否する，或いはその撤退を求める重要な契機となる。本書が対象とする時期でも，例えば1947年12月，主権の問題を重くみたパナマの国民議会は全会一致で米国との基地協定の批准を否決した（第4章）。それにより，米国は戦後一貫して戦略的重要性を評価していたパナマ（運河以外の領域）での基地展開を断念せざるを得なかった。

　中小国が大国と同盟を組む際の二つめの問題は，同盟を組む際に生じる「巻き込まれ」と「捨てられ」の危険のディレンマである[45]。前者は同盟を組むことで大国の戦争に巻き込まれたり，その大国と対立している国と対抗関係に入るかもしれない危険であり，後者は有事の際の来援が得られないかもしれない危険である。したがって，中小国が同盟を運用する際の問題は，どの程度同盟に与するかということであり，一般に同盟への依存度が高ければ高いほど，また同盟へのコミットメントが強ければ強いほど大国の戦争に巻き込まれる危険性

が高い。他方，中小国が同盟にそれほど依存しておらず，コミットメントも不明確である場合には捨てられる危険性が高くなる。

　この「捨てられ」と「巻き込まれ」の危険を構成する重要な要素となっているのが，基地の受け入れを巡る問題である。例えば，巻き込まれる危険については基地を受け入れることでそれが飛躍的に高まることがある。なぜなら，基地は（それに近接する）敵国にとって大きな脅威となり，戦争が始まれば真っ先に攻撃の対象となるかもしれないからである。また，場合によっては敵の先制攻撃を誘発する事態も招きかねない[46]。そのため，接受国候補は米国と同盟を結び安全の提供を受けたいが，可能な限り基地は受け入れたくないと考える。

　その一方で，基地はすでに述べた大国のコミットメント（しかもそれが本気であること）を示す重要な存在でもあり，「捨てられる危険」を低下させる，或いは大国を繋ぎ留めるトリップワイヤーにもなっている[47]。ときに中小国（例えば，冷戦後の東欧諸国）が積極的に基地の受け入れを唱導するのはそのためである（MD配備を巡る，2000年以降のポーランドの動きを想起されたい[48]）。

　また，いったん基地を受け入れた後も，彼らは米国が基地を撤収することに強い懸念を示す場合がある。例えば，1946年10月，米国は在フィリピン基地の撤退を決定したが，当時のマニュエル・ロハス（Manuel Roxas）比大統領は，基地は「フィリピン国民にとって絶対必要な確定した政策」であると主張してそれに強く反発した[49]。また，1970年代後半に進められていた米国による在韓米軍の撤退計画は，韓国側に「捨てられる」ことに対する深刻な警戒感を抱かせた[50]。このことから，接受国側にとっては「捨てられ」と「巻き込まれ」の問題に，先にみた自立と安全の問題を加えた，基地のディレンマ（すなわち，基地を受け入れることで得られる利益と，それによってもたらされるリスクのディレンマ）に一定の解を与えることが，基地に対する受容性を高めるための重要な要件となっていることがわかるのである。

　もっとも，稀にではあるが，基地のディレンマが接受国側の受容性に影響を与えない場合も存在する。それは，接受国側が非民主主義国家で，国民が政府の外交・安全保障政策に影響力を持たない場合や，基地協定，或いは基地そのものが国民の目に付かないように処理されている場合である。前者は接受国の政治体制が独裁的，或いは権威主義的であったマルコス（Ferdinand Edralin

Marcos) 時代のフィリピン,フランコ (Francisco Franco y Bahamonde) 時代のスペイン,ノリエガ (Manuel Noriega) 時代のパナマなどがそれに当たる。後者は,例えば基地が都市から離れ,地理的に隔絶されている場合や,基地に関する取り決めが政府間の秘密協定として扱われることで,国民がその存在を知ることができない場合などが挙げられる。例えば,1990年代のサウジアラビアは米軍基地の存在を正式には認めずに,基地は住民の生活区域から厳格に隔離されていた[51](例えば,アル・ハルジの米軍施設は,リヤドから標識のない道路を110キロほど南東に進んだ砂漠の中心にあり,地図にも記されていない)。また,オーストラリアにある米軍の通信施設はそのほとんどが国民の目に触れることがないため(例えば,パイン・ギャップの衛星用基地はその大半が地下にある),これまでそれが国内で大きく政治問題化したことはない[52]。

以上,接受国が基地を受け入れるかどうかは,1) 脅威の共有性と,2) 基地のディレンマ,の二つの要素に規定されると考えられる。具体的には,接受国と米国の脅威の共有性が高く,また基地に対する受容性が高い場合(すなわち,基地を受け入れることで生じる「巻き込まれ」や自立性の低下についての懸念が高くない場合)に,彼らは基地を受け入れると推察される。したがって,基地の同盟政治論からは,基地計画の実行,すなわち基地が受容されるメカニズムについて,次のような仮説を導くことができる。

同盟政治仮説

> 接受国が米国と脅威認識を共有していれば基地は受け入れられるが,そうでない場合は拒否される。しかし,接受国が米国と脅威認識を共有していても,自立性の低下や巻き込まれの危険性を強く懸念していれば基地は拒否される。

第3節　契約論——交渉と基地契約

　最後の契約論は2000年代以降,アレキサンダー・クーリー (Alexander Cooley) やカルダーらによって提唱されている基地政治の新たな見方の一つ

である[53]。彼らの議論の根底にあるのは，大国側の論理や脅威の問題だけに着目した従来の理論では基地の動態を十分に説明できないという問題意識である。彼らは，基地の消長が単なる戦略環境の変動や，同盟関係の変容によって引き起こされるものではないと考える点で一致している。なぜなら，脅威の問題に着目しても，冷戦後に特定の基地が維持される理由について満足な回答を与えることができないからである[54]。

そこで彼らは米国側の視点だけでなく，接受国側の視点から，或いはそれを相互作用させることで基地の動態を解剖している。つまり，米国側の態度や選好をある程度一定と仮定した上で，接受国側の意思決定，或いはその変化に基地の動態の原因を見出そうとするのである。そしてそれに関連して彼らの議論の大きな特徴となっているのが，米国と接受国の交渉の結果には両者の物理的なパワーの差が必ずしも反映されるわけではないとの仮定を置いている点である[55]。実際，主権の問題が大きな影響を与える基地政治の世界では，接受国が米国に対して交渉上優位に立つこと（例えば，米国の基地使用に制限を課したり，基地協定の改定を求めたりする）はしばしばみられる現象である。

1）契約関係

これらのことを理解するために，基地の契約論は接受国側の主権の一部が米国に移譲されることで生じる非対称ながらも正当（legitimate）な契約関係に着目している（契約は交渉の結果であり，米国と接受国との複雑な利害関係の均衡点である）。事実，米国と接受国との間には，ほぼ例外なく基地の使用に関する取り決めが存在し，それが基地の貸与に法的な正当性を与え，また基地の使用目的や権限の配分に一定の構造を付与している。そしてそのような契約関係に重要な影響を与えているのが，両者の締結する基地契約のタイプである。

一般に，契約には完備契約と不完備契約の二つがある[56]。完備契約とは，将来の時点で起こり得る様々な状況において，契約当事者が何をすべきか（その対処法）を指定した契約であり，彼らには契約に関する再交渉の余地は残されていない。そのような契約は極めて限定的な状況（例えば，短期的かつ単純な状況）においてのみ締結されるものであり，契約の想定する目的が達成されれば，契約関係は（即座に）終了する[57]。というのも，そのような状況下では契約の期限

切れまでに，当初の契約で示された適切な行動に変化が生じるような環境変動が起こりにくい（或いは，起こり得る事象は全て契約に盛り込まれている）からである。

　基地契約に関していえば，戦中に結ばれる米国と接受国の契約がそれに近い。なぜなら，戦中の基地契約の多くは基地の使用期限や使用目的（例えば，事前集積基地の提供や補給・修理のための港湾アクセス及び領空通過権の保障，または軍事施設の一時開放等）が明確に示されており，対象となる脅威が消失した時点で基地が撤去されることが明記されるものだからである[58]。

　そのような完備契約に対して，不完備契約は将来起こり得る全ての事項を網羅するものではなく，様々な問題領域を取り込み，また契約が想定しない新たな展開が生じた場合や，紛争が生じたときには互いに協議し再交渉する余地を残すものである[59]。実は，米国と接受国が平時に締結する基地契約の大半はこの不完備契約に該当するものである。例えば，クーリー／ヘンドリック・スプリュート（Hendrik Spryut）や，ディビット・レイク（David A. Lake）らは，基地の使用期限や地位を謳った二国間協定や地位協定（SOFA），或いはそれに付随した援助協定の全体を一つの基地契約と捉えて，そこから派生する機会主義行動（契約で取り決められた約束を反故にすることによって，より多くの利益を追求しようとする行動）の問題を重くみた[60]。というのも，契約当事者である米国と接受国は当初の契約になかった事態の発生が不可避である以上，それに対応する手段を探らなければならず，そのことが両者の契約後の力関係に大きな影響を与えるからである[61]。

　クーリーらによれば，戦略性の高い基地を置く場合の基地契約は，とりわけ米国側にとって脆弱性が高い。なぜなら，基地を置いた後に接受国側がより大きな利益を得ようとして契約条件の改定（再交渉）を要求すれば，米国はそれに対して極めて弱い立場に立たされるからである。つまり，米国は他では代替することのできない基地の貸与を打ち切られることで被る損失に鑑みて，接受国側からの再交渉（賃料の値上げ，基地の削減，接受国側の権限拡大，等々）を受諾せざるをえないというわけである[62]。

　とはいえ，彼らの議論はあくまでも基地契約が締結された後の動態を扱うものであり，それは基地計画の立案から基地の獲得までを扱う本書のテーマにそ

のまま応用することはできない。そこで以下では，彼らの不完備契約に関する議論の中核の一つとなっている「見返り（quid pro quo）」，すなわち米国と接受国の利益の交換の問題と，そこから演繹される基地獲得のメカニズムについて考えていく。なぜなら「見返り」は基地契約締結後の接受国の意思決定（すなわち，機会主義行動にでるかでないか）だけではなく，基地契約が締結される以前の彼らの意思決定（すなわち，契約を締結するかしないか）にも影響を与えると考えられるからである。

2）見返り（quid pro quo）

米国と接受国が締結する不完備な基地契約には，大きく分けて三つの問題領域がある[63]。一つは，施設や兵力レベル，そして設置国が使用可能な資産の詳細に関するものであり，二つは，主権の問題，とりわけ基地の法的地位とその使用手続き，そして設置国軍隊が犯罪を起こした際の司法手続きに関するものである。最後は，基地の提供とリンクされた，経済的・政治的要求に関するものである[64]。基地の契約論が「見返り」と呼ぶのはこの最後の領域である。

そこから明らかなように，基地を受け入れることで得られる接受国側の利益には，多くの場合，単に抑止や防衛といった安全保障上のものだけでなく，米国から見返りとして与えられる政治的，経済的な恩恵が含まれている。そしてそれは，接受国による一方的な主権の移譲を正当化する重要な要素となっている[65]。見返りの具体的な中身としては，例えば，接受国に対して最新の兵器や軍事技術を提供したり，債務の帳消しを持ちかけたりする[66]。中でも多いのが，経済支援基金（Economic Support Fund : ESF）を通じた経済援助であり，また対外軍事融資（Foreign Military Financing : FMF）や軍事援助計画（Military Assistance Programs: MAP）を通じた軍事援助である[67]。そのような見返りの総額は1980年代半ばにピークを迎え，1974年には2億ドルだったものが，1987年には20億ドルにまで膨れ上がっていた[68]（そのため，この見返りの額に，基地の戦略論のところでみた基地の運営費を足した額が，実際の基地システムにかかる費用といえよう[69]）。

また，基地はそこで働く人々の雇用を創出し，地域産業を支えるなど，接受国に直接，間接の経済的利益を与えることがある[70]。さらに米国は接受国に対し

て，国際社会での地位や政権の正統性，或いは米国（及び冷戦期であれば西側諸国）との政治的連帯といった無形の利益を与えている。これらはとりわけ，権威主義的な国家のエリートにとっては重要なものであろう。例えば，近年では2001年に基地協定に合意したウズベキスタンが好例である[71]。基地が置かれる以前，ウズベキスタンは大量破壊兵器の拡散，麻薬の生産，或いは人権弾圧といった問題によって，援助どころか経済制裁の対象国であった。にもかかわらず，基地協定締結後，そのような制裁は解除され，代わりに巨額の経済援助が行われるようになった[72]。それは紛れもなく，基地提供の見返りとして位置付けられるものであった。

3）見返りが接受国の意思決定に与える影響

　もっとも，そのような見返りの中身は，接受国側の多様な利益構造を交渉を通じて適切に評価した上でデザインされるものである。例えば，深刻な脅威に直面している接受国候補にとっては，安全保障上の利益が基地を受け入れる最大の動機となろうし，経済的に困窮している国であれば，基地を受け入れることで生じる経済的利益を高く評価しよう。また，権威主義的な政治体制をとる国や，米国との関係を改善したい国であれば基地がもたらす政治的な利益を重くみるかもしれない[73]。

　かくして，基地契約の性格が接受国の意思決定に与える影響としては，次のようなパターンが考えられる。例えば，基地契約が完備契約，すなわち特定の脅威に対抗するための軍事協力に限定されている場合（ここではそれを単一契約と呼ぶ），米国と脅威認識を共有している国は基地を受け入れるが，そうでない国は受け入れない。また，いったん基地を受け入れた国も，当該の脅威が去れば再交渉の余地なく米国側に基地の撤収を求める。

　一方，基地交渉で米国が不完備な基地契約，すなわち基地協定と種々の援助協定をパッケージで提案した場合（ここではそれを包括契約と呼ぶ），接受国には平時においても（すなわち同盟政治論が想定していた共通脅威が存在せずとも）基地を受け入れるインセンティヴが生まれる[74]。さらに，このときに与えられる見返りが接受国に対する防衛義務であれば，両国は基地の取引を通じて同盟関係に入る。これは理論上，共通脅威に基づかない同盟形成の一つのメカ

ニズムである（見返りとしての同盟，終章）。

　加えるに，見返りは先にみた基地のディレンマを解決する有効な手段にもなり得る。例えば，接受国が抱く「巻き込まれ」や自立性の低下に対する不安は，経済援助や軍事援助に対する期待によって，ときに相対的に低下する。またそれは基地の受け入れに反発する議会や国民（地域住民）を説得する（或いは，より一般的に，接受国が直面する国内政治的な困難を克服するための）有効な手段になるかもしれない。そのため，見返りの問題に着目すれば，共通脅威が存在しなくても，或いは，接受国側が「巻き込まれ」や自立性の低下を懸念していた場合であっても基地は受け入れられる，という同盟政治論とは異なる推論が得られることになる。

　さらに，そこからは基地の安定性に関する重要なインプリケーションも引き出される。というのも，見返りが接受国側の利益に適う限り，それは契約締結後に起こり得る接受国の機会主義行動を抑止する効果を持つからである。もし，接受国が契約上の約束を守らなかったり，契約そのものを反故にしたりすれば，米国はそれとパッケージになっている援助協定や防衛義務を停止することができる。つまり見返りは，基地契約に「しっぺ返し（tit for tat）」の構造を与えるのである[75]。

　これらのことから，基地契約が成立し接受国が基地を受け入れる（そしてそれが長期に安定する）条件は，契約の包摂する問題が戦時，平時を問わず彼らの十分な利益になっていることであるといえる。

　以上，基地に関する契約を，単一契約と包括契約に分け，前者を完備契約，後者を不完備契約に対応させて考えてきた。とりわけ，後者については安全保障問題を超えた他分野での「見返り」を含む概念と考えた。とはいえ，単一契約と包括契約は現実には必ずしも明確に区分されるものではなく，その包括性についても広さや深さにおいて様々なレベルがある。例えば，見返りには軍事分野に留まった極めて限定的なものも存在しようし（例えば，第6章でみる米英の「駆逐艦―基地交換協定」），また広く経済援助を含むものもあろう。本書ではこのようなことを前提としつつも，軍事上の限定的な見返りは，単一契約に近いものと考え，軍事以外の広い意味での安全保障，或いは，経済的な領域を含むものを包括契約と考える。そして，このような利益のやり取りを巡る米

国と接受国の交渉と，その結果として示される契約のタイプの問題からは，基地政策の計画と実行の双方について，次のような仮説を導くことができる。

契約仮説
> 米国が深刻な脅威に直面して基地を拡大しようとしても，同盟政治論的な観点から，米国と脅威認識を共有しないか，自立性の低下や「巻き込まれ」を恐れる接受国との交渉が難航すれば基地計画は縮小される。しかし，米国と脅威認識を共有しなくとも，或いは（また）自立性の低下や「巻き込まれ」を恐れる接受国に対しても，単一的ではなく包括的な基地契約を提案し，そこで十分な利益供与を行うことで基地は展開される可能性がある。

契約仮説は，戦略仮説とは対照的に，接受国側の意思決定が交渉を通じて米国の基地計画の決定（例えば，基地の配置や規模，或いは見返りの中身）に一定の影響を与えると仮定している。一方，基地計画の実行については，同盟政治仮説とは対照的に，共通脅威が存在しなくても，或いは基地に対する受容性が高くなくとも，基地が展開される可能性を視野に入れている。したがって，契約仮説は，戦略仮説及び同盟政治仮説を補足する重要な性格を持つものである。例えば，契約仮説を用いれば，米国が脅威の消失した地域から撤退しないケースや，逆に戦略的に重視する地域から撤退するケースを説明することが可能となる。また，特定の接受国が基地のディレンマを克服するメカニズムを説明することも可能になろう。

第4節　仮説の位置付けと分析枠組

　以上，戦略論，同盟政治論，契約論から導かれる三つの仮説をみてきた。もっとも，三つの仮説は排他的ではなく，補完的な性格を持っている。また，個別の要因の組み合わせによって，計画の立案や交渉結果には違いが生じ，また仮に同一の結果であってもそこには多様な因果経路が存在していると考えることができる。例えば，契約仮説が扱う包括契約の問題と，戦略仮説や同盟政治

仮説が扱う脅威の問題は相互に関連している。なぜなら、見返りの規模やその中身は、例えば、米国にとっての脅威が深刻である一方で、それに対する認識が接受国と十分に共有されていない場合に増大する傾向があるからである。そしてそこには、いうまでもなく米国の資源制約の問題も大きな影響を与えている。そのため、本書ではこのような三つの視角を相互に組み合わせ、そしてこれまで見落とされてきた「見返り」の問題を浮かび上がらせることによって、冒頭で示した問いに対する説明を試みる。

具体的には次のように考える。まず、基地計画の決定に主たる影響を与えるのは米国の戦略であり、それが基地の配置や規模を決定する。そしてそのような計画の実行には、接受国側の脅威の共有性と基地のディレンマに起因する制約が課せられ、それを克服するのが基地契約、つまり「見返り」の問題である。

以上を整理したのが、次頁の図表1–1である。

まず、基地計画の決定には米国にとっての脅威と資源制約の関数である戦略が主たる影響を与える。例えば、米国にとっての脅威が増大すれば、資源制約の範囲の中で基地計画は拡大し、脅威が低下したり資源制約が強まれば計画は縮小される。また、そこでは脅威の配置や性格に応じて、個別の基地の重要性や獲得の優先順位、或いは基地システムの配置にも変化が生じる。そしてその際に、接受国側からの制約がなければ、基地計画は戦略をそのまま反映したものとして確定する。

しかし、一定の条件下では、接受国との交渉が計画の決定に（主にそれを縮小させる形で）影響を与える。例えば、計画の策定過程で特定の接受国が基地の受け入れに難色を示すか、或いはそれを拒否すれば、米国は当該国に基地を置くことを断念し、対接受国政策の見直しや基地計画の規模を縮小する。それは米国の戦略が接受国側の意思決定に制約される過程である。

そしてそのような接受国側の意思決定に影響を与えるのは、脅威の共有性と基地に対する受容性（基地のディレンマ）である。繰り返せば、脅威の共有性は、米国と接受国が脅威認識をどの程度一致させているか、という問題である。一方、基地に対する受容性は、接受国側が「巻き込まれ」や自立性の低下をどのように認識しているかという問題である。もし、それらに対する懸念が深刻であれば受容性は低いが、そうでなければ（或いはそれに対する解決策をすでに講じ

第 1 章　分析枠組――基地の政治学

図表1-1　基地政策に影響を与える要因とそのプロセス

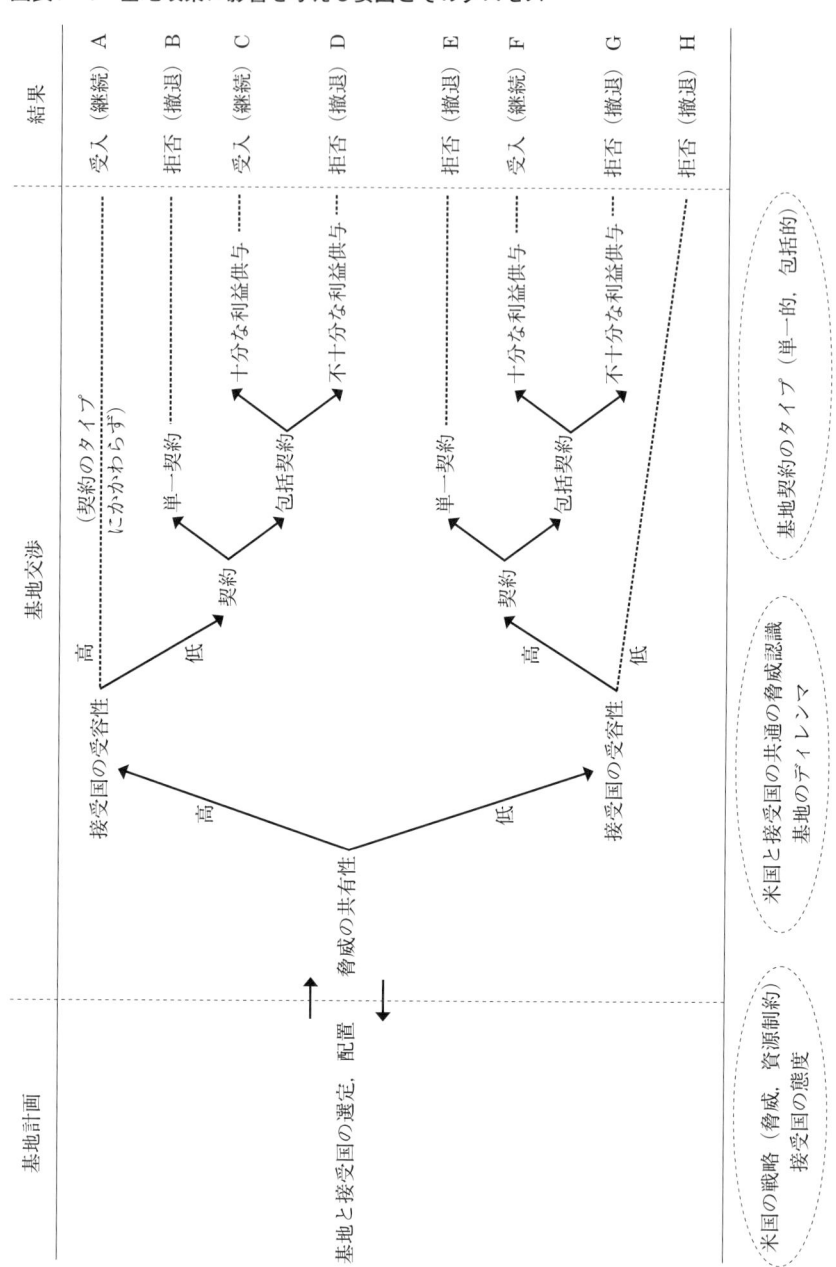

結果	A	B	C	D	E	F	G	H
	受入（継続）	拒否（撤退）	受入（継続）	拒否（撤退）	拒否（撤退）	受入（継続）	拒否（撤退）	拒否（撤退）

基地交渉

（契約のタイプにかかわらず）／単一契約／十分な利益供与／包括契約／不十分な利益供与／単一契約／十分な利益供与／包括契約／不十分な利益供与

高（契約）　低（契約）　　　　　　　　　高（契約）　低

接受国の受容性（高）　　　　　　　　　接受国の受容性（低）

脅威の共有性（高／低）

基地計画

基地と接受国の選定，配置

（右側の注記）
- 基地契約のタイプ（単一的，包括的）
- 米国と接受国の共通の脅威認識／基地のディレンマ
- 米国の戦略（脅威，資源制約）／接受国の態度

36

ていれば），受容性は高いと考えられる。例えば，接受国が米国と脅威認識を共有し，巻き込まれや自立性の低下を懸念していなければ，契約のタイプにかかわらず，基地は展開される。それは，図表1－1のAに該当するものであり，そのような基地は当該の条件が続く限り維持される。

　一方，脅威の共有性は高いものの，基地に対する受容性が低い（すなわち，巻き込まれや自立性の低下を恐れている）場合，その後の交渉には米国の対接受国政策，すなわち基地契約をどのようにデザインするかが影響を与える。例えば，そこで米国が単一的な基地契約，すなわち単なる戦時の軍事協力や基地の使用協定を提案しても基地は拒否される。なぜなら，そのような契約は接受国側の「巻き込まれ」や自立性の問題をより深刻化させ，国内の大きな反発を招く恐れがあるからである。これは，図表1－1のBに当たるものである。また，このような単一契約の下では，仮に基地を受け入れた国であっても，契約が想定する脅威が去った後（戦争終結後）は米国側に基地の撤退を要求する（基地は固定化されない）。それは，時間の経過と共にAからB，或いはH（共通脅威の消滅）へと移行するパターンである。

　一方，米国が提案する基地契約が包括的で，例えば，接受国側の基地のディレンマを凌駕するほどの政治的，経済的，或いは安全保障上の見返りを提供するものであれば，基地は受け入れられる（C）。そしてそのような包括契約が彼らの利益に適う限り基地は維持される。勿論，米国が包括契約を提案した場合でも，見返りの中身が接受国にとって十分でなければ基地は拒否される（D）。また，当初は基地を受け入れた国も，利益に対する選好に変化が生じれば，米国側に基地の撤退を求めることがある（CからD）。

　次に，接受国側の脅威の共有性が低い場合である。まず，脅威の共有性が低く，さらに自立性の喪失や「巻き込まれ」を恐れている場合（すなわち，接受国側の受容性が低い場合），基地は受け入れられない（H）。この場合，基地は接受国の安全保障上の利益に適うものではなく，基地が受け入れられる政治環境が国内に形成されることはない。

　他方，脅威の共有性が低くても，自立性の低下や「巻き込まれ」の懸念がそれほど大きくない場合（すなわち，接受国側の受容性が高いか，必ずしも低くない場合）も存在する。それは接受国が地理的な理由によって，米国と敵対す

第1章　分析枠組——基地の政治学

る国やアクターから直接の脅威を受けていない場合（これは，米国と脅威を共有していない一つの理由である）や，自立性の低下や「巻き込まれ」の危険性があるにしても，接受国が権威主義的な政治体制をとっており，接受国内でそれに対する懸念が醸成されることを抑えられる場合である。

そしてその際，接受国政府の意思決定を左右するのは米国が提案する基地契約の性格である。例えば，そこで単一的な基地契約，すなわち戦時の軍事協力や基地の使用協定のみを提案しても基地は拒否される（E）。いうまでもなく，そのような契約は接受国の利益に適うものではないからである。一方，契約が包括的で，例えば，経済・軍事援助や政治体制に対する承認（黙認）を与えるものであれば，基地は受け入れられる（F）。そしてそのような契約が彼らの利益に適う限り，基地は維持され得る。もっとも，米国が包括契約を提案した場合であっても，見返りの中身が接受国にとって十分でなければ基地は拒否される（G）。

以上，本書が提示する基地の政治学に依拠すれば，米国の基地システムが広くグローバルに形成・維持される条件とは，脅威に基づいた米国の戦略と，接受国の脅威の共有性と基地に対する受容性（基地のディレンマの解決），そして米国の戦略と接受国からの制約の問題を調整する（包括）契約，の三つの要素が揃うことである。つまり，米国の戦略がなければ基地は設置されないし，接受国側の脅威の共有性や基地に対する受容性が高ければ包括契約は必要ない。しかし，包括契約という政策がなければ，基地を利益と見做さない国にそれを置くことはできないし，またそこで供与される見返りが適切である限り，基地は仮にその戦略的重要性が低下した後も，米国がその使用を将来の軍事オプションの一つとして見做す場合においては，（ときに接受国側の求めに応じて）長期に維持される可能性が生まれるのである。

なお，このような議論は米国，接受国共に一個の合理的行為者として取り扱うものである。これは，議論の簡潔性と体系性を保つためのものであり，彼らの国内政治（過程）が各々の利益やそれに対する選好を規定することを否定するものではない。例えば，米国の脅威認識については軍部に限ってみても，各省庁や各部局で異なるであろうし，接受国についても脅威認識や基地のディレンマについての態度は，政策決定者間，或いは様々な国内政治グループによっ

ても異なっていよう。これらのことは，次節で述べるケース・スタディー等によって明確にされていくものである。

第5節　方法

本書は以上のような分析枠組に基づいて，第二次世界大戦中から50年代前半までを対象に，米国の海外基地計画の立案（第Ⅰ部）と実際の基地展開（第Ⅱ部）の過程を考察する（もっとも，計画と実行は相互に重なることがあり，相互に影響を与えるものである）。具体的には，大戦中から数次にわたって行われた，JCSの戦後基地計画の立案とその実行（基地交渉）の二つの過程を分析の俎上に載せる。

本書の問いとの関連でいえば，前者は「なぜ米国は戦後の基地システムを拡大しようとしたのか」という問題を明らかにしようとするものであり，後者は「米国は如何にして広大な海外基地システムを形成したのか」という問題を明らかにしようとするものである。具体的には，次のようなリサーチデザインを考える。

計画段階（第Ⅰ部）

基地計画の策定過程で問題になるのは，計画において基地システムの規模が変動した場合の原因とその因果経路である。したがって，ここでの従属変数は基地計画の規模である。但し，それは既述のように多元的であり，基地の数や接受国の数の増減を意味することもあれば，基地システムの空間的な広がりを意味することもある。一方，独立変数は，1）米国の戦略，2）接受国の基地に対する態度（これは，計画の立案と並行して行われる交渉を通じて示されるものであり，また来たるべき交渉で予想される接受国の態度でもある）である。前者は戦略仮説に，後者は契約仮説に対応するものである。

例えば，ある時期に米国の基地計画の規模が拡大したとすれば，先に示した仮説を引照して，米国にとっての脅威が増大したのか，或いは接受国が基地に受容的になったのかを明らかにする。そこでとられる基本的な方法は，整合法（method of congruence）と呼ばれるものであり，独立変数と従属変数が仮説

第1章　分析枠組――基地の政治学

で予想されたものと合っているのかどうか（整合性）を仮説検証の基本とするものである[76]。

　もし戦略仮説が正しければ，基地計画が拡大路線を取っていた1943年から45年，或いは49年以降にかけて，米国は脅威を強く認識していたはずであり，逆に1946年から48年にかけてそれは低下していたはずである。またそこでは，軍事予算や兵力に関する制約（資源制約）についても適切な評価がなされていたはずである。したがって，基地計画が縮小した1946年以降は資源制約が一段と厳しくなっていたことが予想される。またもし，契約仮説が正しければ，基地計画の規模が縮小した1946年から47年辺りにかけて，戦中に基地を受け入れていた国の多くは基地の撤退を求めていたはずであるし，戦後に新たに接受国候補となった国々も基地の受け入れに抵抗していた（すなわち，基地交渉が難航していた）はずである。

　このような方法で独立変数と従属変数との共変動性を確認し，そこで明らかになったことを，四つのケース，すなわち戦後基地計画の重要な転換点となった四つの基地計画（JCS 570/2, JCS 570/40, JCS 570/83, JCS 570/120）を用いて比較する。つまり，ケース1がJCS 570/2, ケース2がJCS 570/40, ケース3がJCS 570/83, ケース4がJCS 570/120である。

　なお，本書が扱う40年代の基地計画の立案に中心的役割を担っていたのはJCSである[77]。JCSは陸軍（省），陸軍航空隊，海軍（省）内部の部局や委員会が提出する個別の基地計画（下位の基地計画）とそれに基づく様々な基地の要求を調整し，ときに独自の基地計画案を作成することで，米国の最終的な基地計画（上位の基地計画）を作り上げていった（これには，"JCS 570"の番号が与えられ，計画の進捗と共に更新されていった。スラッシュ以降の番号がそれに対応している）。

　具体的には，各軍はまずそれぞれが立案した基地計画をJCSに提出し，それを受けたJCSは，今度は三軍としての統合的な基地計画を作成する（これを担うのはJCSの中の下部機関であるJSSCなどである[78]）。そしてそのような計画が各参謀総長によって承認されると，今度は文官である陸・海軍長官（1947年7月以降は国防長官），或いは国務長官がそれに対して承認を与える。さらに，大統領が直接それに承認を与える場合もある。そのようにして決定されたJCS

の公式的な基地計画は,最終的に国務省に送られ,国務省はJCSが示した基地リスト（すなわち,獲得が求められる基地と接受国の一覧）に則って,個別の接受国候補との交渉を開始するのである。[79]

　ちなみに,上記した四つのケースは,従属変数の値に関していえば,三つは拡大（ケース1,2,4）で,一つが縮小（ケース3）である。この従属変数の値の違いが,どのようなメカニズムによって出てきたのかを比較によって明らかにする。勿論,そこでは単一の要因だけでなく,複数の要因が同時に働いているかもしれない。或いは,ある要因が基地の拡大に正の作用をもたらし,他の要因が負の作用を発揮することもあろう。その場合,定性的（qualitative）にではあるが,どの要因が最も効いているかを明らかにしていく。

　この点,本書では,例えば政策決定者の脅威認識がどのように形成され,それがどのように個々の政策決定や計画の立案に結びついていたのかを,脅威認識,基地の規模,基地の配置,接受国の態度（脅威の共有性,基地のディレンマの認識）などに着目し,さらにそれを小見出しで示しながら記述することで,因果の連鎖をより鮮明にしようとする。

実行段階（第Ⅱ部）

　米国と接受国の交渉過程から明らかにしようとするのは,米国が基地設置の提案を行った際に,基地が接受国に受容されるメカニズムである。したがって,ここでの従属変数は接受国（候補）が基地設置に合意したか,しなかったかである。一方,独立変数は,1) 接受国が米国と脅威を共有しているかどうか,2) 接受国の受容性が高いかどうか,3) 接受国が基地の設置を認めることで,米国から（コストを上回る）十分な利益（これには安全保障上の利益もあれば,政治的経済的な利益もあろう）が得られるかどうか（すなわち,米国からの見返りが作動し,それが十分であったのかどうか）である。

　この課題に取り組むための方法は,米国と接受国の基地交渉に関するケース・スタディーとその比較である。ケース選択で考えなくてはならないのは,全体として上記三つの要因をカバーできるような幾つかのケースを選択することである。そして,その中で三つの要因が持つ結果に対する効果をうまく判定できるように（すなわち,他の要因の効果を制御して,対象とする要因の効果を析

出する）ケースを選択することである。そこで，40年代後半以降にみられた米国の海外基地の拡張期に関して（米国の基地獲得の実行はこの時期が主体である）次のように考えてみる。

　前もっていえば，米国は1948年12月，基地の受容を渋る国に対して経済援助や安全保障を与える「見返り原則（quid pro quo principle）」を導入した。それまでにそのような原則は存在せず，したがって，それ以前に基地を受け入れた国が見返りによって基地を受容したとは考えにくい。つまり，1948年12月以前に基地を受け入れたとすれば，それは接受国が米国と共通の脅威認識を有しており，かつ基地に対する受容性が高いか，或いは基地のディレンマがコントロールされた場合であると考えられる（タイプⅠ）。

　しかし，1948年12月以降に基地を受け入れたとしても，それが見返りによるものか，共通の脅威によるものか，或いは基地に対する受容性が高いことによるものかを事前に判定することはできない。基地を受容した時点で接受国候補が米国と共通の脅威認識を持っていたかどうかを判断するのは容易ではないが，例えば，西欧諸国のケースを考えてみるとNATO（1949年4月創設）に加盟していたかどうかが一つの基準になる（第5章で明らかにするように，見返り原則は，まずはNATO加盟国を対象に考えられたものである。また，同盟形成を共通の脅威認識の帰結と考えるならば，このことは西欧以外の国にも当てはめることができよう）。すなわち，NATOに加盟していれば米国と脅威を共有し，加盟していなければ脅威を共有していない，と仮に判断するということである（当然，これもケース・スタディーによって明らかにされなければならない点である）。

　そうすると，もしNATOに加盟している国が基地を受容したとすれば，そこでは共通の脅威認識が大いに作動したと考えることができる。勿論，そこでは自立性の低下や巻き込まれに対する懸念が小さいか，或いは基地のディレンマをコントロールする装置が作り出され，それと同時に見返りも効果を発揮していたかもしれない（タイプⅡ）。

　一方，NATOに加盟している国の中で基地を受容しない国があるとすれば，そこでは基地のディレンマが彼らの意思決定に強く影響した可能性があり，また見返りの提供が十分でなかった可能性も考えられる（タイプⅢ）。

図表1-2　選択したケースと時期による基地の有無

ケース	大戦中	戦争直後	見返り原則以前	見返り原則以後
英国（タイプⅠ）	○	×	○	○
グリーンランド（タイプⅡ）	○	×	×	○
デンマーク本土（タイプⅢ）	×	×	×	×
スペイン（タイプⅣ）	×	×	×	○

注：○→基地あり，×→基地無し（及び基地協定の期限切れ）

　また，NATOに加盟していないにもかかわらず，米国の要請に応えて基地を受容した国があるとすれば，そこでは，共通の脅威は存在しないものの見返りが強く作動し，かつ基地のディレンマがコントロールされた，という仮説が成り立つ（タイプⅣ）。

　以上，四つのタイプのケースを挙げた。もっとも，これら四つのタイプで三つの要因が全て制御されるわけではないが，三つの要因の従属変数に対する効果についての仮説を提供するものとなっている。これらを考慮した上で，第Ⅱ部で選択するのは，英国，グリーンランド，デンマーク本土，スペインの四つである（図表1-2をみよ——図表1-2はそれらの国の基地の有無を，時期別に整理したものである）。なお，四つはすべて欧州のケースであるが，それは上の四つのタイプに最も適合的で，かつ40年代後半に米国がその戦略的重要性を高く評価し，さらにその獲得を急いでいた主権国家の基地の大半が欧州に存在するためである。

　英国はタイプⅠである。ここでの仮説は，英国は米国との共通の脅威認識に基づいて基地を受け入れ，かつ基地のディレンマをコントロールする装置を作った，というものである。英国では，第二次世界大戦中に米軍基地が展開されたものの（1940年9月），終戦直後に撤収され（1946年2月），その1年後にいま一度基地が展開された（1947年初頭）。戦後の再展開が「長文電報」や「鉄のカーテン演説」の後であることに鑑みても，英国での基地の動態は米英の共通脅威と相関があるようにみえる。しかもそれは時期的には，見返り原則が導入される以前の出来事であった。そのため，両国の共通脅威の存在は，巻き込まれの危険や自立性の低下を凌駕するものであったか，或いは，英国政府が国

第1章　分析枠組──基地の政治学

内の反発を抑えるための何らかの措置を取ることに成功していた可能性を推察することができる[80]。

次のグリーンランドは（デンマークがNATO加盟国であることから）共通の脅威に基づき，かつ基地のディレンマをコントロールし，また見返りも効果を発揮した，という仮説が成り立つ（タイプⅡ）。グリーンランドは戦中から戦後にかけて，一貫して基地計画の最重要地域に指定されていた地であった。大戦中，デンマーク政府はグリーンランドで基地を受容したが，戦争が終わると即座にその撤退を求めた。ところが，戦後も基地の重要性を高く評価していた米国はそれに応じなかった。しかし，見返り原則が導入された後の1951年4月，両国は新たな基地協定に合意した。そのため，デンマーク政府の意思決定には，見返りが何らかの形で影響していた可能性を推察することができる。或いは，1949年以降，デンマークがNATOに加盟したことに鑑みれば，そこには共通脅威と見返りの相乗効果があったといえるかもしれない。

一方，デンマーク本土では（米国がそれを要求したにもかかわらず），基地が受容されることはなかった。このことから，デンマーク本土に関しては，米国と脅威を共有しながらも基地に対する受容性が低く，また見返りも効果を持たなかった，という仮説が成り立つ（タイプⅢ）。このように，デンマークのケースは国内の二つの地域（グリーンランドと本土）で交渉結果に違いが生じており，独立変数を統御し比較の有効性を高める上で大きな効果を持つ[81]。

最後のスペインは，NATO加盟国でないにもかかわらず，米国の基地を受け入れた国である（1953年9月）。したがって，スペインは米国と共通の脅威を持たないが，見返りが効いた国であり，かつ基地のディレンマがコントロールされた，という仮説が成り立つ（タイプⅣ）。実際，第8章で明らかにしていくように，スペインには米国との非公式交渉が開始された1948年から基地協定が締結された53年までの間，対外的な脅威がほとんど存在しなかった。一方，当時のスペインはフランコの独裁体制故に国際的に孤立し，経済情勢は悪化の一途をたどっていた。そのため，スペインの意思決定には，米国による経済援助や体制の承認といった見返りが強く影響していた可能性を推察することができる[82]。

ところで，本書が計画段階で取り上げるJCSの基地計画の中には，日本やド

イツの西側占領地区といった占領地の基地は取り上げられていない（但し，第3章でも述べるが，沖縄は1945年10月のJCS 570/40までは基地計画に含まれていた）。それは両地域が戦争直後から米国（連合国）の占領下にあり，軍や国務省は基地の獲得や拡張に関して被占領地側と新たに交渉する必要がなかったからである。また，とりわけドイツの基地に関しては，沖縄とは対照的に朝鮮戦争が勃発するまで対ソ戦を想定したものとは位置付けられておらず，まして西ヨーロッパ全体を防衛するための基地としても認識されていなかった[83]。そのため，両地域の基地は当時JCSが推し進めていた基地拡大計画の対象には入っておらず，本書第Ⅰ部でもそれらの基地の分析は行わない。

　また，第Ⅱ部のケース・スタディーでも，それらの基地はケースとして選択されていない。それは本書が，交渉を通じて獲得した（或いは，失敗した）基地のケースだけを選択することによって，基地獲得の過程に存在する接受国候補の自立性（米国からみれば制約）の程度を平準化しようとしたからである。つまり，被占領地においては接受国側が利益やコストを考えて基地の受け入れを拒否するといった事態は起こり得ず，またそこでは主権国家間の基地交渉で大きな問題となるはずの施設の設置場所や期間，或いはその他の条件について米国側にほとんど制約が働かないのである。

　とはいえ，本書が対象とする時期，占領地の，そしてその後に主権を回復する国々の基地は冷戦の文脈，とりわけ朝鮮戦争やNSC 68以後の世界において大きな役割を果たしていた。したがって，終章ではそれらの問題と本書全体の分析結果を踏まえた上で，戦後の日本と西ドイツに関して若干の考察を行うことにする。

注

1）　それらは，例えば，military bases, garrisons, facilities, base rightsと，英語表記がそれぞれ異なっている。したがって，引用する際には必要に応じて原文が意味しているものを厳密に示すことにする。
2）　例えば，Harkavy 1982：14-16；Blaker 1990：4-6．
3）　仮に計画Aでアルジェリアとモロッコに基地を設置することが決められ，次の計画Bでモロッコが外された場合でも，接受国の数はどちらも宗主国であるフランス1国となってしまうからである。
4）　Calder 2007：69．

第 1 章　分析枠組——基地の政治学

5）　Calder 2007 : 62.
6）　勿論，本書とカルダーの研究には共通する点も少なくない。それは，接受国側の意思決定，すなわち接受国側の利益構造が米国の基地政策の立案に重要な影響を与えるという基本的な認識である（本章，第 3 節）。
7）　このような見方をするものとして，例えば，Desch 1992.
8）　Mahan 1905, 1918 ; Mackinder 1919 ; Spykman 1942.
9）　Kennedy 2004.
10）　マハン 2008 : 45.
11）　同上，54.
12）　マハンは植民地について，1）経済的には本国が必要とする物資を供給し，また本国の生産物の市場となると同時に，2）貿易の基地及び船舶の避難拠点を提供し，さらには，3）軍事的な根拠地を提供し艦隊に補給支援を与えるもの，と位置付けている。（同上，8.）
13）　例えば，Brodie 1946 ; Cohen 1963 ; Gray 1986.
14）　Art 2003 : 1.
15）　Harkavy 1982, 2005.
16）　同様の指摘をするものとして，Baker 2004 : 49.
17）　Dulles 1954 : 356-357.
18）　Hoopes 1958 : 69-70.
19）　Calder 2007 : 18.
20）　永井 1978 : 227-228.
21）　『米国陸海軍軍政・民事マニュアル』pp.3, 27。
22）　Wing 1991 : 130.
23）　勿論，占領地域が戦略的に重視されていなければ基地は軍にとっての「重荷」となり，その削減が進められる。例えば，第二次世界大戦後，軍は韓国を米国の防衛ラインの外に位置付けていた。そのため，韓国では終戦直後から段階的に基地が撤収された。
24）　占領地での基地政策は占領政策と密接に結びついているため，政策決定には軍だけでなく大統領や国務省の意向が大きく影響するとされる。（Cordesman 2006.）
25）　例えば，アフガン戦争（2001 年），及びイラク戦争（2003 年）後，接受国側は一時的にではあるが米軍駐留の継続を求めていた。（Thaler 2008 ; Duffield and Dombrowski 2009.）
26）　この点，山田 1979 : 60.
27）　Blaker 1990 : 36.
28）　Cottrell 1963 ; Harkavy 1989 : 363. それは，論者によって「戦略的拒否（strategic denial）」，「阻止行動（denial activities）」，「先制的基地獲得（pre-emptive base acquisitions）」など称され方が異なる。
29）　Johnson 2004 : 193.
30）　同時に彼は，米国が基地の展開を通じて，ときに中小国に対して行っている接受国支配（例えば，接受国の政策決定に直接，間接に影響力を行使したり，援助や訓練の提供を通して接受国の軍をコントロールする，等）の問題についても指摘し，米国を「基地の帝国（the empire of bases）」と呼んでいる。同様の視点は，Gerson and Birchard 1991 ; Gerson 1999 ; Berry 1989 ; Cullather 1994. とはいえ，それらの議論は米国と接受国の非

対称的な力関係や米国の一方的な力の行使ばかりを強調するもので，例えば接受国側に生じる利益の問題を等閑視するなど，いささかバランスを欠いていると言わざるをえない．
31) Harkavy 1989：367. 同様の指摘は，Sandars 2000：285.
32) Dueck 2006.
33) Blaker 1990：100.
34) *Ibid.*, p.104. また，とりわけ2001年以降，基地システムにかかる費用が増大したことを指摘するものとして，Kagan 2008：40.
35) Blaker 1990：30. 同様の指摘は，Calder 2007：37.
36) Baker 2004：54. 例えば，米国はベルリン危機の際，米軍の家族を国外退去させないことでソ連に対して，米国が本気であることのメッセージを送ったとされる．
37) Waltz 1979；Walt 1987；Kugler 1998；Mearsheimer 2001；McDonald and Bendahmane 1990.
38) Duke and Krieger 1993.
39) また，米国はSEATO加盟国だったタイにも一時期，基地を置いていた．
40) Harkavy 1989：322. 一方のソ連側もワルシャワ条約機構加盟国はいうに及ばず，中東ではシリア，南イエメン，北イエメンと友好協力条約を結び，基地を置いていた．またアフリカでは，アンゴラ（1976），エチオピア（1978），モザンビーク（1977）と，アジアでは，アフガニスタン（1978），モンゴル（1966），北朝鮮（1961），ベトナム（1978），インド（1971）との間で友好協力条約を締結し基地を置いていた．
41) グアンタナモ基地の歴史的展開と，それを巡る米国とキューバの関係については，Strauss 2009.が詳しい．
42) 「同盟のディレンマ」については，Snyder 1984；土山 2004.
43) Woodliffe 1992.
44) Duke 1987.
45) また，土山は「捨てられるリスクを減らすために同盟を強化すると，この動きは巻き込まれるリスクを高めるだけでなく，同盟が想定する敵対国との間でセキュリティ・ディレンマを引き起こす可能性がある」として，同盟を組むことで生じる三つめのディレンマの存在を指摘している．（土山 2004：311.）
46) Fox and Fox 1967：128-129. 勿論，基地設置国の側も同様の問題を抱えている．例えば，米国は特定の国に基地を置くことで，予期せぬ戦争に突如として「巻き込まれる」危険が生じよう（例えば，在韓米軍基地）．また，特定の基地への依存を強めれば，接受国から「捨てられる」ことを恐れるようにもなろう．しかし，そのような問題の多くは，実際には設置国側がコントロールできるものである．例えば，「捨てられ」の危険を低下させたければ，基地を接受国内，或いは接受国外に分散させれば良いし，「巻き込まれ」を恐れるのであれば，部隊を縮小したり，基地を撤収すれば良い．つまり，この問題は基地設置国にとっても重要ではあるものの，接受国に比べればそれほど深刻ではないと考えられるのである．
47) Campbell and Ward 2003. トリップワイヤーそのものの考え方については，Schelling 1960：187.
48) そのため，ゲイル・ルンデスタッド（Geir Lundestad）は，基地は特定の国にとって「招かれた」存在であると指摘した．（Lundestad 1986, 2005.）

49) 伊藤 1998 : 218.
50) 村田 1998. なお，近年でも，例えばカタールなど自国の安全保障に独力で対処することに不安を覚える国々は，米国の基地が縮小されたり，撤収されることについての懸念を表している。(Calder 2007.)
51) Calder 2007 : 160.
52) パイン・ギャップの他にも，米軍は1968年以降，ノースウエスト・ケープの通信施設（Harold E Holt Naval Communications Station）を使用している。*AUSTRALIAN TREATY SERIES*, ATS 36.)
53) Cooley 2008 ; Calder 2007 ; Cooley and Spryut 2009.
54) Cooley and Spryut 2009 : 105. 但し，基地と同盟を一体のものと仮定すれば，制度（institution）の粘着性，或いは汎用性の観点から一定の説明を与えることができるかもしれない。(McCalla 1996 ; Wallander and Keohane 1999.) しかし，それは基地の動態を正面から捉えようとするものではなく，例えば，同盟に基づかない基地の動態や，すでにみた基地のディレンマの問題が如何に解決され，基地が維持されるのかについて説明することはできない。
55) Cooley 2008 : 8.
56) Williamson 1975, 1985 ; Eggertsson 1990.
57) スポット契約（spot contracts）などはその典型である。(Milgrom and Roberts 1992 : 259.)
58) 例えば，第Ⅰ部で取り上げる第二次世界大戦中の基地契約の多くはこれに該当するものであろう。また，1991年の湾岸戦争や2001年以降の対テロ戦争時にみられた有志連合内部の基地契約もそれに該当しよう。有志連合に参加した国々の多くは米国に対して主に事前集積基地の提供，補給のための港湾アクセス権の保障等を行った。そしてそれらの多くは長期・恒常的なものではなく，軍事オペレーションの終了と同時に停止された（但し，サウジアラビアやクゥエートといった一部の国は，湾岸戦争以後も長きにわたって米国に基地を提供した）。湾岸戦争での各国の米国への軍事協力に関しては，Bennett *et al.* 1994 ; 多湖 2010. また，2001年以降の対テロ戦争における各国の米国に対する軍事協力に関しては，Posen 2003. を参照。
59) Milgrom and Roberts 1992 : 135-137.
60) Cooley and Spryut 2009 ; Lake 2009.
61) Lake 1999 : 52-53.
62) Lake 1996, 1999, 2009.
63) Cooley 2008 : 30 ; Woodliffe 1992 : 29-47.
64) またここには，一部の接受国（日本，ドイツ，韓国）で行われている，ホストネーション・サポートに関する取り決めも含まれよう。
65) Cooley and Spryut 2009 : 107-108. また，交換関係に由来する均衡の考え方は，ブラウ 1974 : 21-25.
66) 但し，そのような見返りは，（稀に基地協定に明記されるが）ほとんどは事実上のものであり，それを客観的に特定するのは難しい。というのも，米国は見返りを基地の賃借料（rent）として位置付けることを極端に嫌うからである。そのため，公式的には，見返りはあくま

でも基地とは切り離された軍事・経済援助として説明される。(Harkavy 1989 : 340.)
67) ESFとは，米国の安全保障上大きな重要性を持つ国家・地域に対して供与される戦略的・政治的要素が強い援助である。ESFの前身は1950年代に開始された，安全保障支援援助プログラム（Security Supporting Assistance Program）であり，それが1974年に改称されてESFとなった。またFMFとは，1950年より行われているもので，米国が対外有償軍事援助計画を通じて選んだ友好・同盟国に対して装備品などの売却に関する融資を行うものである。
68) Cooley 2008 : 47.
69) Clarke and O'Connor 1993.
70) もっとも，そのような経済的影響には負の側面も大きいとの指摘もある。例えば，Vine 2009.
71) Rasizade 2003 ; Klare 2003.
72) 但し，2005年5月，ウズベキスタン東部のアンディジャンで起きた暴動を武力で鎮圧した事件を機に，真相解明を求める米国との関係が悪化し，ウズベキスタンは米国側に基地の撤退を求めた。最終的に，同年11月，米軍は同基地から撤退した。(『朝日新聞』2005年11月22日)
73) この点，Cooley 2008 : 13.
74) パッケージ取引，或いは，イシューリンケージに関する理論的展開については，Davis 2004.
75) Lake 1999 : 172.
76) George and Bennett 2004 : 151-3 ; エヴァラ 2009 : 58-70.
77) Neustadt 1962 : 855-856.
78) なお，JCS内部での計画決定過程は次のようなものである。まず，JCSはJSSCなどの下部組織に対して特定の問題についての検討を命じる。次に，下部組織の中で原案の作成が行われ，それがJCSへと送られる。そして，それに対するJCSの検討が加えられ，承認を受けることもあれば，下部組織へ計画を差し戻し，修正を指示することもある。JCSと下部組織との間，或いは下部組織間では，計画の修正，再検討などのやりとりが何度も行われる。その際，JCSのメンバーは，各々の見解を述べるメモランダムを統合参謀本部官房長（Secretary）を通じてJCSに送ることによって，個別の検討過程へ影響を与えることができる。(我部 2007 : 45-46.)
79) 詳細は，Schnabel 1979.
80) 英国と似たようなケースとしてはポルトガルが挙げられる。戦中の1944年11月，米国はポルトガル政府との間でアゾレス諸島の使用に関する協定を締結し，終戦後の1947年12月にそれは失効を迎えた。そして，見返り原則が導入される以前の1948年2月，米国は再度，ポルトガルとの間で基地協定を締結した。とはいえ，米国は協定が失効していた間も，実際には軍を撤退させることはなく，事実上の駐留を継続していた（この点，第4章）。そのため，戦中から戦後にかけて基地の展開と撤退が明白に行われ，さらに見返り原則以前に基地の再展開が行われたタイプⅠのケースとしては，英国の方がより適切といえる。
81) このようなケースは同時期，デンマークをおいて他にはない。
82) 同時期，NATO加盟国でないにもかかわらず基地を受け入れた国としては，他にもギ

第1章　分析枠組――基地の政治学

リシャがある（基地の受容は1949年2月，NATO加盟は1952年2月）。しかしながら，ギリシャはスペインとは異なり，早くから米国との間でソ連に対する脅威認識を一致させていた（この点，Sandars 2000 : 260-262.）。そのため，タイプⅣに該当するケースとしては，スペインの方がより適切といえる。また，地中海地域でギリシャと同様の戦略的価値を有していたのはトルコである。トルコの場合，NATO加盟後に基地協定を締結（1954年6月）し，基地を受容している。

83) Schraut 1993 : 167. 実際，トルーマン大統領が在独米陸軍の増派を決めたのは，1950年9月のことであり，在独米軍が対ソ戦用に再編され，それが完了したのは1953年の秋に入ってからのことであった。

第 I 部

戦後基地計画

第2章

戦後基地計画の胎動──JCS 570/2（42年12月〜43年11月）

　1942年12月に開始されたJCSによる戦後基地計画の策定作業は，翌年11月にJCS 570/2として結実した。そしてそこでは戦中に構築した海外基地システムを戦後も維持，拡大していくことが確認された。

　それでは，なぜ米国は戦後の国際環境が未だ明らかでなく，また特定の脅威に対する評価も定まっていなかったこの時期に，戦後の基地システムを拡大しようとしたのか。本章ではこの点を明らかにするために，1942年の冬から43年秋までの基地計画の策定過程を考察する。具体的には，ローズヴェルト大統領，JCS，陸軍航空隊，海軍，国務省が持っていた戦後世界の在り方についてのイメージや脅威認識に焦点を当てていく。

　前もっていえば，同時期の基地計画は必ずしも特定の脅威を念頭に描かれたものではなく，戦後の防衛ラインや勢力範囲を定めること，そしてローズヴェルトが提唱していた国際警察軍構想を念頭に立案が進められたものであった。同時期，戦後の国際秩序は米英ソ中の協調と責任地域の分割によってもたらされると考えられていた。そして，政策決定者は接受国側の利益や主権の問題についてほとんど関心を持っておらず，対接受国政策の中身が計画の俎上に載ることもなかったのである。

第1節　戦後基地構想

　ローズヴェルトの指示　　対日戦争が勃発しておよそ1年後，そしてミッドウェイ海戦で日本軍が敗北を喫して半年後の1942年12月，ローズヴェルト大統領はJCSに対して，戦後の国際警察軍（International Police Force）のため

の航空施設（air facilities）の候補地に関する研究を行うよう指示した[1]。それは主要大国間の協調に基づいた国際安全保障という彼の重要な戦後構想の一環をなすものであった[2]。

ローズヴェルトによる指示は1942年12月28日に大統領付き海軍補佐官（presidential naval aide）だったジョン・マクレア（John L. McCrea）が，ローズヴェルト（最高司令官）付参謀総長で統合参謀本部との繋ぎ役であったウィリアム・リーヒ（William D. Leahy）海軍大将に対して送った覚書が端緒となった。マクレアはリーヒに対して「我々は和平交渉のことを考えなくてはならないし，彼（ローズヴェルト）は戦後に国際警察軍のようなものが誕生するであろうことを構想している」（括弧内筆者）と伝えた。マクレアは和平交渉が開始されるまでに，軍は国際警察軍の航空基地をどこに求めるべきかについて考えなくてはならないとのローズヴェルトの意向を伝えた。またそのような計画に対してローズヴェルトは，諸外国の持つ「既存の主権を考慮に入れず」に進められるべきである，と考えていることも伝えた[3]。

もっとも，ローズヴェルトの意向は国際警察軍が駐留するための軍事基地の必要性だけに支えられたものではなかった。彼は，このときフランスが保有していた中央，南太平洋の島嶼地域における民間航空施設，或いは同地域の民間航空機の領空通過に関する問題を重くみていた。当時，米国の民間航空機は同地域上空を飛行することをフランス政府から認められておらず，その開放は米国にとって悲願であった[4]。そのため，ローズヴェルトはクリッパートン島をはじめとした島嶼地域に米国以外の大国が軍事駐留することを防ぎ，戦後の商業航空にとって重要性の高い同地域からフランスの影響力を排除することに関心があったのである[5]。

航空戦力重視の案―JSP小委員会―　　ローズヴェルトの指示を受けた参謀総長らは1943年1月，この問題をJCSの軍事計画を司るグループの一つである統合計画参謀（Joint Staff Planners: JSP）[6]に預けた。早速，JSPはそれを（陸軍，陸軍航空隊，海軍からそれぞれの将校が出席して行われる）小委員会に送り，同問題についての報告書を提出するよう指示した。小委員会では1943年1月に二度の会合が行われ，そこでは航空基地に関する三つの考え方が示された[7]。一つは，陸軍省の参謀幕僚であるジョージ・シュルゲン（George F.

53

Schulgen）大佐によるもので，主にエネルギー資源が埋蔵されている地点を中心に50の地域を特定し，そこに基地を展開するというものであった。二つは，シベリア，中国，アフリカ，インド，南米にある主要7地域の前方基地から航空兵力を用いた作戦を行うことで，枢軸国に勝利するための計画であった。最後は，米国が太平洋で戦略的攻撃を行い，欧州地域で戦略的防御を行う傍ら，北ヨーロッパのナチスに対して北米の北極沿岸，グリーンランド，アイスランド，スピッツベルゲン諸島から航空攻撃を行う，というものであった。

　小委員会が提案したそれら三つの計画は共通の特徴を持っていた。まず，その何れもが軍事作戦における航空攻撃の重要性を指摘するものであった。また，そこでは北半球の戦略的重要性が強調され，さらにそれらは全て（第一の案は一部戦後計画を含んでいたが）当時進行中の戦争のための計画であった。ところが，小委員会による報告を受けたJSPは，国際警察軍のための航空基地についてそれ以上の研究を行わなかった。というのも，小委員会議長（陸軍）とその他2名のメンバー（陸軍航空隊，海軍）は，1943年の1月25日の小委員会の場で，国際警察軍についてのより詳細な見通しが立たない限り，基地を選定することは困難であるとの認識で一致したためであった。それを受けた三軍の参謀長は国際警察軍についての共通認識を持つ必要性を認め，2月9日になって，この問題を統合戦略調査委員会（Joint Strategic Survey Committee: JSSC）に移すことを決めた[8]。

商業航空の重要性―国務省―　　JSP小委員会が主に軍事的観点から戦後の航空基地構想を練っている最中，国務省はそれを戦後の商業航空の観点から検討していた。1942年9月，アドルフ・バーリ（Adolf. A. Berle）国務次官補は，戦後の航空基地が米国の防衛と通商にとって過去に海軍力がもたらしたのと同様の影響をもたらすものであるとし，さらに「我々は現在，そして未来において航空基地の場所や航空基地の管理，またはそれらを管理・維持するための協定について無関心であるべきでない」との見方を示した[9]。バーリは1943年1月初頭，後に「省庁間国際航空委員会（Interdepartmental Committee on International Aviation）」と呼ばれる作業部会を立ち上げた。

　1月7日に行われた，最初の会議で陸軍次官補のロバート・ロヴェット（Robert A. Lovett）は，ヘンリー・アーノルド（Henry H. Arnold）陸軍航空隊総司令

官に対して，戦後の海外基地，とりわけカナダにおける航空基地の重要性を説いた。ロヴェットは，戦後に米国が軍事基地権を獲得し，さらに商業航空上の優位を獲得するためには，現段階から世界の航空ルートを確保しておくことが不可欠との認識を示した。また，戦後の海外基地システムは，国家防衛と国際警察軍のための航空基地，そして商業航空施設が密接に結びついたものになるとの見通しも示した。ちなみに，当時の軍民の航空ルートはその多くが同一であった。そのため国務省は戦後のそれを国家安全保障と国際的安全保障，そして米国の経済的繁栄という複数の目的から補完的に捉えていたのである。

　米国の長期的な安全保障戦略の立案を担っていたJSSCも当初，航空基地を国家防衛，国際警察軍，商業航空という三つの観点から捉えていた。参謀総長らもそれに異論はなかった。しかし，JCS内部では商業航空の観点から公式的に大統領に対して何らかの進言を行うべきかどうかについて意見が割れていた。リーヒは，JCSが商業航空網の軍事的重要性について言及することについては慎重だった。対して，海軍のキング提督は，航空施設の軍事使用は商業使用と分離することはできないとして，両者を関連付けることに積極的だった。アーノルド大将も軍が「商業航空問題にかかわることを回避することは望ましいが，果たしてそのようなことは可能かどうか，そしてとりわけ米国がそのようなことができるのかどうか」疑問であるとして，軍事と商業の不可分性を示唆した。[11]

　そのため，参謀総長らは以下で詳細にみるJSSCが提出した政策指針を承認したものの，商業航空の問題については取り立てて言及しないことを決めた。そこでは戦後の軍事的，経済的利益について，あくまでも一般的な言及を行うに留められたのである。

第2節　個別の基地計画

1）JSSC

　1943年2月以降，JSP小委員会から基地問題の扱いが移されたJSSCは陸軍，海軍，陸軍航空隊のそれぞれを代表する三人の上級将校からなる委員会であっ

た。具体的には，陸軍のスタンレー・エンビック（Stanley D. Embick）中将，海軍のラッセル・ウィルソン（Russell Willson）中将，陸軍航空隊のムーア・フェアチャイルド（Muir S. Fairchild）少将から構成されていた。戦中，JSSCは軍の中でも最も影響力のある組織の一つとして位置付けられ，軍事戦略から国家政策，或いは外交に関することまで幅広くJCSに助言していた。[12]

「4人の警察官」と米国の安全保障　JSSCは1943年3月に戦後基地に関する報告書を提出した[13]。それは，ウィリアム・ロジャー・ルイス（William Roger Louis）の言葉を借りれば「世界的な安全保障ネットワークに関する基本計画の起源[14]」というべきものであった。同報告書は基本的にはローズヴェルトが提唱した「4人の警察官」の概念に沿ったものだった。JSSCは，まず世界を三つの責任地域に分割することを考えた。その三つとは，1) 米国が責任を持つ西半球と，2) 英国とソ連が責任を持つ欧州，3) そして，米・英・ソに中国を加えた4カ国が責任を持つアフリカ，中東，極東であった。米国は戦後しばらく，極東や西半球といった「アメリカンゾーン（American Zone）」の責任を負うとされ，英国とソ連は欧州，アフリカ，中東地域の責任を負うとされた。そして，太平洋の日本の委任統治領については「『我々の直接統治（direct control)』が要求されるものであり，それは国際警察軍，或いは米国の商業目的の使用にも適うもの[15]」と位置付けられた。そして，「ワシントンは自らの安全と戦後利益を確保するために，即座にそれらの基地を獲得するための国際交渉を開始しなくてはならない」と結論付けたのである。

　JSSCの報告書は，戦後に国際的な平和を執行する何らかの国際組織が設立されることを念頭に置きつつ，そのような国際組織は簡単には設立されないし，また仮に設立されたとしても長くは続かないと予測していた。そのため，米国はまず，1) 自らの防衛，2) 西半球の安全保障，3) 極東における米国の優越的な立場の維持，を模索しなくてはならず，基地はそのような目的を達成するための不可欠な手段とされた。そしてそのために適切と考えられる基地の獲得は米国にとっての「主要な戦争目的」と解されたのである。

　しかも，そのような政策はローズヴェルトの集団安全保障（collective security）の考え方とも矛盾しないとされた。なぜなら「我々の安全を確保することを主たる目的とした基地の獲得と展開は，国際警察軍による適切な保護

の下で可能になる[16]」と考えられたからである。つまり，仮に将来何らかの国際組織が誕生すれば，基地の管理権は国際的な機関（authority）に委譲されると考えられたのである。そのような観点から，JSSCは国家防衛と国際警察軍のための基地地域を特定した。既述の極東と太平洋地域，西半球からなる「アメリカンゾーン」が，その意味で最も適切な基地地域であった。

西半球では，1940年9月2日の「駆逐艦─基地交換協定[17]」（第6章で詳述）によって英国から貸与されていたカリブ海地域の基地が国家安全保障のために維持すべきものとされた。なお，米国はこの時期，同地域では英領以外にも，アルゼンチン，ボリビア，ブラジル，ドミニカ，キューバ，コスタリカ，ハイチ，ホンジュラス，ニカラグア，パラグアイ，エルサルバドル，ペルー，ウルグアイ，ベネズエラ，といった国々と基地の設置や領空通過に関する協定を締結していた。

一方，太平洋では，ハワイからフィリピン，そして小笠原諸島までを含む「基地の鎖（chain of bases）」を防御すべきとされた。とりわけ重視されたのが日本の委任統治領であった。彼らは，もしそれを敵対勢力に奪われた場合「西半球の安全保障にとって直接的かつ重大な危機」を招くと考えていたのである。

報告書にみられたJSSCのこのような地域主義的傾向（すなわち，基地地域を従来のアメリカンゾーンに留める傾向）はメンバーの一人であるエンビックが主導したものであった。エンビックはJSSCのメンバーの中でも最も影響力を持った人物であった[18]。彼は米国が第二次世界大戦に参戦する以前から一貫して，欧州の安全保障問題に米国は関与すべきでないとの立場をとっていた。そのためJSSCの報告書は，彼の意向を汲んで，西半球を越えて欧州にまで基地を展開しないことを基本的な前提としていた。

大西洋重視　ところが，JSSCの認識とは裏腹に，参謀総長らは安全保障の観点から太平洋よりも大西洋を重視していた。彼らはJSSCの報告書には，グリーンランド，アイスランド，アゾレス諸島，ダカール，アセンション島に関する指摘が抜け落ちていると批判した[19]。しかし，JSSC（特にエンビック）は，米国の航空基地を巡る要求は他国（欧州諸国）の利益と衝突するであろうとして，大西洋での基地拡大に反対した。加えて，JSSCは戦後の和平会議ではおそらくギブ・アンド・テイクが要求されるであろうから，米国は海外基地を過

剰に拡大すべきでないとも主張していた[20]。JSSCは，欧州での基地展開はソ連の警戒心をいたずらに惹起し，戦後の国際協調を妨げる要因になると考えていたのである[21]。

しかしながら，そのようなJSSCの主張は参謀総長たちの認識を変えるものではなかった。キングは「国家を防衛するための基地の場所に制限を加えることは，孤立主義者らに弾薬（ammunition）を渡すようなものである[22]」と述べて，JSSCを批判した。結局，参謀総長たちはJSSCに報告書の再提出を求め，国家防衛と国際警察軍のための基地をそれぞれ分けて一覧にするよう指示したのである[23]。

2）海軍

冒頭でみたローズヴェルトの指示から間もない1943年2月9日，合衆国艦隊司令長官（Commanders-in-Chief of the United States Fleet: COMINCH）で，海軍作戦部長（Chief of Naval Operations: CNO）でもあったキング提督はフランク・ノックス（Frank Knox）海軍長官に対して，戦後の基地問題が「海軍にとって極めて大きな意味を持つ」と述べ，海軍はそのような認識に立って個別の基地研究に着手すべきであると述べた。キングは海軍の影響力を高めるためにも早期から海軍独自の戦後計画を準備しておく必要性を認めていた。というのも，キングは英国の石炭補給港が有事に軍事転用されてきた歴史を念頭に，商業目的の海洋ルート選定が，海軍の影響力を高める好機になると考えていたからである[24]。キングから指示を受けたノックスは海軍諮問委員会（General Board of the Navy）に対して戦後の国際的な基地についての研究を進めつつ，当時保有していた太平洋の基地の維持に関する研究を開始するよう指示した[25]。

海軍諮問委員会は1943年2月，独自の研究に着手した。それから1か月後の3月20日，彼らは戦後の基地問題に関する報告を行った[26]。そこでは国家防衛と国際安全保障，軍事と商業，そして海上からの航空攻撃と陸上からの航空攻撃の不可分性が指摘された。報告書の基本的な前提はJSSCのそれと同様だった。つまり，戦後の世界平和は国際的な条約や何らかの機構によってもたらされるものではなく，米英ソ中四大国の協調によってもたらされる，というものであった。それは彼らが国際連盟の失敗を踏まえて，集団安全保障のための

国際機関は何れ崩壊すると予測していたからであった[27]。

太平洋重視　海軍諮問委員会の主たる関心は太平洋にあった。戦後の潜在的脅威としては日本が想定され、海軍の主たる任務は日本に対する「警察機関」になることとされた。またJSSCと同様、大陸地域には国際警察軍の基地を置かないとされた。太平洋で米国が責任を負うべき範囲は、英国及びオランダの領土と接触しない「中国の沿岸（the shores of China）」までであった。具体的には、パナマに至る海洋ルートにとって不可欠であったクリッパートン島とガラパゴス諸島であり、その他には、フィジー、ギルバート、マルケサス、ニューヘブリディーズ諸島（バヌアツ）、フェニックス、ソロモン、トンガ、ニューカレドニア、パルミラ、オーストラリア、ニュージーランド、ニューアイルランドであった。そこには日本の委任統治領だけでなく、英領と仏領も含まれていた。彼らはそれら島々の主権が米国に委譲されることは領土拡大を意味するものではなく、大西洋憲章違反には当たらないと考えていた[28]。また、日本の委任統治領を獲得することは、米国の安全保障上不可欠とされ、上にみた以外にも、南鳥島と父島、台湾、上海の戦略的重要性が指摘された。

その上で、海軍諮問委員会は国家防衛と国際警察軍の双方の任務を持つとされる50の基地地域を特定した[29]。大西洋では米英の境界線を経度25度で分割することが提案された。その中のいくつかは、伝統的に米国の勢力範囲と考えられていた地域（西半球と一部の太平洋地域）の外に位置していた（例えば、大西洋ではグリーンランド、アイスランド、ダカール、リベリア、アセンション島、またそれ以外では上海、中国、等々）。一方、太平洋では、マーシャル、キャロリン、マリアナ諸島、マラカス島、小笠原諸島を保有（posession）すべきとされた。加えて、海軍諮問委員会は戦後独立国となるフィリピンへの防衛コミットメントを維持することの重要性を指摘した。それは日本の武装解除にとって重要な意味を持つと考えられたのである[30]。

そのような海軍諮問委員会の報告書は、（先にみたJSSCのそれとは違い）ローズヴェルト大統領にも届けられた。1943年6月12日、ローズヴェルトがノックスに送った書簡からは、大統領の関心がとりわけ南太平洋にあることが窺えた（それは、前年12月のJCSとのやりとりからも明らかだった）。ローズヴェルトは「私は特にトゥアモトゥ諸島とマルケサスに関心がある」と述べ、「航

第 2 章　戦後基地計画の胎動

空輸送の専門家をそれらの諸島に派遣して，どのような飛行場が（現在行われている）戦争努力の邪魔をすることなく利用できるのかを調査すべきである」（括弧内筆者）と伝えた[31]。それを受けたノックスは，6月19日，先にみた海軍諮問委員会作成の報告書をローズヴェルトに提出し，それを海軍の見解として報告した。

　主権の問題　既述のように，海軍諮問委員会の報告書には太平洋地域の主権に関する重大な変更（米国による直接統治）が記されていた。しかし，それに対するローズヴェルトの反応は曖昧であった[32]。ローズヴェルトはそれを「大いに関心を持って」読んだとする一方で，「海軍諮問委員会が主張する（諸外国が現有している）主権に関する抜本的な変更は実現不可能である。そして，経済的観点からいえば，委員会が考える地域の全てを獲得することは望まれるものではない」（括弧内筆者）との見解を伝えた[33]。と同時に，ローズヴェルトは海軍諮問委員会の提案に対する自身のコメントが否定的に解されないよう注意を促した[34]。

　南太平洋を重視するローズヴェルトの意向を受けて，海軍諮問委員会は1943年7月下旬，パナマ運河と南米からニュージーランドとオーストラリアに至る航空路に関する報告書を提出した[35]。先の報告書とは異なり，そこでは，経済的観点に限った北側のルート（パナマ運河地帯からクリッパートン島，マルケサス，サモアまで）と南側のルート（チリのバルパライソからイースター島，マルケサスまで）に検討が加えられた。その上で七つの航空基地が特定され，そこにクリッパートン島の詳細が付記された。しかし，ローズヴェルトが危惧していた太平洋の主権の問題については棚上げになったままであった。

　この点，キングは「戦後，我々が帝国主義との誹りを受けようが受けまいが，太平洋を支配しなくてはならない……もし我々が大国として生き残ろうとするのであれば我々は自身のことだけを考えなくてはならない」[36]と述べ，基地の獲得に当たっては主権の変更を含めた強硬手段も辞さないとの考えを示唆していた。このような考え方はキングだけにみられたものではなかった。海軍の中には日本の委任統治領及び太平洋全域を米国が直接統治し，大規模な海外基地システムを構築する必要性について一致した見方が存在していた。彼らは如何な

る国も米国の直接統治の意図を批判する権利を持つものではないと考えていたのである[37]。

3）陸軍航空隊
①　輸送航空司令部（ATC）

　第二次世界大戦への参戦以降，軍の中では航空機や兵員・物資を本国から戦場へ送り込む，戦略的後方支援の重要性が高まっていた。そのため，陸軍航空隊は輸送航空司令部（Air Transport Command: ATC）を組織し，アジアや欧州戦線で物流作戦を行うようになっていた[38]。ハロルド・ジョージ（Harold George）少将に率いられたATCの中でもとりわけ作戦部門は戦後の航空基地計画に大きな影響力を持った。ATCには海外航空施設に関する情報や専門的知識が豊富にあり，軍の荷物や兵員を米国内及び世界中の同盟国の基地や部隊に輸送していた。その活動範囲は広く，45年までにATCは30万の軍人と民間人を雇用していた。ATCの活動は戦争に勝利することを目的として行われたものであったが，戦後の平和を実現するための活動にも早くから注意が向けられていた。

　1942年の中頃から44年の末にかけて，ATCの作戦部門では実に133にも及ぶ研究と報告書が作成された[39]。大半は当時進行中の作戦に関するものであったが，中には戦後の航空路，軍事基地権，そして商業航空施設に関するものもみられた。例えば，1943年3月1日に策定された「作戦レポート第39」では，米国の戦後の航空輸送の潜在性について分析が行われ，北極を始点とした航空路が示された[40]。続いて，同年7月24日の「作戦レポート第61」は，「海外領土の航空基地における米国の利益」と題され，国務省に対して戦後の航空基地交渉を早期に開始するよう進言していた[41]。

　商業的利益　　参謀総長たちがATCの計画に最初に反応したのは1943年3月のことであった。それはバーリ国務次官補がJCSに対して，国家防衛の観点からATCの報告書（「作戦レポート第39」）にコメントするよう要請したことによるものであった。ATCの報告書は戦後の商業施設及び軍事基地権に関する問題，そして世界的な商業航空路についての提案を包摂したものであった[42]。それに対する参謀総長らの反応は良好だった。参謀総長たちは戦後の如何なる

国際協定も特定の軍事的利益のある場所から民間航空を排除すべきではなく，また如何なる国際交渉も，米国の航空作戦を支える基地権の獲得を助けるものでなくてはならないとコメントした[43]。但し，ATCの提案の全てが同意を得られたわけではなかった。例えば，1943年7月，参謀総長らはATCが提案した国際的な航空問題に関する枠組，すなわち「国連空港機関（United Nations Airport Authority）」のアイデアを否定した。JCSはATCが進める国際的な商業航空の自由化という考え方については一貫して反対していた[44]。なぜなら，商業的観点からみた航空の自由化と，国家安全保障の観点からみた航空基地の「排他的使用」の概念は明らかに矛盾すると考えられていたからであった。

② 陸軍航空隊

ATCの基地計画と並行する形で，陸軍航空隊はそれとは別の計画も進めており，それは1943年10月にまとまった[45]。陸軍航空隊とATCの報告書には多くの類似性がみられたが，中には重要な違いもあった。さらに，陸軍航空隊の報告書だけがJCSに提出され，ATCの研究はあくまでも陸軍航空隊内部の研究と位置付けられた。

勢力範囲（sphere） 陸軍航空隊の報告書にみられた「広範囲に及ぶ基地の鎖（far-flung chain of bases）」という考え方は，真珠湾の教訓を生かしたものであった[46]。具体的には，米国の外縁を拡張することで敵の攻撃から米国本土をより効率的に防衛するという考え方に基づくものであった。航空隊参謀は，米国が「世界の航空領域を支配」することについては明確に否定した。彼らは先にみた海軍と同様，四大国による勢力範囲分割についての考え方を支持していた。ちなみに，陸軍航空隊の青写真によれば，米国の勢力範囲とは西半球と太平洋のほとんど全てであった。

彼らのいう西半球は，具体的にはアラスカ北東部からアリューシャン列島のアッツ島，小笠原諸島を通ってフィリピンに至るものであり，そこから東側に伸びる南太平洋（ニューブリテン，ソロモン諸島，スバ島，サモア，タヒチ，マルケス，クリッパートン島とガラパゴス）から南米の西海岸，そしてブラジル沿岸北東部に至る地域を意味した[47]。米国の東側の防衛ラインは南大西洋のアセンション島からアフリカの南海岸を経てアゾレス諸島とアイスランドに及ぶ

地域とされた。また，北側の防衛ラインはアイスランドからグリーンランドを通ってカナダからアラスカまでを結ぶものとされた。そしてこのような形で米国の外縁を拡張することは「現在も将来においても我々の政策と矛盾しない」と考えられた。[48]

また，報告書では二次的基地（secondary outposts）と通信拠点を太平洋とカリブ海，そしてカナダに置くことが提案された。その上で，東西の防衛ラインを結ぶ北アフリカと南アジアの航空路を確保することが不可欠とされた。他方，ローズヴェルトが提唱した国際警察軍のアイデアに対しては懐疑的な見方が示された（但し，それは後に変化する）。彼らは，国際警察軍は純粋な国家防衛を代替するものではないとし，国際警察軍と国家安全保障の概念は排他的であると考えた。そのため，国家間の平和を維持するためにはそれぞれの大国が己の勢力範囲を防衛することが最善とされたのである。[49]

国家利益と国家安全保障　また，航空隊参謀とATCには決定的に異なる見方が存在した。第一に，ATCは海外の航空基地の役割を広く，米国の「国家利益」，すなわち商業航空を通じた経済的利益をも守るものと捉えていた。他方，陸軍航空隊は海外基地の目的を，主に米国と西半球諸国家のための「国家安全保障」に限定していた。第二に，それと関連するが，ATCは戦後の軍事・民間航空基地の密接な関連を主張したが，陸軍航空隊は主に軍事的観点からのみそれを位置付けた。[50]

基地協定　この点，文官のロヴェット陸軍次官補も戦後の基地の位置付け（すなわち，軍事使用か軍民共用か）に頭を悩ませていた。陸軍航空隊は戦中の基地権を「購入，賃借，或いはその他の政府間協定」によって公式に確保することで，早くから戦後の長期的基地権を確保しておくべきと主張していた。[51]なぜなら，戦中に獲得していた基地権の多くは，現地の軍司令官や民間業者との間で取り交わされた非公式的なものばかりだったからである。そのため，戦後の基地使用を担保するには戦中の権利を確定し，さらにその戦後目的についてきちんと明文化する必要があると考えられたのである（なお，米国は1947年以降この問題に真剣に取り組むことになる）。この点，ATCも明文化された戦時協定こそが戦後の基地使用に関する権利を保障するとの認識を示していた。ちなみに，ATCの報告書では，もし全ての国において戦中の作戦に関する権利

を明確にしていたならば，戦後，平和条約が結ばれる前に，以後の継続的な基地協定を結ぶことが可能になる，との指摘がなされていた[52]。結局，陸軍航空隊は同年10月9日，航空隊参謀とATCのそれぞれの主張を考慮した上で，陸軍航空隊の総意としての計画をJCSに提出した[53]。

第3節　JCS 570/2の決定

ローズヴェルトの再指示とJCSの計画　1943年10月7日，ローズヴェルトはJCSに対して，基地計画を進捗させるよう改めて指示を出した[54]。それは，去る9月28日に，ウィリアム・グラスフォード（William Grassford）海軍中将から，北アフリカ及び西アフリカの経済的潜在性についての報告を受けたことに端を発したものであった。このとき，グラスフォードはローズヴェルトに対して，西アフリカ地域に航空基地及び海軍基地を置く必要性を説いていた[55]。それを受けたローズヴェルトは，この時点でJCSがどの程度，戦後の基地計画を進めているのかを知りたかったのである。

早速，JCSはJSSCに対して報告書を提出するよう指示した。JSSCはそれまでに提出された海軍諮問委員会や陸軍航空隊の報告書を考慮した上で，基地交渉を開始すべき特定の基地に関する報告書（JCS 570）を作成し，それを11月6日に参謀総長らに提出した[56]。参謀総長らは，11月15日にそれに若干の修正を加えて承認し（JCS 570/1），同日リーヒがそれをローズヴェルトに提出した[57]。

基地の鎖　JCSの基地計画（最初はJCS 570，参謀総長らの修正を受けた570/1，大統領の修正を受けた570/2）の主眼は，米国が戦後に広範囲にわたる「基地の鎖」（これは陸軍航空隊の報告の中でもみられた概念である）を持つことを提案するものであった。そこで要求された基地は，1）米国の防衛にとって不可欠なもの，2）国際警察軍にとって必要とされるもの，の二つに分けられた[58]。

計画は，米国が排他的に基地を使用し，直接防衛を行う地域を青色地域（Blue Area）と名付けた。地図1は同計画で示された青色地域を●として，それ以外の基地地域を◎として示したものである。そこからもわかるように，青色地

地図1

JCS 570/2

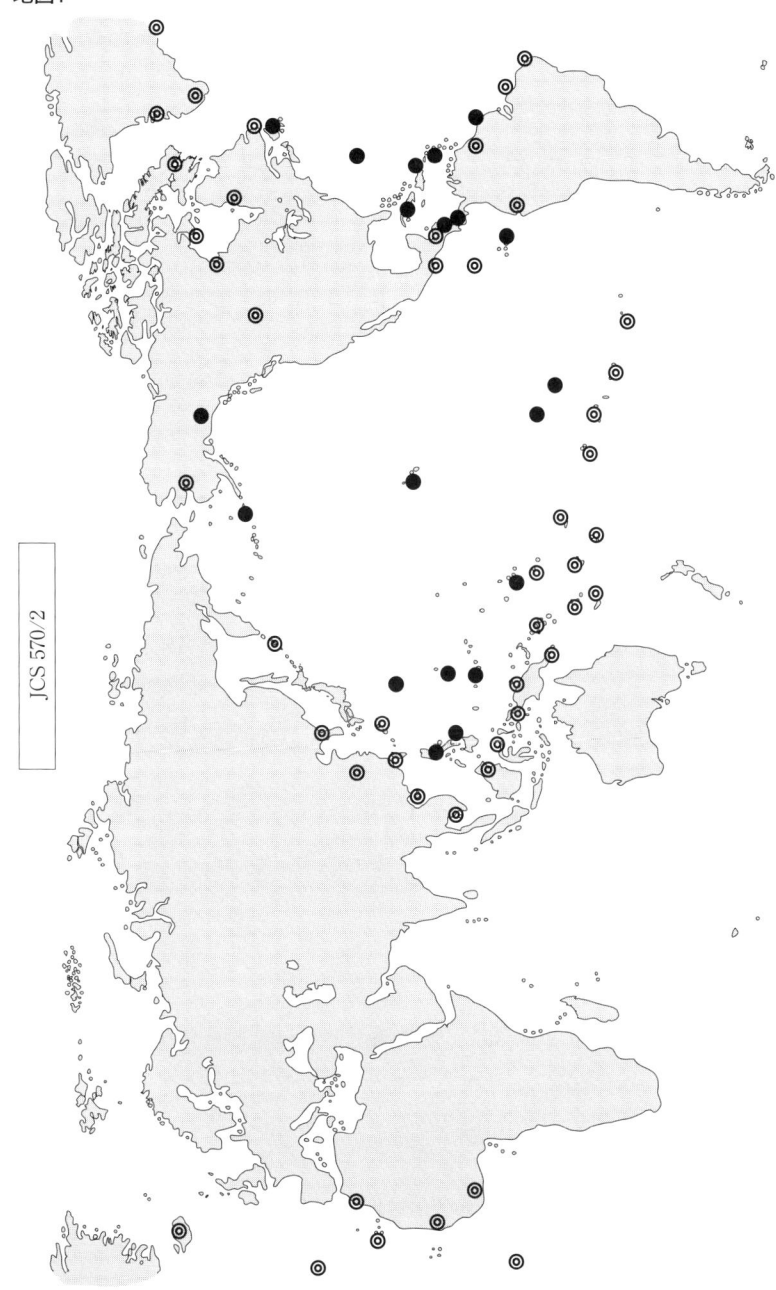

● ：米国が排他的権利を持つ基地地域

◎ ：それ以外の基地地域

域はアラスカ，フィリピン，日本の委任統治領，太平洋の米国が有する地域（赤道以南を除く），ガラパゴス諸島，中央アメリカ，カリブ海（メキシコを除く），トリニダッドからニューファンドランドであった。

　計画ではその他にも，緑色地域（Green Area）が示され，それは接受国との協定に基づいて「参加的（participating）」に使用される基地とされた。なお，「参加的」とは，基地の主権を有する国との間で，施設や区域を軍事目的で使用する権利を共有することを意味するものであった。具体的にはラブラドル，ニューファンドランド，グリーンランド，アイスランド，アゾレス諸島，西アフリカ，アセンション島，南米北部，クリッパートン島であった[59]。

　また，青色と緑色の判断が難しい地域については，黒色境界線が南西太平洋，インドシナ，中国の東半分，韓国，日本に引かれた。黒色地域（Black Area）は，米国が「諸大国の一員として平和執行の」共同責任を持つ地域とされ，米国は他国と共同で基地を使用するとされた。

　また，それらの権利は「併合（annex）」ではなく，「貸与（lease）」の形で与えられるとされ，そのうちのいくつかは国際組織の管轄下に置かれるとされた。最終的にJCSは72の地域と場所に基地を置くことを決定した。内訳は，大西洋，南米，カナダ，グリーンランド，アイスランドに33か所，太平洋とアジアの沿岸，そしてアリューシャン列島からフィリピン，そしてハワイに至る青色地域に39か所であった。

　ローズヴェルトの修正　　報告を受けたローズヴェルトは11月19日，一つの修正を加えるよう指示した[60]。それは予てから彼が関心を持っていた（フランス支配下にある）南太平洋に関するものであった。ローズヴェルトはJCSに対して青色地域をサモアの南と東（ソシエテ諸島，マルケサス諸島）に拡大するよう指示した[61]。というのも，ローズヴェルトは，当時ドイツに占領されていたフランスはしばらくの間，国際舞台の第一線には戻って来られないと考えていたためであった[62]。繰り返せば，ローズヴェルトはフランス領オセアニアに商業用空路を開設したかった。大統領にとってオセアニアは軍事的というよりも経済的に重要な地域だったのである。

　加えて，ローズヴェルトは西アフリカの基地にも関心を持っていた。JCSの計画では，カサブランカ，マラケシュ，ポールリョーテー，カナリア諸島，ダ

カール,リベリアに飛行場を建設し,さらに海軍基地の権利を獲得することを提案していた。[63] しかしローズヴェルトはそれに満足せず,カーポヴェルデ(Cape Verde)諸島にも基地を設置するよう指示した。[64] ローズヴェルトの指示を受けたJCSは,フランス領オセアニアと西アフリカに関する記述に変更を加えた。ローズヴェルトは1944年1月,JCSの基地計画(JCS 570/2)を承認し,同計画に基づいた基地交渉を「高い優先順位の下で」実行に移すよう国務省に指示したのである。[65]

第4節　小結

以上,JCS 570/2が決定に至るまでには,図表2－1に示したような幾つかの計画が示された。ローズヴェルトの指示を受けて最初に動いたのは,JCSの軍事計画を司っていたJSPであった。1943年1月,JSP小委員会は報告書をまとめ,米国の航空戦力のさらなる拡充を唱えると同時に,北半球における軍事基地の重要性を指摘した。その後,JSPから基地計画の取り扱いが移されたJSSCは,1943年3月にローズヴェルトの提唱する「4人の警察官」構想に基

図表2－1　JCS570/2に至るまでの各アクターの計画

	計画	主たる考え方	重視する地域
1943年1月	JSP小委員会	航空戦力の重要性	北半球
1943年3月	JSSC	「4人の警察官」の概念に基づいた勢力範囲のコントロール	西半球と太平洋
1943年3月	海軍諮問委員会	戦後日本に対する警察機関としての基地	太平洋
1943年3月	ATC	戦後の航空輸送の潜在性	北極地域
1943年10月	陸軍航空隊	「基地の鎖」の形成,勢力範囲の分割,国際安全保障と国家安全保障を排他的と捉える	西半球と太平洋
1943年11月	JCS 570/2	「基地の鎖」,国家安全保障と国際安全保障の両立	西半球と太平洋（ローズヴェルトは西アフリカも重視）

第2章　戦後基地計画の胎動

づいた基地計画（すなわち米国の勢力範囲である西半球と太平洋に限定した基地システム）を提出した。また，この時期，海軍と陸軍航空隊も個別の基地計画の立案に着手していた。例えば，海軍では，海軍諮問委員会の手によって，太平洋を中心とした大規模な基地システムの構築が提案された。そこで示された基地の多くは主に戦後の日本を監視するための手段として位置付けられていた。

一方，ATCと陸軍航空隊ではそれぞれ別の計画が立案されていた。ATCは戦中に増大した航空輸送の役割が戦後ますます重要になると予測し，北極を始点とした航空路の重要性を主張した。一方，陸軍航空隊は航空基地を鎖のように連結し（「基地の鎖」），それを勢力範囲の分割（すなわち太平洋と西半球のコントロール）と米国の国家安全保障のために用いることを提案した。

以上のような個別の基地計画をまとめて作成されたJCS 570/2は，大統領が承認した初の戦後基地計画となった。そしてそれは45年10月に改定されるまで，軍や各省庁にとっての「バイブル」となった。本章でみたように，この時期，ローズヴェルトの提唱する国際警察軍の概念と，とりわけ軍が主張する国家安全保障の概念は概ね両立するものと捉えられた（但し，陸軍航空隊はそれらを排他的概念とみていた。図表2－1をみよ）。そしてそのような考え方は，戦後に基地システムを維持，拡大していくための重要な根拠となった。基地は国際警察軍の使用が想定される一方で，米英ソ中による勢力範囲の分割手段としても捉えられた。そのため，地図1からもわかるように，米国が排他的基地権を要求する地域（青色地域）は，従来の勢力範囲であった太平洋と西半球の島嶼地域に限定され，欧州地域には「参加的」な基地権を要求するに留められた。つまり，1943年時点ではJCSもローズヴェルトも北大西洋や中東，南アジアに基地を展開することは考えていなかったのである（但し，この傾向は後に変化する）。

では，これらのことを分析枠組に立ち返っていえばどのようになるだろうか。明らかだったのは，JCS 570/2は必ずしも特定の脅威を念頭に描かれたものではなく，戦後の防衛ラインや勢力範囲を定めることを目的に進められたということである。マイケル・シェリー（Michael S. Sherry）によれば，それはこの時点では敵を特定することよりも将来起こるであろう「戦争そのものの性格」に焦点が当てられていたためであった。とりわけ軍は次の戦争を国家の存亡を

かけた全面戦争と捉えており，基地計画は主に国家安全保障の観点から進められた。

他方でこの時期，政策決定者は資源制約の問題にはほとんど関心を向けていなかった。一次資料をみる限り，彼らが軍事予算の問題を殊更に取り上げていたことを示す証拠は見当たらなかった。例えば，1943年10月，大統領付き海軍補佐官であったウィルソン・ブラウン（Willson Brown）少将は，ローズヴェルトの意向として「大統領はダカール（での基地獲得）問題に関する財政的側面にはあまり関心がない。現在，我々が心に留めておくべきは戦後，西アフリカにおいて我々が模索すべき海空軍基地のコントロールの問題である」[69]（括弧内，及び傍点筆者）と述べ，軍は予算の問題ではなく，あくまでも安全保障の観点から基地計画を推進すべきである，とリーヒに伝えていた。これは，軍事予算の問題が当時はまだ基地計画の策定にそれほど大きな影響を与えるものではなかったと判断する一つの根拠となろう。

それと同様に，計画の策定過程においては接受国側の反応に関心が払われることも少なかった。もっとも，JSSCが戦後の大国間協調の問題を重くみたり，ローズヴェルトが戦後のフランスの影響力の低下を意識していたことはあったにせよ，全体を通してみれば，接受国との交渉に対する関心は低かったといえる。既述のように，ローズヴェルトは当初，接受国が有する既存の主権を考慮せずに計画を進めるべきとさえ述べていたのである。

これらのことから，JCS 570/2には資源制約の観点からも，交渉の観点からもほとんど制約が働いていなかったといえるだろう。勿論，それはJCS 570/2が戦中に立案されたこととも無縁ではない。この時点で，米国内ではまだ戦後の動員解除や軍事予算の削減が現実的な課題として取り沙汰されておらず，また接受国側も進行中の戦争に集中する余り，米国の基地システムに異を唱えたり，撤退を迫ったりする状況にはなかったのである。

注

1) JCS 183, "Air Routes Across the Pacific and Air Facilities for International Police Force", [Enclosure "C", Captain John L. McCrea, Naval Aide to the President, to Admiral William D. Leahy, December 28, 1942], January 1, 1943, Box 269, Section 1, Central Decimal Files, 1942-1945, RG 218. なお，本書では1947年9月に創設された空軍（Air

第 2 章　戦後基地計画の胎動

　　　Force) の施設や基地と区別するために，空軍創設時以前の air facilities 或いは air bases の語を，航空施設，或いは航空基地と書く。そして，それに対する軍民の別は必要に応じて軍事航空施設（軍事航空基地），或いは民間航空施設と分けて表すこととする。
2)　ローズヴェルトの戦後構想は 1941 年 8 月の大西洋憲章（戦後に侵略国を非武装化し，武力行使の放棄を戦後の世界秩序の目標とする）に依拠したものであり，米，英，ソ，中の「4 人の警察官」が力を合わせることで，世界のあらゆる国家に武力行使を放棄させるとの信念に基づいたものであった。
3)　JCS 183. この点は，戦争によって領土を獲得しないとする領土不拡大原則と明らかに矛盾するものであるが，ロバート・エルドリッヂ（Robert D. Eldridge）によれば，それはローズヴェルトがこの時点で軍に対して必要以上に制約を加えることを嫌ったことによるものであった。（エルドリッヂ 2003：254-255.）
4)　戦後の民間航空をめぐる米国内の政治過程については，高田 2011. が詳しい。
5)　Louis 1978：68-69. ルイスは 40 年代初頭の米国の太平洋地域における外交政策が戦後の東アジアでの経済的優位性を模索するものであったと指摘している。特に，ミクロネシア地域の軍事基地は「通商上の玄関（commercial gateway）」を確保するための手段であったと論じている。
6)　JSP は JCS が 1942 年に設立した機関である。JSP は陸軍と海軍から集めた 30 名以上の上級将校によって構成されていたため，焦点を絞った喫緊の安全保障上の課題について議論することが困難であった。そのため，JCS は 1942 年の終わりになると，長期的な戦略計画を担当する，統合戦略調査委員会（Joint Strategic Survey Committee：JSSC）と統合米国戦略委員会（Joint U.S. Strategic Committee：JUSSC）を新たに創設した。
7)　Converse 1984：11.
8)　*Ibid*. JSSC は三人の将校によって構成され，既述のように，各参謀長に国家的政策と世界戦略に関する幅広い問題に助言することを使命とした。
9)　Berle 1973：481.
10)　Converse 1984：14.
11)　JCS 65th Mtg., March 9, 1943, and JCS 69th Mtg., March 25, 1943, Box 195, file CCS 334 (1-14-43), Central Decimal Files, 1942-1945, RG 218.
12)　シュナーベルは，JSSC は JCS の中で「おそらく最も影響力のある要素」であると述べている。(Schnabel, 1979：4.) また，ビラ（Brian L. Villa）も，JSSC は戦中，「ときに参謀総長らと同格の影響力を持った」としている。(Villa 1976：66-92.)
13)　JCS 183/5 (Revised), March 25, 1943, "Air Routes Across the Pacific and Air Facilities for International Police Force," Box 269, Section 1, Central Decimal Files, 1942-1945, RG 218.
14)　Louis 1978：261.
15)　JCS 183/5 (Revised). なお，日本の委任統治領とは，マリアナ諸島，カロライナ，マーシャル諸島を指すものである。
16)　*Ibid*.
17)　「駆逐艦―基地交換協定」は翌年の 3 月 27 日に，より正式な協定である「海軍及び空軍基地の貸与に関する協定」となった。(Agreement for the Use and Operation of Certain

Bases, March 27, 1941, in U.S. 77th Congress, House of Representative, Document No. 158, Union Calender No.98, Series XIV, Box 197, file International Agreements, Treaties, Jan. 1941-Feb.1946, Strategic Plans Division Records, Naval Historical Center, Washington, D.C.)

18) この点，Stoler 1982.
19) この点，Leffler 1984 : 352.
20) *Ibid*. このギブ・アンド・テイクは，第5章でみる見返り（quid pro quo）と基本的な考え方を一にしている。
21) Stoler 1982 : 309.
22) JCS 71st Mtg., March 30, 1943, Box 195, CCS 334 Joint Chiefs of Staff（3-29-43），Central Decimal Files, 1942-1945, RG 218.
23) *Ibid*.
24) この点，King and Whitehill 1952.
25) Stoler 2000 : 138.
26) Chairman, General Board to Secretary of the Navy (G.B. No.450, Serial No. 236), "Postwar Employment of International Police Force and Postwar Use of Air Bases," March 20, 1943, Box 199, file Naval Bases Dec.42-Dec.46, Series XIV, Records of the Strategic Plans Division, Naval Historical Center.
27) そのような議論は当時，軍部だけにみられたものではない。例えば，ニコラス・スパイクマン（Nicholas J. Spykman）は1942年に*America's Strategy in World Politics*を上梓し，その中で，集団安全保障を「信心深い欺瞞（pious fraud）」と喝破した。（Spykman 1942 : 462.）
28) Chairman, General Board to Secretary of the Navy (G.B. No. 450, Serial No. 240), "Postwar Sovereignty Over Certain Islands of the North Pacific," March 27, 1943, Box 200, file Naval Bases Mar 1943-May 1946, Series XIV, Records of the Strategic Plans Division, Naval Historical Center.
29) *Ibid*. ; Chairman, General Board to Secretary of the Navy (G.B. No. 450, Serial No. 240-A), "Islands in the South Pacific, change in status of," April 6, 1943, Box 200, file Naval Bases Mar 1943-May 1946, Series XIV, Records of the Strategic Plans Division, Naval Historical Center.
30) *Ibid*. 同様に，この点，Dower 1971.
31) President to Secretary of the Navy, June 12, 1943, Box 199, file Air Routes, Jun. 1943-Nov. 1944, Series XIV, Records of the Strategic Plans Division, Naval Historical Center.
32) ルイスによればそれは米国が「太平洋全域を米国の湖に変更するための青写真」であった。(Louis 1978 : 267.)
33) Stoler 2000 : 152.
34) そのため，ローズヴェルトは海軍のリチャード・バード（Richard E. Byrd）提督を筆頭に民間人（何れも米国の主要な航空会社から派遣された）を含めた14人の商業航空専門家に南太平洋の調査を指示，それらの島々の戦略的価値についての評価を行わせた。ローズヴェルトの命を受け，現地視察を終えたバードらは1943年12月に報告書をまとめ，戦略的，

経済的観点からみて米国は戦後，南太平洋地域（特に，クリッパートン島，トゥアモトゥ，マルケサス）を統治するべきであることをローズヴェルトに報告した。この点，JCS 1006, "Acknowledgement of Receipt Byrd Report on Certain Pacific Islands," August 17, 1944, Box 611, ABC 686（6 Nov 43），Sec 1-A, Office of the Director of Plans & Operations, RG 165.

35) Knox to President, July 26, 1943, enclosing Chairman, General Board to Secretary of the Navy, "Postwar Air Routes from the Panama Canal and South America to New Zealand and Australia," July 21, 1943, Box 269, Section 1, Central Decimal Files, 1942-1945, RG 218.

36) Stoler 2000 : 144.

37) *Ibid*.

38) 同様の組織は海軍にも存在し，これは「海軍航空輸送部門（Naval Air Transport Service）」と呼ばれた。

39) "The Document, Bibliography of Plans Reports（With Abstracts），" Box 495, Air Adjutant General Mail & Records Division Classified Records Section Bulky Decimal File 1945, RG 18.

40) *Ibid*.

41) *Ibid*.

42) Converse 1984 : 31.

43) Berle to Leahy, no date, enclosing Preliminary Report of the International Subcommittee on International Aviation, Box 269, Section 1, Central Decimal Files, 1942-1945, RG 218.

44) Berle to Leahy, June 30, 1943, enclosing Preliminary Report of the International Subcommittee on a United Nations Airport Authority, Box 525, file CCS 686（6-30-43），Central Decimal Files, 1942-1945, RG 218.

45) Memorandum from the Commanding General, United States Army Air Forces to JCS, "United States Military Requirements for Airbases, Facilities and Operating Rights in Foreign Territories," no date, Box 270, Section 2, Central Decimal Files, 1942-1945, RG 218.

46) *Ibid*. このような考え方については，Sherry 1977. が詳しい。

47) 沖縄が基地地域に指定されるずっと前の，1943年10月の段階から小笠原諸島が米国の基地地域に指定されていた点は興味深い。この点，宮里 1981；我部 1996, 2007；エルドリッヂ 2003. が詳細な分析を行っている。

48) Memorandum from the Commanding General, United States Army Air Forces to JCS, "United States Military Requirements for Airbases, Facilities and Operating Rights in Foreign Territories," no date, Box 270, Section 2, Central Decimal Files, 1942-1945, RG 218.

49) *Ibid*. この点，ATCも米国の海外基地は戦後世界を取り巻く国際環境の不確実性の観点から捉えられるべきものであり，国際警察軍の考え方に立脚して基地計画を立案することには反対していた。

50) *Ibid*., pp.39-40. ATCは戦後の商業航空の重要性を訴えるために，様々な例を挙げている。

例えば，航空基地の軍民両用化は，空路の効率化と軍事オペレーションの双方にとってメリットがあるとされた。なぜなら，それによって，空路のメンテナンスにかかる費用を商業上の利益によって相殺することができ，また，空路の軍民共用は（国民は平時に軍を支えることに消極的であるため）いざというときの軍事使用の「枠組」を提供すると考えられたからである。(*Ibid.*)

51) Memorandum from the Commanding General, United States Army Air Forces to JCS, "United States Military Requirements for Airbases, Facilities and Operating Rights in Foreign Territories," no date, Box 270, Section 2, Central Decimal Files, 1942-1945, RG 218.

52) Arnold to Assistant Chief of the Air Staff, Plans, "U.S. Military Requirements for Air Bases, Facilities and Operating Rights in Foreign Territories, August 5, 1943, Box 199, Item 4, Section 1, Office, Assistant Secretary of War for Air, Plans Policies and Agreements 1943-1947, RG 107.

53) Kuter Memorandum for Colonel A. J. McFarland, October 9, 1943, Box 270, Section 2, Central Decimal Files, 1942-1945, RG218.

54) Rear Admiral Wilson Brown to Admiral Leahy, October 7, 1943, Box 270, Section 2, Central Decimal Files, 1942-1945, RG 218.

55) JCS 570, "U.S. Requirements for POST WAR Air Bases," [Enclosure "B", William Grassford to the President, September 9, 1943], November 6, 1943, Box 270, Section 2, Central Decimal Files, 1942-1945, RG 218.

56) JCS 570, "U.S. Requirements for POST WAR Air Bases," November 6, 1943, Box 270, Section 2, Central Decimal Files, 1942-1945, RG 218.

57) JCS 123rd Mtg., November 15, 1943, Box 197, CCS 334 (11-15-43), Central Decimal Files, 1942-1945, RG 218.

58) JCS 570/2, "U.S. Requirements for POST WAR Air Bases," January 10, 1944, Box 270, Section 2, Central Decimal Files, 1942-1945, RG 218.

59) Enclosure "B", "Military Air Base Requirements, Period Ⅱ," *ibid*.

60) Minutes of Meeting, November 19, 1943, Box 197, CCS 334 (11-15-43), Central Decimal Files, 1942-1945, RG 218.

61) *Ibid*.

62) この点，Louis 1978：28, 266. 但し，フランスの植民地に基地を置くことについては批判的な見方もあった。国務省のジェイムズ・クレメント・ダン（James Clement Dunn）は，当該問題は欧州における米仏関係を悪化させるものであると主張していた。また，スティムソン陸軍長官はローズヴェルトに対して，戦後，フランスが再度軍事力を強固なものにすることの重要性を主張していた。(Louis 1978：41.)

63) JCS 570/2, "U.S. Requirements for POST WAR Air Bases," January 10, 1944, [Enclosure, JCS Memorandum for the President, November 15, 1943], Box 270, Section 2, Central Decimal Files, 1942-1945, RG 218.

64) Memorandum for the President, 30 December 1943, Box 270, Section 2, Central Decimal Files, 1942-1945, RG 218 ; JCS 570/2, "U.S. Requirements for POST WAR Air

Bases," January 10, 1944, Box 270, Section 2, Central Decimal Files, 1942-1945, RG 218.
65) Roosevelt to Hull, January 7, 1944, Appendix to JCS 570/2, "U.S. Requirements for POST WAR Air Bases," January 10, 1944, Box 270, Section 2, Central Decimal Files, 1942-1945, RG 218. 付言すれば，1944年1月，ローズヴェルトはJCSを国務省が行う交渉に対して，軍事的見地から指導（guidance）するための「調整」機関として組織することを決定した。これによってJCSと国務省との間には直通の連絡チャネルが設置され，JCSの安全保障政策への影響力は増大することとなった。
66) Converse 1984 : 53.
67) 国民レベルでも，ローズヴェルトの戦後構想は広く受け入れられていた。1943年4月，戦後平和を維持するために国際警察軍を持つべきであるかという質問に対し，74％の人々が是と答え，否と答えた人はわずか14％に過ぎなかった。さらに，同年9月にも87％の人々が米国は平時においても大規模な軍隊を持つべきと主張していた。（Cantril 1951 : 367-373.）
68) Sherry 1977 : 53.
69) Enclosure "B" Memorandum, Willson Brown to Leahy, October 7, 1943, in JCS 570, "U.S. Requirements for POST WAR Air Bases," November 6, 1943, Box 270, Section 2, Central Decimal Files, 1942-1945, RG 218.

第3章
基地システムの拡大計画——JCS 570/40（44年〜45年10月）

　1943年の冬から45年の秋にかけて，軍を中心とした米国の政策決定者は戦争によって弱体化した欧州諸国を尻目に，基地システムの更なる拡張を企図するようになっていた。計画の焦点は大西洋へと向かい，元来，勢力範囲の外に位置すると考えられていた欧州やアフリカ，或いは南アジアにまで基地システムを伸張することが唱えられていった。前章でみた，JCS 570/2が地域的な基地システムを求めたものであったとすれば，本章でみるJCS 570/40（1945年10月）はグローバルな基地システムを求めるものであった。

　では，なぜ軍は戦後の動員解除が明白であり，ソ連との戦後協調の可能性が未だ残されていたこの時期に基地システムを拡大しようとしたのか。そしてそのような基地計画は予算制約や動員解除の動きと如何にして整合性が図られたのか。本章ではこの点を明らかにするために，1943年11月からJCS 570/40がまとめられた45年10月まで（すなわち大戦末期の戦後構想期から戦後の動員解除期まで）を対象に，JCS，陸軍航空隊，海軍，国務省の戦略認識に焦点を当てながら基地計画の決定過程を考察していく。

　そこでの議論を先取りしていえば次のようになる。同時期，軍の中にはもはや，戦後の大国間協調に対する期待は存在しなかった。JCSの頭の中にはすでに確固たる国家安全保障戦略のイメージが形成されつつあった。そしてそこに影響していたのは，戦略環境の劇的な変化と軍事技術の進歩であった。例えば，核を積んだ長距離爆撃機の登場は，それまであった米国の海洋の壁を一気に縮めることとなった。軍は核の使用を含めた先制攻撃を安全保障戦略の前提の一つに据え，本土からなるべく離れた場所に多くの基地を置く必要性を主張するようになった。遠方の基地は米国にとっての距離の緩衝地になると考えられたためである。と同時に，軍は対ソ戦略の一環として，ソ連を取り囲むように基

第3章　基地システムの拡大計画

地を配置することも検討するようになっていた。基地計画はここにきて一般的な脅威と，潜在的ではあるものの特定的な脅威であるソ連の二つに同時に対抗することが目的とされたのである。

第1節　戦後世界とソ連の脅威

1）陸軍航空隊の計画
①『初期の戦後航空部隊計画』

組織の拡張　　1943年11月以降，軍はJCS 570/2を前提に，より具体的な基地計画の策定に着手していた。それは個別の基地の場所を特定し，その規模と優先順位を明確にする作業であった。最初に動いたのは陸軍航空隊であった。当時，彼らは陸軍からの独立に強い意欲を持っており，戦後基地計画の主導権を握ることをそのための重要な手段とみていた[1]。

陸軍航空隊は，前章でみた1943年10月の彼らの計画（すなわち，基地の機能を「国家安全保障」に限定し，商業的観点ではなく，あくまでも軍事的観点から立案した計画）に基づいて，1944年6月，『初期の戦後航空部隊計画（Initial POST WAR Air Force Plan: IPWAF）』をまとめた[2]。計画はJCS 570/2で示された地域主義に基づいて，英国とソ連が欧州とアフリカの平和の責任を担うことを想定する一方で，米国は中国と共同して太平洋全域の平和と，日本に対する警察活動を行うことを提案するものであった。さらに，米国はグローバルにではなく地域的な基地システムを構築すべきとし，1）米国，米領，西半球を防衛し，日本を含めた太平洋の警護を行い，2）また，資源へのアクセスと海上輸送路を確保するために基地を用いることを提案した[3]。

国際警察軍と国家安全保障　　米国が要求すべき基地は目的の違いから二つに分けられた。一つが米国及び米領，そして西半球を防衛するために不可欠と考えられる基地であり，二つが，国際警察軍を機能させるために不可欠な基地であった。いうまでもなく，これはJCS 570/2の考え方を踏襲したものであった。このことは陸軍航空隊が（国際警察軍と国家安全保障の概念は相互排他的であるとした前回の計画とは打って変わって）ローズヴェルトの提唱する国際警察

軍構想を受け入れたことを意味した。陸軍航空隊は今回の計画で，戦後の米英ソ中の協調は「崩壊するかもしれない」と予測していたものの（計画全体を通してみれば）協調の実現可能性について以前より楽観視するようになっていた。

では，このような変化はどのように説明されるのか。陸軍航空隊の戦後計画を研究したペリー・スミス（Perry Smith）によれば，陸軍航空隊は次の二つの理由から国際警察軍構想を支持するようになっていた。[4] まず，陸軍航空隊は国際警察軍の名の下に海外基地を展開することで，本来の国家防衛にとって必要と思われる以上の軍事力を展開できると考えていた。既述のように，彼らは陸軍からの独立を強く求めており，より多くの軍事予算を獲得することを至上命題としていた。そのため大規模な航空基地システムを要求することは，戦後の自立性を高める手段と解された。[5] つまり，国際警察軍は彼らに組織拡張の格好の建前を提供するものだったのである。

次に，抑止と先制攻撃の観点からみて，国際警察軍の存在は米国の安全保障に有益との判断があった。陸軍航空隊の計画者は，長距離爆撃機が登場したことによって，抑止が失敗した場合の被害は甚大であると考えていた。そのため，戦後，米国が航空兵力による先制攻撃を行うことを一つのオプションと捉えていた。つまり国際警察軍の存在は，先制攻撃を行った場合の諸外国からの誹りを回避する手段と認識されたのである。もし国際警察軍，或いは何らかの国際組織によって米国が差し迫った脅威に晒されていると認定されれば，米国は侵略者の汚名を着せられることなく先制攻撃を行うことができると考えられたのである。[6]

一般的な脅威と太平洋，極東の重視　とはいえ，1944年の夏から秋にかけて陸軍航空隊が特定の国を戦後の脅威と見做していた形跡は見当たらない。計画では，米国が他国からの攻撃に準備するよう注意を促してはいたものの，脅威の対象については概して一般的な記述に留められた。陸軍航空隊の中で，基地計画を指揮した戦後課長（Chief of the Post War Division）のリューベン・モファット（Reuben C. Moffat）大佐は「アリューシャン列島とアラスカ，大西洋とアフリカの西海岸にある我々の基地は，ソ連の中心部や欧州を攻撃するためのものではなく，西半球に対する攻撃を抑止するもの」[7] として，ソ連を敵として名指しすることに慎重だった。それは，当時の陸軍航空隊が戦後の国家

安全保障上の脅威を航空戦力，特にそれに関連した軍事技術に依存すると考えていたからであった[8]。つまり，如何なる国も高度な空軍力を持つまでは，米国にとって脅威たりえないと考えられたのである。

しかしながら，唯一想定される潜在的脅威としての日本に相対することを考えれば，航空兵力は必然的に日本を攻撃可能な位置に配置することが求められた。そのためIPWAFでは太平洋と極東が重視された。具体的には，アラスカとアリューシャン列島に基地を置き，日本を取り囲むように航空基地の輪を形成すべきとされた。また，計画では太平洋と極東以外にも30の航空機から編成される超重爆撃航空団（Very Heavy Bomber Group）と，戦闘航空団をアイスランドとダカール，そしてカサブランカに配置することが提案された。但し，IPWAFの全体をみれば，太平洋と極東が重視されていたことは明らかであった。なぜなら，そこでは航空戦力全体の90％を太平洋，アラスカ，カリブ海，そして米大陸の基地に配置することが計画されていたからである。この時点で，彼らが欧州での安全保障上の役割を想定していなかったことを如実に示すものであろう。

② **特別研究グループ報告**

IPWAFの策定からおよそ１年後の1945年５月，陸軍航空隊の戦後課長だったモファット大佐は，戦後課とATCの計画部隊（Planning Unit）のメンバーからなる「特別研究グループ（Ad Hoc Study Group）」を発足させ，そこに基地計画の一切を担当させた[9]。

広大なネットワーク　　７月11日，特別研究グループは『米国の外国領における戦後の軍事航空基地と権利に関する要求（U.S. Requirements for POST WAR Military Air Bases and Rights in Foreign Territory）』と題した報告書をJCSに提出した[10]。そこには，陸軍航空隊が考える米国の防衛ラインが示されていた。提案にあった基地のネットワークはカナダ北西部とアラスカ，西・中央・南太平洋，中南米，そして大西洋ではアセンション島の南から西アフリカ，そしてアイスランドとグリーンランドの北までが連結されていた[11]。一方，欧州大陸には基地は要求されていなかった。いうまでもなく，この点は，IPWAF（1943年10月）を踏襲したものであった。

また同計画では，東大西洋からアフリカ，中東，そして南アジアから極東に至るルートの航空通過権に関する交渉を開始することが提案された。同時期，米国は太平洋ではアラスカからハワイに至る航空ルートとフィリピンをすでにコントロールしていた。そのため，陸軍航空隊は，ベラクルス（メキシコの東部の州），或いはパナマ運河からクリッパートン島，そしてヌクヒヴァ（南太平洋のマルケサス最大の島）といった南側の航空ルートでの基地権の獲得を模索していた。また，米国の防衛ラインの西端である台湾と沖縄の基地権にも関心を持っていた。

　大西洋では，北側の航空ルートであるグリーンランドとアイスランドを重視し，南側は大西洋中部のアゾレス諸島とアセンション島，そして西アフリカ沿岸に沿った地域を最重要地域と考えていた。つまり，陸軍航空隊は西半球から太平洋，そして極東を主たる防衛ラインとみると同時に，ここにきてそれら地域の外側に基地を置く必要性も認めるようになっていたのである[12]。

基地の権利と拡大　基地の位置付けに関しては，先のJCS 570/2で「参加的」（米国が接受国と権利を共有する）とされた沖縄，クリッパートン島，アゾレス諸島が「排他的」（米国が排他的なコントロールを行う）に格上げされた[13]。結局，陸軍航空隊は米国がすでに管理下に置いている領土を除いて，実に125もの基地を要求した[14]。もっとも，彼らはその全て（米国の管理下にあるものも含めれば150以上に上る）を基地として維持しようとしたわけではない。それらの多くは，将来的に基地を建設する権利や単なる通過のために飛行場を使用する権利を指してのものであった。陸軍航空隊はこの点，「現段階では権利を獲得しておくことが重要である。個々の基地の展開や建設に関する権利が保障されれば，将来の決定に幅が生まれるであろう」[15]と述べ，将来のオプションを確保しておく必要性を唱えていた。

　この点，ロヴェット陸軍次官補と，彼の軍事補佐官（military assistant）だったジョージ・ブラウネル（George A. Brownell）大佐は，将来的な「権利」を確保する理由を二つ挙げた[16]。まず，彼らはこの段階から海外の航空施設に対して米国の資金が投入されることで，戦後の基地交渉上の優位を手にできると考えていた。彼らは，戦争が終われば兵は帰還し，施設が閉鎖されることを前提に，それによって米国が外交上の梃子を失うことを恐れていた。つまりロヴ

ェットもブラウネルも，米軍が一度ある国から撤退すれば，将来，その国に基地を再展開させるのが困難であることを見越していたのである。

　次に，彼らは将来的な軍事予算の削減を危惧していた。ところが，彼らはそれを十分に認識しながらも基地要求を削減するのではなく，むしろ「権利」の形で拡大していくことを選択した。彼らにとって，より安価な基地権を獲得することは予算制約からくるディレンマ（すなわち，戦略的に必要な基地を確保しつつ，軍事予算の削減にも対応する）を解消する効果的な手段と捉えられたのである。

　国家安全保障の重視――一般的脅威とソ連　　特別研究グループの報告から明らかになるいま一つのことは，1945年7月時点で，彼らが国家安全保障という唯一の観点から基地計画を捉えていたことである（1943年時点では，商業航空路の確保を通じた戦後の経済的繁栄という要因が大きく影響していた）。ところが，特別研究グループの報告書には，前回のIPWAFと同様，ソ連の名前がどこにも登場しなかった。陸軍航空隊はもし提案した基地の全てを獲得することができたならば，米国は「如何なる脅威をも効果的に駆逐できる基地から……軍事力を移動できる[17]」と考えていた。すなわち，計画はあくまで一般的な敵に対処することを目的としたものだったのである[18]。

　なお，計画には当時の軍事技術も影響を与えていた。1945年時点で，米国の主要爆撃機であったB-29は最大で1,500マイルから2,000マイルの飛行が可能であった。しかしそれでは，アイスランド（特別研究グループが考えていた基地の中で最もソ連に近接している地点）からモスクワまでを飛行することは困難であったし，ましてウラル山脈を越えてソ連の工業都市を攻撃することは不可能であった。そのため，陸軍航空隊はアイスランドやグリーンランド，或いはアラスカといった北側のルートではなく，カイロやカラチ，そしてその他のアジアの南側にある基地が対ソ攻撃の拠点になると考えていた。陸軍航空隊の関心は徐々にソ連の北側から南側へと移行しつつあったのである。

2）海軍の『確定』と『戦後基本計画第一号』

　では，海軍はどうだったか。JCS 570/2以降，海軍の中では1944年5月に海軍長官に就任したジェイムズ・フォレスタル（James V. Forrestal）によって計画の具体的な進捗が図られていた。既述のように戦中，キング提督は合

衆国艦隊司令長官であり,海軍作戦部長でもあった。しかし,キングは海軍の戦後計画に関してはそのほとんどを海軍作戦副部長（Vice Chief of Naval Operations: VCNO）のフレデリック・ホーン（Frederick J. Horne）提督と,キングの参謀長で,後に海軍作戦副部長に就任するリチャード・エドワーズ（Richard S. Edwards）提督に預けていた。[19]

イデオロギー対立　1944年10月,キングはエドワーズに対して海軍の戦後計画を指揮するよう指示し,それを米国艦隊司令長官付副参謀長のダンカン（R. B. Duncan）少将が全面的に支援するよう指示した。[20] ダンカンは,ダグラス（A. D. Douglas）大佐を長とする,戦後海軍計画部（Post War Naval Planning Section）,通称F-14課（F-14 section）を設置し,本格的な戦後計画の立案に着手した。1944年12月26日,彼らは『確定（Determination）』のタイトルがつけられた報告書をまとめた。[21] 報告書では戦後の国際環境がイデオロギーの対立によって彩られるであろうことが,次のように予測されていた。[22]

> 戦後は革命的な時代となるであろう。それは国内だけではなく,世界的にも対立しているイデオロギーである資本主義と社会主義の対立である。世界はこの（両者の）分裂に極めて神経質になるであろう。（括弧内筆者）

勢力範囲　戦後の国際環境については「貿易,市場,国家資源,境界,少数民族」といった分野において伝統的にみられた対立が生じ,それが国家間の緊張を生むであろう,そしてそれは戦前の国家主義を招き,世界のパワーバランスを変化させるであろう,との指摘がなされた。また,米国は西半球で支配的な立場に立ち,ソ連は欧州,アジア,中近東を支配するとされた。パワーバランスは米国とソ連を中心に構成され,英国,フランス,その他の欧州諸国の力は徐々に減退していくであろうとされた。戦後のドイツは脅威となり得るが,日本は問題ではないとされた。但し,日本の敗北によって生じる政治的,経済的空白を巡って,米ソは対立するであろうと予測された。米ソの対立は主としてアジアで生じるものとされ,欧州でソ連と対峙することは予測されていなかった。それは欧州がソ連の勢力範囲（つまり,米国の勢力範囲外）になると考えられていたためであった。

第3章　基地システムの拡大計画

規模と構成　『確定』では戦後の国際環境に関する分析に続いて，戦後の海軍の規模と構成に関する分析が行われた[23]。そこでは，戦後の米国は「大西洋であれ，太平洋であれ，敵となる一国，或いはその連合との戦闘を有利にするに足る有効な海軍力を求めるべきである」とされた。また，米国と英国が戦後唯一重要な海軍力を有するとされ，ソ連が将来的に海軍の敵となる可能性については触れられていなかった。当時，ソ連は米英に匹敵するほどの海軍力を持っていなかったからである。また，海軍は戦後，洋上からの長距離航空攻撃の重要性が増大すると考えていた。そのため，洋上からの航空攻撃とソ連のような強大な地上軍に対応することの二つの重要性が唱えられたのである。

それを前提に『確定』では，1）北米に至る北大西洋アプローチ，2）南米とアフリカの間の中央大西洋，3）カリブ海に至る東部及び南部アプローチ，4）パナマ運河に至る太平洋アプローチ，5）日本に接する海域からフィリピンに至る地域，6）北米に至る北極とアラスカの航空アプローチが海軍の主要な「作戦地域」とされ，西大西洋と太平洋のマレー半島の東までが海軍の支配地域とされた。個別の基地の名前は記されなかったが，日本の委任統治領，フィリピン，日本，南・南西太平洋，南米，カリブ海，カナダ，東大西洋，アフリカの西海岸で基地を獲得することが提案された。つまり，欧州及び地中海，或いは中東には基地を展開しないということであり，それはJCS 570/2がすでに示していた基地の範囲とほぼ同一であった。

海軍作戦副部長のエドワーズ提督は，早速，『確定』を海軍諮問委員会委員長のヘップバーン（A. J. Hepburn）提督に送り，ヘップバーンはそれを「素晴らしい報告書[24]」と評価した。ヘップバーンの支持を得たことで，エドワーズは計画の要約をキングに提出した。キングは『確定』で示された国際情勢に関する分析に理解を示しながらも，国際平和維持組織の将来については楽観視していた[25]。そのような認識は1943年の秋よりもさらに強固になっているとさえいえた。そして，キングの主要な関心は相変わらず「米国の湖」である太平洋にあった。キングの戦略的思考は，1943年当時と同様，あくまでも地域主義に基づいていたのである。

資源制約　では，フォレスタル海軍長官は『確定』にどのような反応を示したのか。ホーン提督は，フォレスタルに『確定』の要約を報告する際，現時

点での基地の選択はあくまでも試験的なものであることを伝え，最終的な決定を行うには未だ問題が山積していると述べた。そして，ホーンはフォレスタルに対して次のように釘を刺した。

> 私は同リストに載っている全ての海軍基地（naval shore bases）を持つ必要はないと考えている。このような多くの基地は米国の力を浪費し，過剰な人員を必要とし，さらにそれを維持し防衛するための装備を必要とする。それは不釣合いな予算の原因ともなり，我々の主たる要求（例えば，強力かつ機動的な艦船や適切な鉄道に関する要求）を脇に追いやってしまうことになりかねない。国益を守るために基地に依存することはそれ自体が危険な概念である。前方基地は我々がそれを支援する機動力の高い艦船を持たない限り，脆弱さの根源ともなろう。[26]（傍点筆者）

それを受けたフォレスタルは，戦後計画を策定するに当たっては，予測される軍事予算に対応することを第一に考えるのではなく，あくまでも海軍の将来的な任務に則して考えるべきであると述べた。フォレスタルは「私は，議会がどのように行動するかを理解しようとすべきであるとは思わない。我々が議会にしてもらいたいことを議会に伝えるべきである[27]」として，予算の制約に重大な関心を示さなかった。[28]

太平洋重視―米国の湖　1945年3月10日，キングはチェスター・ニミッツ（Chester William Nimitz）合衆国太平洋艦隊司令長官との会談を終えた後，立て続けにフォレスタルと会談を持った。[29]その際，キングはフォレスタルに太平洋と大西洋地域における基地リストを提出した。キングは真珠湾（ハワイ），マリアナ諸島，フィリピン諸島，マヌス島（これはニミッツの推薦）を太平洋での主要基地とし，その他八つの場所を二次的基地（主要基地と外縁基地の間の飛び石として機能する基地のこと）とすることを提案した。[30]彼が重視したのはやはり太平洋であった。キングは太平洋が米国の戦略地域である以上，米国は太平洋の島嶼地域を直接支配すべきであるし，少なくとも海軍がそこに軍事施設を建設すべきであると考えていた。[31]

1945年5月7日，それらの意見は最終的に『戦後基本計画第一号（Basic

Post War Plan No.1)』として結実した。同文書は『確定』を基に作成されたものであり、海外基地の戦後使用に関する規模や任務を定めた海軍初の公式計画となった。付表には太平洋と大西洋の基地候補地が示されていた。そこから明らかだったのは、大西洋に比べて太平洋が重視されていたことであった。計画では、太平洋と大西洋合わせて75の基地が記され、そのうちの53が太平洋に集中していた。フィリピン、グアム、サイパン、マリアナ諸島、小笠原、沖縄が通常作戦基地として指定され、必要に応じて、オランダ植民地、タイ、海南島、台湾、日本の朝鮮占領地域、千島列島、北部中国に基地権を獲得することが求められた。太平洋は軍が多大な犠牲の下に勝ち取った地域であり、それを傘下に収めることは正当な権利と考えられたのである。

　対照的に、大西洋には他国との相互使用を認める「参加的」な基地権だけが求められていた。具体的には、アイスランド、アゾレス諸島、ポールリョーテー（Port Lyautey）、リベリア、アフリカのカーポヴェルデ諸島、カナリア諸島、ダカールの名前が挙げられた。

3）政府と国務省の対応

　『戦後基本計画第一号』で示された方向性は、ローズヴェルトの意向とも一致した。ローズヴェルトは戦後、欧州においては最小限の軍事的関与を行うに留めるつもりであった。彼は参謀総長らに対して「我々は欧州を勢力範囲に組み込まざるをえないような事態に巻き込まれてはならない」と述べていた。また、孤立主義的な議会や移り気な世論に鑑みれば、戦後2年以上、欧州に軍を駐留させ続けることはできないとも考えていた。加えて、ローズヴェルトは既述のように、戦後は太平洋の基地と民間空港を連動させること、特に極東からアラスカ、アリューシャン列島、そして南太平洋諸島にいたるルートを確保することに関心を持っていた。実際、1943年の夏、ローズヴェルトは海軍のリチャード・バード（Richard E. Byrd）提督に対して、クリッパートン島の航空基地に関する軍民使用の可能性を検討するよう指示していた。その後、バードはパナマ運河、そして南米の防衛のために南太平洋に複数の基地を持つべきであるとの調査報告書をフォレスタルに提出した。バードの報告書はローズヴェルトの特別プロジェクトだったこともあって、後の政策決定に大きな影響力を持った。

ところが、それを知ったフランスのジョルジュ・ビドー（Georges Bidault）外相は、そのような高飛車な態度はフランスを侮辱するものであるとして米国を批判した。[39] 1945年4月、米国務省はフランスに対価を支払う代わりにクリッパートン島を譲渡するよう提案したが却下された。結局、国務省はフランスに対してそのようなアプローチを行うことを止めた。フランスに対するそのようなアプローチは戦後のフランス（及びその植民地）との基地交渉の障害になると判断されたためであった。[40]

基地交渉の停滞—主権の問題とナショナリズム　実はこの頃、戦後の基地交渉は世界中で雲行きが怪しくなっていた。1945年3月、統合戦後委員会（Joint POST WAR Committee: JPWC）は、ブラジル、エクアドル、ニュージーランド、アイスランド、キューバに関する基地の要求リストを国務省に提出した。しかし、その時点で国務省が成功していた基地交渉は、1944年6月に妥結したブラジルとの交渉だけであった。[41] それは、基地交渉が単に多くの接受国のナショナリズムに跳ね返されたということのみならず、この時点で米国内には戦後計画に関する省庁横断的な調整機関が存在せず、基地についての詳細なデータが国務省に伝えられていなかったという事情も大きかった。[42] そのため、1944年11月にハルに代わって国務長官に就任したエドワード・ステッティニアス（Edward Stettinius, Jr.）は、省庁横断的な意見調整の場である、国務・陸・海軍三省調整委員会（State War Navy Coordinating Committee: SWNCC）を設置した。

基地交渉が思うように進まないことは、軍部の認識にも少なからぬ影響を与えた。1945年2月、ロヴェット陸軍次官補の軍事補佐官（military assistant）だった、既出のブラウネル大佐は「多くの国では米国やそれ以外の国に航空基地権を与えることについて深刻な国民感情が存在している。（基地の）権利を譲渡することは主権の問題として捉えられ、それは多くの国で特に重大な政治問題となっている」[43]（括弧内筆者）と述べて、基地交渉の困難性を認めた。と同時に、ブラウネルはJCS 570/2を更新し、新たな基地要求を追加すべきであるとも述べた。[44]

近い将来、JCS 570/2を改訂する必要性についてはSWNCCの思うところでもあった。1945年3月9日、SWNCCは計画改定の手始めとして、進行中の基地交渉がどのような状態にあるかを報告するよう国務省に指示することで合意

基地システム拡大の動き　このように1945年の春以降，JCS 570/2の改定は政策決定者の間で既定路線となりつつあった。陸軍航空隊は北側に基地地域を伸長することに関心を示すようになり，海軍は赤道以南に興味を示していた。国務省は，軍事技術の急速な発展に鑑みて，欧州や中東にまで基地システムを拡大する必要性を認めるようになっていた。但し，国務省は軍部とは異なり，基地を軍事だけでなく，政治・経済的な観点からも捉えていた。例えば，1945年6月，ジョセフ・グルー（Joseph C. Grew）国務次官はトルーマン大統領に対して（軍部がその必要性はないと言っているにもかかわらず）サウジアラビアのダーラン航空基地の建設を継続するよう働きかけた。それはグルーのみならず，陸軍長官のパターソン，海軍長官のフォレスタルなどの文官も同意するところであった[45]。彼らは，軍事目的であれ民間航空目的であれ，サウジアラビアに航空施設を建設することは，米国がその時点で有している利益の存在を他国に示すものであり，広大な石油資源を有するサウジアラビアが米国の手中にあるとのメッセージを伝えるものになると考えていたのである[46]。

第2節　JCS 570/2の改訂作業——核の出現と戦争の終結

国務省批判　1945年3月，国務省は既述のSWNCCの要請に応える形で，基地交渉の進捗状況を報告した。そこに示されていたのは，国務省がこの時点で未だほとんど基地権を獲得できていない現実であった。それを知った軍部は国務省を強く批判した。ブラウネル大佐は，ロヴェットに対して「国務省はこれまでこの問題に対して必要な仕事をしてこなかった[47]」と詰め寄った。フォレスタルの文民補佐官の一人だった，キース・ケーン（R. Keith Kane）もそれに続いた。彼はフォレスタルに宛てた書簡の中で，「実際，この国にとって重要かつ特定的な安全保障問題については未だ何もなされていない。今後，我々のバーゲニングパワーは，恐らく絶頂期を過ぎて弱体化していくばかりであろう[48]」との危惧を表明した。

欧州大陸への拡張　計画に対する不満はJCSにも燻っていた。1945年5月，

ジョージ・マーシャル（George C. Marshall）陸軍参謀総長はそのような状況を踏まえて，JCSは新たな基地計画の策定に着手すべきであるとの認識を示した[49]。そして新たな計画は基地の優先順位を明示したものでなくてはならないとも述べた。重要だったのは，マーシャルが「欧州大陸，そして西半球に近接する地域に（基地を）獲得した結果として生じる米国にとっての軍事的利益と経済的利益に関する調査を行うべきである」（括弧内，傍点筆者）と述べたこと[50]であった。つまり，彼はここにきて欧州大陸への基地展開の可能性をも示唆するようになったのである。結局，他の参謀総長らもマーシャルの提案に同意し，JSPに対して新たな計画の作成を指示した[51]。

　以降，JCS 570/2の改訂作業と，国務省による基地交渉は同時並行的に行われていった。海軍はキングを中心にJCS 570/2を改定することに積極的であり，とりわけJCS 570/2で示された青色地域と緑色地域，そして黒色地域を既述の『戦後基本計画第一号』に沿ったものにする（すなわち，西太平洋と太平洋のマレー半島の東までに重点的に基地を配置し，米国がそれを排他的に使用する）ことを望んでいた[52]。

　陸軍の企画・作戦部（Operations and Planning Division: OPD）も，JCS 570/2は更新される時期にあると考えていた。例えば，マックス・ジョンソン（Max S. Johnson）大佐は「昨今の情勢を勘案し，今日抱える不確実性（ソ連の立場と日独に対する戦後対応）を考慮すべきである」（括弧内筆者）と述べ，計画[53]が重要な局面に差し掛かっているとの認識を示した。陸軍次官補のジョン・マクロイ（John J. McCloy）はさらに踏み込んで，英・仏が持つ西半球地域（アセンション島，クリッパートン島）を米国の支配下に置くべきと主張した。そして，パナマ運河の防衛と天然資源へのアクセスの問題に鑑みれば，ラテンアメリカ諸国との間でも航空機の通過及び着陸の権利に関する交渉を早急に行わなければならないとも述べた[54]。

1）トルーマン大統領と国務省の認識

　1945年4月に死去したローズヴェルトに代わって大統領に就任したトルーマンは当初から戦後の海外基地に大きな関心を持っていた。それは，彼がローズヴェルトと同じように，基地権の獲得を米国の戦後安全保障にとって不可欠

と捉えていたからであった[55]。

トルーマンの基地システムへの関心　1945年7月に開かれたポツダム会談の場でも，トルーマンの関心の一つは戦後の基地システム，とりわけ太平洋における基地の維持問題にあった。国内世論が戦後の基地拡大に支持を与えていたことも追い風となっていた。世論調査によれば，戦後に新たな海外基地を獲得することについての支持率は，1942年の34％から，1945年には53％まで上昇していた[56]。一方，国務省及び軍部はポツダム会談の席で基地問題を議題として扱うことに慎重だった。1945年6月，国務長官のステッティニアス（バーンズが公式に国務長官に就任したのは1945年7月3日）は「米国は基地に関する如何なる問題にも，議論のイニシアティブを取るべきでない[57]」と述べ，陸軍の企画・作戦部もそれに倣った。なぜなら，この段階ではまだ個別的な基地要求が明確に定まっておらず，彼らは国際交渉の場でこの問題を持ち出すのを時期尚早と考えていたからであった[58]。

　結局，ポツダム会談で基地問題が取り上げられることはなかった。しかし，7月18日，トルーマンはウィンストン・チャーチル（Sir Winston L. S. Churchill）英国首相との私的な会話の中でこの問題を取り上げた[59]。トルーマンはチャーチルに対し，米国は戦後の航空及び通信問題を考えるに際して，英国領，とりわけアフリカ地域で困難な問題に直面していると述べた。そして，米国はそれらの施設を英国と共同使用することについて綿密な計画を立てるべきであるとも伝えた。それに対するチャーチルの反応は良好だった。チャーチルは，もし自分がこの先も政権の座にあるとすれば，同問題（航空施設の共有問題）について喜んで協議しようと答えたのである（但し，チャーチルは海軍施設の共同使用については言及しなかった）。

ソ連の脅威と大西洋シフト　それから間もない，7月22日の夜，ジェイムズ・バーンズ（James F. Byrnes）国務長官とウィリアム・ハリマン（W. Averell Harriman）駐ソ連大使，マーシャル陸軍参謀総長，アーノルド陸軍航空隊総司令官は戦後の基地問題について会談を持った[60]。翌日，マーシャルはバーンズにJCS 570/2のコピーと太平洋地域における基地に関するより詳細なメモを手渡した。他方，アーノルドは（既述の特別研究グループが作成した報告書の内容に則った）航空基地に関する詳細な地図を作成し，バーンズに手渡した[61]。ア

ーノルドがバーンズに示した一覧表には，アイスランド，アゾレス諸島，ダカール，アセンション，カーボヴェルデ諸島，フランス領マルケサスのヌクヒヴァ（Nuku Hiva）が記されていた。驚くべきことに，太平洋ではヌクヒヴァのみが記されており，残りは全て大西洋にあった。このことは，陸軍航空隊の意識が（対ソ戦略の観点から）大西洋と欧州へ向かっていたことを示唆するものであろう。

アイスランド　それから1週間後の7月28日，今度はフォレスタルがバーンズに対して「アイスランドに米軍基地を維持することは極めて重要である[62]」と伝えた。バーンズはこれに同意し，フォレスタルに対してこの問題について英国と協議するよう求めた。早速，フォレスタルはポツダムからの帰路，ロンドンに立ち寄り，チャーチルの後任であるクレメント・アトリー（Clement R. Attlee）英国首相に対し，アイスランドにおける軍事基地の存在が米英両国の将来の戦争にとって極めて重要であるとの認識を伝えた[63]。

この時期，米国がアイスランドに固執したのには訳があった。フォレスタルがロンドンに立ち寄る数週間前，国務省はソ連がノルウェー外相に対して，キール運河の国際化を要求し，さらにベアー島の譲渡と，スピッツベルゲン諸島のソ連とノルウェーによる共同管理を求めたとの情報を得ていた[64]。国務省はソ連がポツダム会談の場でそれを持ち出した場合に備えて，彼らが北極海周辺に基地を持つことの戦略的意味と，ソ連の行動が米国のアイスランドやグリーンランドでの基地交渉にどのような影響を与えるかをJCSに分析させていた[65]。JCSによればベアー島の戦略的重要性とは，すなわちバレンツ海に至る海上航路のコントロールの問題であった[66]。一方，スピッツベルゲン諸島は戦後の北極地域での商業・軍事航路の確保の観点から重要であるとされた。しかし，JCSは仮にソ連がベアー島とスピッツベルゲン諸島に基地を展開したとしても，米国がアイスランドとグリーンランドを確保すれば戦略的にほとんど影響はないと結論付けた[67]（なお，このことがこれ以後，アイスランドとグリーンランドの戦略的重要性が高まった理由の一つである）。

しかし，軍の中にはアイスランドでの基地展開を支持しない声も少なからず聞かれた。例えば，JSSCのメンバーで，孤立主義者として知られる既出のエンビック中将は，6月8日，国務省のジョン・ヒッカーソン（John D.

第3章　基地システムの拡大計画

Hickerson）欧州問題担当局長（Director of the State Department's Office）に書簡を送った。その中で彼は，米ソの脆弱な関係性と，ドイツ占領にまつわる多くの困難に鑑みれば「この時期にアイスランドに基地を推進することは賢明ではない[68]」との見解を示した。さらにエンビックは，もし米国がアイスランドに単独で基地を持てば，それは欧州という必ずしも米国の安全にとって重要でない地域にコミットすることになり，それによってソ連は米英の意図に深刻な疑念を持つことになるであろうと指摘した。そして米国がそのような要求を行う以上，ソ連のベアー島及びスピッツベルゲン諸島での基地要求を否定する根拠は存在しないとして，ソ連の基地要求を認めることも一つの選択肢との見方を示した[69]。

ところが，大半の軍高官の認識はエンビックのそれとは異なっていた。つまり，米国は戦後，欧州や中東の安全保障に何らかの形で関与していくべきであると考えるようになっていたのである。例えば，マクロイ陸軍次官補はエンビックの主張を「国家防衛の必要性についての概念を大きく制限するもの[70]」と批判した。既出のウィルソン海軍中将も，外交的観点からみても，安全保障の観点からみてもエンビックの提案は望ましくないとしてJSSCの同僚に対する批判を展開した[71]。ウィルソンは，もしエンビックが主張するように，米国がソ連の要求を拒否することが困難であるとすれば，米国は代わりに，アイスランドとグリーンランドで長期的な基地権を獲得すべきであると主張した（なお戦中，米国はアイスランド，グリーンランドに戦時に限って基地を置いていた）。

結局，参謀総長らはウィルソンらの主張を支持した。それは国務省も同じであった。例えば，バーンズ国務長官は「我々が今なすべきことは民主主義にとって世界を安全にすることではなく，米国のために世界を安全にすることである[72]」と述べた。また，国務次官であり，外交界の長老でもあった，ジョゼフ・グルー（Joseph C. Grew）は，ソ連の脅威を次のように述べていた。

> ソ連の力はこれらの国々（ソ連と国境を接する国）に一定の締め付けを加えながら，着実に増大していくだろうし，近い将来，ソ連は彼らの支配を欧州全体に徐々に進展させていくだろう……。将来ソヴィエト・ロシアと戦争することほど確実なことはあるまい……。我々が冒してはならない最

も危険なことは，我々がソ連の誠実さに，たとえわずかであれ，信頼を寄せることである。それは我々が国際関係に対する自らの道義的原則に固執すれば，ソ連が貪欲に彼らの利益を拡大し続けることをよく知っているからである。ソ連は，我々の道義的行為こそ我々の弱点で，ソ連の側の利点であると見做し，また今後もそう見做し続けるであろう[73]。（括弧内筆者）

ポツダム会談から帰国したトルーマンもラジオ演説の中で，

この戦争によって米国は如何なる領土も自己中心的利益の追求も行わないが，世界平和と我々の利益を守るために軍事基地を維持するつもりである。軍事専門家が米国防衛にとって不可欠と考える基地を獲得するつもりである[74]（傍点筆者）

と述べ，米国が戦後に海外基地システムをさらに拡大していくつもりであることを示唆した。

このように，ソ連のベアー島とスピッツベルゲン諸島での行動は，米国の政策決定者を大きく動揺させた。そしてこのときを境に，米国は基地システムを従来の勢力範囲を越えてグローバルに拡大していくことを真剣に検討するようになっていくのである。

2) 核の出現と戦争の終結

戦争が終結した1945年の夏以降，国際情勢の不透明性は日増しに高まり，それに伴ってJCSに対する新たな基地計画の提出圧力も強まっていた。加えて，戦争の終結は（焦眉の脅威が消失したことで）各省庁をして戦後の権限や予算配分を巡る対立を加速させた。既述のように，陸軍航空隊は戦後の軍事機構において陸軍，海軍と同等かつ自立的な地位の確立を求めていたし，海軍は陸軍及び統合された軍事機構としての陸軍航空隊の存在が彼らの存在感を低下させることを危惧していた。そのため，当初の予想以上にJCS 570/2の改訂作業は難航した。

そのような中，JCSは1945年9月，戦後の安全保障戦略に関する報告書を

第 3 章　基地システムの拡大計画

提出した。それは，5 月の JCS の指示に対する JSP の回答でもあった。JCS 1496/3『軍事政策策定の基本的原則（Basis for the Formulation of a Military Policy）』及び，JCS 1518/3『戦略概念及び米国軍事力の展開計画（Strategic Concept and Plan for the Employment of United States Armed Forces）』がそれである[75]。

米国の脆弱性と遠距離の緩衝地　　報告書の前提となっていたのは，新たに出現した強力な長距離兵器がそれまで米国を守ってきた海洋の壁を縮め，それまで侵略者と米国の間に存在してきたはずの欧州が戦争によって弱体化した，との認識であった。新たに登場した核兵器の存在も JCS の認識に深刻な影響を与えた。報告書は，米国はいまや奇襲攻撃に対して極めて脆弱であり，将来の如何なる戦争も米国にとって破滅的な結果をもたらすであろうと指摘し，そうした悲劇を避けるために，米国は国家の安全に脅威を与える侵略者を抑止するに足る十分な軍事力を持たなくてはならない，と結論付けた。そして，もしそのような抑止が成功しないのであれば，米国は敵対的な国家に対して先制攻撃を行う必要があるともされた[76]。

JCS にとって本土から離れた場所にある基地は「遠距離の緩衝地（cushion of distance）」と捉えられた[77]。というのも，彼らは核兵器の登場によって奇襲攻撃を行う側の優位性が高まったことを，次のように認識していたからである。

> 近年の戦争の経験が教えることは，国家の効果的防衛のためには進んで自らのフロンティアを拡張しなくてはならないということである。核時代の到来はそのような要請を再び強調するものであった。我々は前方基地を通じて我々の死活的に重要な地域から遠く離れたところで敵を押さえ込むことができる。（戦略フロンティアが広がれば広がるほど）核兵器による攻撃から我々が生き残る機会が増大するであろうし，我々に対抗する敵を殲滅することができるであろう[78]。（傍点，及び括弧内筆者）

ちなみに，1945 年 8 月 22 日，科学研究開発庁の主査で科学者でもあった，ヴァネヴァー・ブッシュ（Vannevar Bush）は，JCS の要請に応える形で，核兵器が海外基地に与える影響についての報告を行った。その際，ブッシュは核兵

器の潜在力がいかほどであれ，戦後の前方基地展開の必要性は減じられないと述べると同時に，いざというときの先制攻撃を可能にするために「（前方展開）基地は敵に近ければ近いほどよい」[79]と指摘した。また，マンハッタン計画の代表者でもあったレスリー・グローブ（Leslie R. Groves）少将は「いま，我々は基地を獲得しなければならない。そして，10年後ではなく50年先，100年先を見据えて基地計画を立案しなければならない」[80]と述べ，核兵器の登場が米国をして広大な海外基地システムを持つ必要性を高めたとの認識を示した。

特定の脅威としてのソ連　JCS 1496/3では，米国の安全を危険に晒す可能性のある国としてついにソ連が名指しされた。そのため，報告書の目的は，潜在的ではあるものの特定的な脅威であるソ連にどのように対抗するか，という1点に集約されていた。そしてそれは同時に，軍が欧州に恒久的に関与していくことを真剣に考え始めたことを意味するものでもあった[81]。一方，JCS 1518/3では海外基地の要件として，次の二つが挙げられた[82]。第一が，敵の行動を調査・偵察することが可能で，部隊及びミサイルによる攻撃を防ぎ，敵にそのような基地を使われるのを防ぎ，敵への対抗措置をとる際に十分満足いく決定ができる距離にあることであった。第二は，外縁外（outer perimeter）にある防御的・攻撃的基地は，主要基地と外縁（perimeter）基地の間の飛び石として機能する二次的基地によって支援されるものでなくてはならないというものであった。そしてそれらの基地は十分に発達した主要基地によって統合されたシステムの中に位置付けられるものであり，それらを調整（arrangement）することが，軍事作戦のための兵站線を維持し，米国の安全を担保することに繋がると結んだ。

資源制約の顕在化　新たな戦略概念（JCS 1496/3及びJCS 1518/3）が定まったことで，JCSは次に基地システムの構成，すなわち民間空港を含めた基地の数をどうするかという問題の解決に着手した（ちなみにまだこの頃，航空ルートの使用に関して軍民の別が曖昧であった）。そして，限られた予算の中で効果的に基地システムを維持する方法についても議論が交わされた。それらを含めるかたちで，統合戦争計画委員会（Joint War Planning Committee: JWPC）[83]によって準備されたJCSの新たな基地計画の草案は，1945年8月25日に完成した（JWPC 361/4）[84]。

ところが，それに対する軍部の反応は芳しいものではなかった。批判の多くは，同計画があまりに多くの基地を要求しすぎている，というものであった。例えば，陸軍参謀次長補（作戦担当）のジョン・ハル（John E. Hull）少将は「我々はまず，（同計画で示された基地の数を）半分に削減するところから始め，その後にどこを削減するのかを検討しなくてはならない[85]」（括弧内筆者）と述べた。陸軍の統合計画参謀，ジョージ・リンカーン（George A. Lincoln）准将も，大統領と緊縮財政を求める議会が受け入れられる水準にまで基地の数を削減すべきであるとの認識を示した[86]。というのも，JWPCによる計画案は，それまでに準備されてきたJCSによる種々の基地計画，及び先にみた海軍の『戦後基本計画第一号』，そして陸軍航空隊の特別研究グループの報告書に示されたほぼ全ての基地を含めたものだったからである。

　陸軍航空隊vs.海軍　　新たな基地計画では，基地の数の他にも基地の優先順位の問題が争点となった。JCSは北側のアプローチを重視していた。この点，統合計画参謀のリンカーン准将は「将来の敵は南からではなく北東或いは北西から来るとことが予測されるので，我々は北側により注意を払うべきである[87]」と説明していた。ところがそのような認識は陸軍航空隊と海軍の対立を招いた。このとき，陸軍航空隊はアゾレス諸島，アイスランド，グリーンランドを主要基地として扱い，ダカールを二次的基地に格上げしようとしていた。他方，海軍はそれら北側の基地に重要性を与えることに反対していた。

　海軍が北大西洋基地（アイスランド，グリーンランド，アゾレス諸島）の位置付けに反対したのには国内政治的な理由もあった。例えば，アゾレス諸島については，表向きには適当な港湾施設が揃っておらず，平時にそれらを整備するには莫大な費用がかかる，というのが反対の理由であった。しかし実際は，陸軍航空隊に基地計画の主導権を握られること，そして戦後の予算問題に対する陸軍航空隊の発言力が高まることを嫌ったことが反対の理由の背景にあった[88]（その証拠に，それより２年前の1943年には，キングはアイスランドに基地を持つべきと主張していた）。しかし，キングに代表されるそのような海軍の立場は，フォレスタル海軍長官の立場とも異なっていた。そのため，海軍全体としては1945年の秋には，グリーンランド，アゾレス諸島，ポールリョーテーを基地計画に含めることに前向きになっていた。但し，それらの基地は作戦基

地ではなく，あくまでも補助的な海軍航空基地として位置付けられ，基地に配置する人員も小規模とされた。[89]

接受国—見返り原則の萌芽　その他，JCS 570/2 の改訂作業でなされた看過できない議論の一つに「維持契約（Maintenance Covenant）」に関するものがある。1945年9月，陸軍航空隊の准将であり，統合計画参謀の一人であったチャールズ・ケーベル（Charles P. Cabell）は，占領の必要性が消失した後に，欧州やアジアに米軍を駐留させておくためには，接受国との間で基地の「維持契約」を結ばざるを得ず，それには見返りとして，基地の賃借料や軍隊への訓練の提供など，莫大な費用が生じるであろうと指摘した。[90]

マーシャル陸軍参謀総長も「平時における他国領内での米軍人及び施設の維持に関する政治的複雑性と困難性，そして費用と人員の問題に鑑みれば，国務省は他国が米国の要求する施設を受け入れるための種々の形態による見返りを支払うための調整に，深刻な考慮をしなくてはならない」[91]と指摘した。それは，基地を獲得することによって生じる新たな費用への警鐘であった。このような議論は48年以降に登場することとなる「見返り原則」（第5章）の先駆けとも呼べるものであった。陸軍参謀総長であり，後に国務長官として欧州復興計画（マーシャル・プラン）を先導するマーシャルの発言は，後の米国の基地政策の方向性を占うものとして興味深い。

第3節　JCS 570/40

1945年10月23日，参謀総長たちは上にみてきた議論に終止符を打ち，戦後基地計画の一つの到達点として，JCS 570/40を提出した。[92]計画では争点だった主要基地に関する議論，つまり基地の優先順位について多くの妥協が図られた。キングは陸軍航空隊が主張していたアゾレス諸島，アイスランドを主要基地とすることに同意した。一方，陸軍航空隊はそれまで主要基地と位置付けてきたグリーンランドを二次的基地とすることを受け入れ，ダカールについてもJCS 570/2で与えられた位置付け，すなわち「参加的」からの昇格を見送った。

基地の順位　計画では沖縄，アゾレス諸島，アイスランド，パナマ，ハワ

第3章　基地システムの拡大計画

イ，マリアナ諸島，フィリピン，アラスカ南西部からアリューシャン列島に至る地域，ニューファンドランド，プエルトリコからバージン諸島に至る地域が主要基地地域に指定された[93]。地図2は，計画で示された主要基地地域を●として，それ以外に要求された基地地域を◎として示したものである。さらに，後述するSWNCCの追加要求を▲として加えてある。そこからわかるように，計画では大半の基地が従来考えられてきた米国の防衛ラインの外に位置付けられていた。基地計画はここにきて，太平洋志向から大西洋志向へと大きく変容したのである（このことは，地図1と地図2を比較することでも明確になろう）。

結局，JCSは主要基地を支える，二次的基地（secondary），補助的基地（subsidiary），マイナー基地（minor bases）を太平洋と大西洋に，計70か所指定した[94]。なお，基地地域の定義は次のようなものに落ち着いた。

1. 主要基地地域：　戦略地域に位置し，米国，米国領，西半球，フィリピンの安全保障にとって不可欠となる基地システムの基礎を成す基地。
2. 二次的基地地域：　主要基地を守り，そこへのアクセスを可能にし，そこから軍事作戦を実行するために不可欠な基地。
3. 補助的基地地域：　主要基地と二次的基地から構成されるシステムの柔軟性を高めるために求められる基地。
4. マイナー基地地域：　常にではないものの，通過の権利と種々の軍事的権利が求められる基地であり，基地システムの柔軟性をさらに向上させる基地。

ちなみに，要求にあった70か所のうち，およそ3分の1がパナマ運河に至るアプローチとして，カリブ海と太平洋に配置された。そして，主要基地以外のいくつかは，赤道以南の太平洋（マヌス島，ソロモン諸島のガダルカナル島－トゥラギ島，ニューヘブリディーズ諸島のエスピリトゥサント島，ニューカレドニアのヌメア，トゥアモトゥ諸島のボラボラ）に置かれることとなった。しかし，それらの基地の戦略的位置付けは明確であるとはいい難く，この点はJCSも認めるところであった[96]。JCS 570/40が戦略性の高い基地からそれが必ずしも高くない基地までを含めた広範な基地システムを提案することになった背

地図2

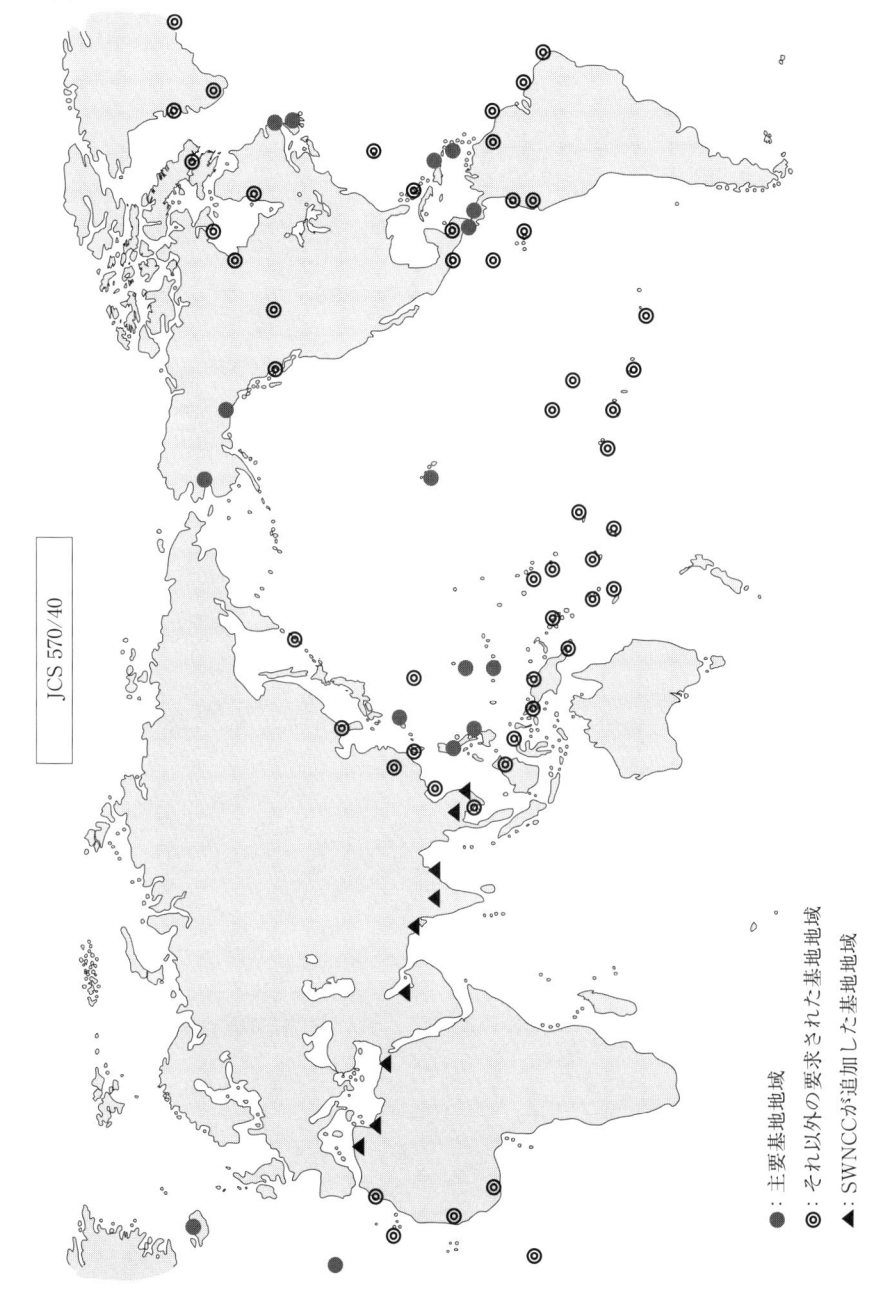

JCS 570/40

● : 主要基地地域
◎ : それ以外の要求された基地地域
▲ : SWNCCが追加した基地地域

97

第3章　基地システムの拡大計画

景には，基地を多くの地域に分散させることで，いざという時の兵站線をより多く確保したいとの軍の思惑があった。このことがJCS 570/40が大規模な基地システムを求めることになった戦略的な理由の一つであった。

ところで，主要基地，二次的基地，補助的基地，マイナー基地の全てを含めて70あった基地（或いは基地地域）のうち，すでに占領や協定を通じて米国が使用権を得ていたのは半分に過ぎなかった（なお，基地リストには戦後の基地使用に関する交渉の必要がないフィリピンや，先述の英国との間で結ばれた駆逐艦−基地交換協定にあった基地は含まれていない）。そのため，残りの半分については早急に基地交渉を行わなくてはならなかった。

交渉の順位　JCSは上にみた分類の他にも，基地交渉の優先順位として「不可欠（essential）」と「必要（requirement）」の二つを用意した[98]。上にみた基地の分類（主要，二次的，補助的，マイナー）が戦略的観点からみた基地システムの構造であるとすれば，基地の獲得に関する優先順位は，当時進行中の基地交渉の状況や他国に対する政治的配慮までを含めたものであった。そのため，基地の分類と交渉の優先順位は必ずしも対応するものではなかった。例えば，グリーンランドは二次的基地であったが，交渉の優先順位は「不可欠」に位置付けられた。

JCSはそのような優先順位に基づいて，新たに34の基地交渉を行うよう国務省に求めた[99]。34か所のうち，9か所が「不可欠」であり，25か所が「必要」であった。ちなみに，アイスランド，グリーンランド，アゾレス諸島は「不可欠」とされたが，ダカールと台湾はそれより低い「必要」に位置付けられた。

10月25日，SWNCCはJCS 570/40を承認し，国務省に対して基地交渉を開始するよう要請した[100]。但し，彼らはその際，北アフリカから中東，そして南アジアから欧州にかけての基地権要求が不十分であるとの注文をつけた。そのため，SWNCCは国務省に対して「米国の基地システムを実行可能なものにし，また代替的輸送路を確保する」ためには追加的な基地が必要であるとの認識を伝えた[101]。このことは，同時期の計画の拡大が軍だけでなく，政策決定者全体の総意であったことを示すものであろう（繰り返せば，SWNCCは国務省の次官補クラスも参加する組織である）。なお，SWNCCが提案したのは，北アフリカからインドにいたるルート，すなわち，アルジェ，トリポリ，カイロ，ダーラン，カラ

チ，アグラ（インド），カラグプール（インド），バンコク，サイゴンであった。

第4節　小結

　以上，米国は1943年の冬から45年の秋にかけて海外基地システムの拡張を計画していった。そしてこの時期，米国の戦略環境は目まぐるしく変化した。核の出現と戦争の終結，そしてローズヴェルトの死はそれを象徴するものであったが，ソ連の脅威が現実味を帯び始めたことも軍を中心とする政策決定者の認識に影響を与えた。計画の焦点は太平洋から大西洋へと向かい，元来，米国の勢力範囲の外にあるとされてきた欧州やアフリカ，そして南アジアまでもが基地システムの範囲と捉えられるようになった。

　なお，JCS 570/40が決定に至るまでには，図表3-1に示したような幾つかの計画が示された。

　JCS 570/2の改定に最初に着手したのは陸軍航空隊であった。彼らは戦後の

図表3-1　JCS570/40に至るまでの各アクターの計画

	計画	主たる考え方	重視する地域
1944年6月	陸軍航空隊『初期の戦後航空部隊計画』	国家安全保障と国際安全保障を両立する概念と捉える。先制攻撃の不可避性を認識	太平洋と極東
1944年12月	海軍『確定』	ソ連に対する警戒，洋上からの航空攻撃の重要性	西半球と太平洋
1945年5月	陸軍航空隊『特別研究グループ報告』	広範囲な航空基地システムの構築，基地の権利の獲得，国家安全保障の重要性	欧州大陸を除くほとんど全ての地域
1945年5月	海軍『戦後基本計画第一号』	西半球と太平洋の基地の直接コントロール	太平洋
1945年9月	JCS『JCS 1496/3, JCS 1518/3』	「遠距離の緩衝地」としての基地，特定の脅威としてのソ連	基地は敵に近ければ近いほど良い
1945年10月	JCS『JCS 570/40』	一般的脅威とソ連の2つに対抗，どこからでも先制攻撃が可能な基地体系の構築	大西洋と西半球

第 3 章　基地システムの拡大計画

基地システムを国家安全保障と国際安全保障という二つの目的を達成する手段として位置付けた（ちなみに，1943 年の時点では二つの目的を相互排他的な概念と捉えていた）。さらに，長距離爆撃機の登場によって先制攻撃が軍事オプションの一つとして検討されるに至り，『初期の戦後航空部隊計画』では太平洋と極東を，またその後の『特別研究グループ報告』では，欧州大陸を除いたほとんど全ての地域をカバーする大規模な基地システムが提案された。

一方，海軍でも，戦後のソ連に対する警戒心の高まりから，洋上からの航空攻撃の重要性が叫ばれ（『確定』），さらにキングを中心に西半球と太平洋の基地の直接コントロールが主張されるようになった（『戦後基本計画第一号』）。

そのような中，JCS は戦後の安全保障戦略に関する報告書（JCS 1496/3，JCS 1518/3）を作成し，海外基地を「遠距離の緩衝地」として位置付けるとともに，初めてソ連を明確な脅威として名指しした。基地は米国本土から遠く，またソ連に近いほど良いと考えられたのである。

このような軍の戦略認識の変化を踏まえて，JCS は新たな計画である JCS 570/40 を策定した。基地はそこで一般的な脅威と，潜在的ではあるが特定的な脅威であるソ連の二つに同時に対抗するための手段と解された。一般的な脅威に対抗するためには，多くの地域に基地を分散させ，いざという時の兵站線を確保することが求められた。また，核兵器の登場によって，米国はどこからでも先制攻撃を行うことのできる体制を整えなくてはならないと考えられるようにもなった。対ソ戦略上は重要性が高くない地域（例えば赤道以南の太平洋）までもが計画に含まれたことはそれを如実に物語るものであった。[103)]

一方，特定の脅威であるソ連に相対することを考えれば，ソ連の中心部（例えばモスクワ）に対する航空攻撃が可能な中東や北アフリカ，或いは南アジアでの基地の獲得が求められた。そのような二つの脅威に同時に対抗しようとしたことが，JCS 570/40 が西半球，北アフリカ，北大西洋，北太平洋，そして赤道以南の南太平洋までを含めた大規模な計画になった戦略的な理由であった。

以上，JCS 570/40 の策定過程からは，戦略仮説（米国にとっての脅威が増大すれば，米国は資源制約の範囲の中で基地を拡大しようとし，脅威が低下したり資源制約が強まればそれを縮小しようとする）が想定する，脅威要因の影響力を窺い知ることができた。その一方で，資源制約要因は，必ずしも仮説が

予測する通りに作用しなかった。というのも，同時期，軍は戦中に建設された基地の建設・維持費用に鑑みて，基地を維持していくことの困難性を自覚していたからである。にもかかわらず，軍は基地計画を縮小ではなく拡大へと向わせた（但し，米国議会が軍事予算の削減要求を本格化させるのはこれ以降のことである）。例えば，1945年に太平洋艦隊司令部となったグアムでは，終戦の時点ですでに総額2億7,500万ドルが飛行場や港湾設備の再建につぎ込まれていた。また海軍は45年度には310億ドルの予算を獲得していたが，1945年夏にはパルミラ環礁（Palmyra Reef）に4,600万ドル，マーシャル諸島に7,800万ドルを使って基地を建設していた。[104]

そこで，基地拡大と予算制約のディレンマを解消する手段として考えられたのが，基地権の獲得であった。例えば，1944年6月，海軍のハリー・ヤーネル（Harry E. Yarnell）提督は，キングとホーンに対して，予算の都合上，太平洋での基地要求を見直すことを提案した。しかしヤーネルは，同地域で米軍は引き続き何らかの軍事的関与を行っていかなくてはならないと考えていた。そこで彼は，軍が同地域から完全撤退するのではなく，基地権を残しておくべきであると主張した。[105] 基地権の獲得は予算の削減に対応しつつ，戦略上必要な基地のオプションを確保する不可欠の手段と見做されたのである。

そこから明らかだったのは，予算の削減問題は確かに基地の数やその規模を縮小へと向かわせるものであったが，それを接受国の数や地理的範囲でみた場合には，必ずしも妥当ではないということであった。言い換えれば，仮に予算の獲得可能性が低下しても，基地権だけを要求することで，接受国の数や地理的範囲は拡大することがあったのである。

そして重要だったのは，その背景に軍同士の対立があったことである。将来的な予算の目算がつかなかったことは，基地計画に対する各アクターの思惑を分裂させた。例えば，陸軍航空隊は国家防衛に必要と思われる以上の基地を要求したが，それは彼らが国際警察軍構想を隠れ蓑に，戦後の組織的自立性を高めようとしたためであった。そのため，基地を巡る各軍の利害は真っ向から対立し，最終的な計画は彼らの要求を全て詰め込んだ「クリスマスツリー」[106]となった。同時期みられた軍同士の対立と競争は，基地計画を拡大へと向わせる大きな推進力となっていたのである。

第3章　基地システムの拡大計画

注

1) 陸軍航空隊の戦後計画は基本的に二つの部門が担当していた。一つが，特別企画局（Special Projects Office：SPO）で，いま一つが，戦後課（Post War Division：PWD）である。戦後の海外基地計画に関しては，主に本章でみる後者の戦後課が担当しており，兵力の規模や構成，航空機のタイプ，国内及び海外の基地要求に関するものの全てを管轄していた。
2) この点，Smith 1970. 特にChapter 6. 参照。
3) *Ibid.*, pp.76-77.
4) *Ibid.*
5) *Ibid.*, p.47.
6) *Ibid.*, p.49. このような考え方は，ローズヴェルトの意向とも一致していた。例えば，ギャディスによれば，ローズヴェルトは先制攻撃自体を法的に十分正当化できるものではないと考えていた。そのため，ソ連と戦争が生じた場合には，ソ連側に「最初の一発を撃って」欲しいと考えていたのである。（Gaddis 2004：58.）
7) Converse 1984：72. より引用。
8) Smith 1970：81.
9) この点，*Ibid.*, pp.70-76.
10) Assistant Chief of Air Staff Plans, POST WAR Division, "U.S. Requirements for POST WAR Military Air Bases and Rights in Foreign Territory," July 11, 1945, Box 199, Item 4, Section 2, Office, Assistant Secretary of War for Air, Plans, Policies and Agreements ; Records, RG 107.
11) Appendix E, Map of Total Requirements（Mercator Projection），及び，Annex D to Appendix E, Map Indicating Space Relationship（Polar Projection, dated June 20, 1945），*ibid.*
12) Appendix B, Map of First Priority Requirement, *ibid.*
13) *Ibid.* しかし，陸軍航空隊は米国がどのようにフランス領（クリッパートン島）に「排他的」アクセス権を獲得するのか，といった問題には言及しなかった。それらはあくまでも，外交努力の問題として位置付けられたのである。ポルトガルとの基地交渉については，SWNCC 38/40, "United States Requirements for Military Rights Which Require Negotiation with the Portuguese Government," July 11, 1946, Box 84, CCS 360（12-9-42），Sec.26, Central Decimal Files, 1946-1947, RG 218.
14) Appendix B, Map of First Priority Requirement, Assistant Chief of Air Staff Plans, POST WAR Division, "U.S. Requirements for POST WAR Military Air Bases and Rights in Foreign Territory," July 11, 1945, Box 199, Item 4, Section 2, Office, Assistant Secretary of War for Air, Plans, Policies and Agreements ; Records, RG 107.
15) *Ibid.*, pp.4-5.
16) *Ibid.*
17) *Ibid.*, p.4.
18) Converse 1984：143. 加えて，そこには政治的な配慮としてソ連を敵として名指しすることを避けたという理由もあったかもしれない。
19) Davis 1966：103-105.

20) A. D. Douglas Memorandum for Vice Admiral Edwards, October 9, 1944, Box 197, Navy Basic Plans, June 43-Aug 46, Series XIV, Strategic Plans Division Records, Naval Historical Center.
21) C. B. Gary Memorandum for Captain Douglas, April 7, 1945, Box 197, National Defense, Aug 44-Aug 46, Series XIV, Strategic Plans Division Records, Naval Historical Center.
22) "Determination," F-14 Draft of December 26, 1944, Box 197, National Defense, Aug 44-Aug 46, Series XIV, Strategic Plans Division Records, Naval Historical Center.
23) *Ibid.* また，この点を詳細に分析しているものとして，Davis 1966 : 162-165.
24) Admiral A. J. Hepburn Memorandum for Vice Admiral Edwards, January 17, 1945, Box 197, National Defense, Aug 44-Aug 46, Series XIV, Strategic Plans Division Records, Naval Historical Center.
25) King to Forrestal, "The United States Navy (Postwar) Bases for Preparation of Plans," March 3, 1945, Box 1945, file "A16-3/LST," Formerly Security Classified General Correspondence of the CNO/Secretary of the Navy, RG 80.
26) F. J. Horne Memorandum for Secretary of the Navy, "U.S. POST WAR Military (Naval) Base Requirements," January 9, 1945 ; F. J. Horne Memorandum for Secretary of the Navy, "U.S. POST WAR Naval Advance Base Requirements," January 26, 1945, both in Box 17, CNO 1945 A4-2/NB, General Records of the Department of the Navy, 1798-1947, RG 80.
27) Converse 1984 : 93. より引用。
28) Forrestal to King, February 8, 1945, Box 197, Navy Basic Plans, Folder 1, Series XIV, Strategic Plans Division Records, Naval Historical Center.
29) Edwards Memorandum for F-1 (Duncan), March 10, 1945, Box 156, Bases General, Series XII, Strategic Plans Division Records, Naval Historical Center.
30) E. J. King, "Outline of POST WAR Navy and Overseas Naval Bases," March 13, 1945, Box 193, POST WAR Bases, 1945, Series XIV, Strategic Plans Division Records, Naval Historical Center.
31) Friedman 1995 : 72.
32) "Basic POST WAR Plan No.1," May 7, 1945, Box 191, Serial 004850D, A16-3/EN, CNO Records, Naval Historical Center.
33) Appendix E, "Postwar Overseas Bases in the Pacific," *ibid.*
34) 内訳は8が通常の作戦基地，10が削減可能或いは維持すべき基地，5が暫定的及び緊急使用のための基地，それ以外の30の基地は権利を獲得する対象と位置付けられた。
35) Friedman 1995 : 72.
36) *FRUS, 1945*, 8, p.617.
37) Burns 1970 : 489-490 ; Leahy 1950 : 252-253.
38) Forrestal to Roosevelt, June 19, 1944, file 8, Box 2, Series Ⅰ, Papers of William D. Leahy, Naval Historical Center. バードはそこで，南太平洋地域を，北米を防衛するためのハワイのような存在であると結論している。JCS 1006, "Acknowledgement of Receipt Byrd Report on Certain Pacific Islands," August 17, 1944, Box 611, ABC 686 (6 Nov 43),

103

Sec 1-A, Office of the Director of Plans & Operations, RG 165.
39) *FRUS, 1945*, 6, pp. 788-789.
40) *Ibid.*, pp.793-794. そのような事情もあって，1945年9月に日本が降伏文書に調印した時点で，米国はフランス領の如何なる場所においても戦後の基地権を獲得することができていなかった。
41) D. S. Memorandum for Mr. Lovett, April 15, 1945, Box 199, file "Item 4, Section 1," Office Assistant Scretary of War for Air, Plans, Policies and Agreements, 1943-1947, RG 107. ブラジルとの交渉については，McCain 1973：330-331. なお，マッケーンによれば，ブラジル政府が米国と基地協定を締結した理由は，それを米国との協力関係を維持させるものと捉え，またアルゼンチンの脅威に対抗し，南アメリカで優位な立場に立つための手段と捉えていたことであった。
42) Converse 1984：109.
43) Memorandum for the Assistant Secretary of War for Air, "Air Fields in Foreign Countries," February 13, 1945, Box 199, file "Item 4, Section 1," Office, Assistant Secretary of War for Air, Plans, Policies and Agreements, 1943-1947, RG 107.
44) *Ibid.*
45) Acting Secretary of State Grew to the President, June 26, 1945, Roll 14, Matthews-Hickerson File, 1934-1947, Reference Subject File 1940-1947, Records of the Office of European Affairs, RG 59.
46) *Ibid.*
47) G.A.B. Memorandum for Mr. Lovett, March 29, 1945, Box 199, file "Item 4, Section 1," Office, Assistant Secretary of War for Air, Plans, Policies and Agreements 1943-1947, RG 107.
48) R. Keith Kane Memorandum for the Secretary and Mr. Gates, April 11, 1945, Box 1945, file "A16-3/LST " Formerly Security Classified General Correspondence of the CNO/Secretary of the Navy, RG 80.
49) JCS 570/17, "Over-all Examination of U.S. Requirements for POST-WAR Military Bases," May 14, 1945, Box 270, Section 5, Central Decimal Files, 1942-1945, RG 218.
50) *Ibid.*
51) *Ibid.*
52) King Memorandum for the JCS, FF1/A14, Serial 00804, April 1, 1945, Box 270, Section 5, Central Decimal Files, 1942-1945, RG 218. 既述のように，青色地域とは，米国が排他的に基地を使用し，直接防衛を行う地域である。緑色地域は，西半球の防衛にとって必要と考えられる地域である。黒色地域は，青色地域と緑色地域の区別が難しい地域のことであり，米国が諸大国の一員として平和執行の共同責任を持つ地域とされた。
53) ところが，この時期になっても軍の間ではソ連の行動が意味するものについてのコンセンサスは存在していなかった。Colonel Max S. Johnson Memorandum for the Chief, Strategy and Policy Group, OPD, May 7, 1945, Box 611TS, Section 1A, Records of the War Department General and Special Staffs, Office of the Director of Plans & Operations, RG 165.

54) Lefller 1984 : 354.
55) Blum 1973 : 437. 加えて，トルーマンも戦後の国際航空輸送問題を重要な課題として捉えていた。
56) Converse 1984 : 148.
57) *FRUS, 1945*, 1, p.185.
58) Converse 1984 : 148.
59) トルーマンとチャーチルのやり取りについては，Moran 1966 : 293-294 ; Mee 1975 : 103-104.
60) Converse 1984 : 150.
61) *Ibid*.
62) Millis and Duffield 1951 : 76-77.
63) *Ibid*.
64) Converse 1984 : 152.
65) *Ibid*.
66) JCS 1443/1, "Soviet Demands with Respect to Bear Island and the Spitsbergen Archipelago," July 17, 1945, Box 489, file "ABC 386 Spitsbergen," Records of the War Department General and Special Staffs, Office of the Director of Plans & Operations, RG 165. なお，第二次世界大戦中，ベアー島は駆逐艦の補給施設として用いられていた。
67) *Ibid*.
68) Lieutenant General S. D. Embick Memorandum for Mr. J. D. Hickerson, "U.S. Base Facilities in Iceland," June 8, 1945, Box 623, file "ABC 686（6 Nov 43）," Records of the War Department General and Special Staffs, Office of the Director of Plans & Operations, RG 165.
69) Stoler 1982 : 315.
70) Campbell and Herring 1975 : 430.
71) JCS 1443/1, Enclosures "A" and "B", "Soviet Demands with Respect to Bear Island and the Spitsbergen Archipelago," July 17, 1945, Box 489, file "ABC 386 Spitsbergen," Records of the War Department General and Special Staffs, Office of the Director of Plans & Operations, RG 165.
72) Converse 1984 : 154. より引用。
73) Grew 1952 : 1446.
74) U.S. President, *Public Papers of the Presidents of the United States, Harry S. Truman, 1945*, Washington, D.C. : Office of the Federal Register, National Archives and Record Service, 1961, p.203.
75) JCS 1496/3, "United States Military Policy," September 20, 1945, [Enclosure "Basis for the Formulation of a Military Policy"], Box 299, Section 2, file CCS 381（5-13-45）, Central Decimal Files, 1942-1945, RG 218 ; JCS 1518/3, "Strategic Concept and Plan for the Employment of United States Armed Forces," October 9, 1945, Box 299, Section 2, file CCS 381（5-13-45）, RG 218.
76) JCS 1496/3, p.27.

第 3 章　基地システムの拡大計画

77) Friedman 1995 : 50.
78) JCS 477/10, "Statement of Effect of Atomic Weapons on National Security and Military Organization," March 29, 1946, ABC 471.6, Atom (8-17-45), RG 165.
79) Minutes of the JSP 215th Mtg., August 22, 1945, Box 217, file CCS 334 Joint Staff Planners (8-2-45), Central Decimal Files, 1942-1945, RG 218.
80) *Ibid.*
81) JCS 1496/3.
82) JCS 1518/3.
83) JWPCは，1944年7月に設立された統合戦後委員会（Joint POST WAR Committee）を改組したものである。統合戦後委員会は当初，既出のJSP小委員会として発足したものであり，JSSCの下で戦後基地の権利交渉を国務省と一体となって行うことを目的に組織されたものであった。そのJSP小委員会が名前を変えたのが，JPWCである。
84) JWPC 361/4, "Over All Examination of U.S. Requirements for Military Bases," August 25, 1945, Box 271, Section 7, file CCS 360 (12-9-42), Central Decimal Files, 1942-1945, RG 218.
85) G.A.L. Memorandum for Chief Strategy Section, August 26, 1945, Box 611, Section 1A, file "ABC 686 (6 Nov 43)", Records of the War Department General and Special Staffs, Office of the Director of Plans & Operations, RG 165.
86) *Ibid.*
87) Minutes of JSP 217th Mtg., September 1, 1945, Box 217, Section 1, file CCS 334 Joint Staff Planners (8-2-45), Central Decimal Files, 1942-1945, RG 218.
88) Converse 1984 : 164.
89) Chief of Naval Operations to Distribution List, Basic POST WAR Plan No.1, Development Plan, Atlantic Bases, Op-40Y/elg/gms, (SC) A16-3/EN, Serial 091P40, December 5, 1945, Box 1945, file "A16-3/EN (1-10Dec)," Formerly Security Classified General Correspondence of the CNO/Secretary of the Navy, 1940-1947, General Records of the Department of the Navy, 1798-1947, RG 80.
90) Brigadier General C. P. Cabell Memorandum to JSP, September 14, 1945, Box 199, file "Item 4, Section 1," Plans, Policies & Agreements, 1943-1947, Office, Assistant Secretary of War for Air, RG 107.
91) JCS 570/36, "Over-All Examination of U.S. Requirements for Military Bases and Rights," [Enclosure B, Memorandum by the Chief of Staff, U.S. Army], October 8, 1945, Box 272, Section 9, file CCS 360 (12-9-42), Central Decimal Files, 1942-1945, RG 218.
92) JCS 570/40, "Over All Examination of U.S. Requirements for Military Bases and Rights," October 25, 1945, Box 272, Section 9, file CCS 360 (12-9-42), Central Decimal Files, 1942-1945, RG 218.
93) *Ibid.*, p.204.
94) JCS 570/40, pp.205-206.
95) ガダルカナル島とトゥラギ島は二つの別個の島だが，基地の単位としては一つである。
96) JSP 217th Meeting, September 1, 1945, Box 217, file "CCS 334 Joint Staff Planners (8-2-

45)," Central Decimal Files, 1942-1945, RG 218.
97) このような見方は，Schnabel 1979 : 145.
98) JCS 570/40, pp.209, 212-213. ここでいうところの「必要」とは交渉によって獲得できるのであれば獲得が望まれるが，基地システムにとって絶対に必要ではないと考えられるカテゴリーのことである。
99) *FRUS, 1946*, 1, pp.1112-1117.「不可欠」と「必要」に分類された基地と地域とは具体的には次のようなものである。

「不可欠（essential）」：　ガラパゴス諸島，パナマ共和国，アゾレス諸島，マヌス島，カントン島，カーポヴェルデ諸島，アイスランド，グリーンランド，アセンション島。

「必要（required）」：　北アメリカ【アラスカに至るエドモントンからホワイトホースまでのルート，グリーンランドに至るフォートチモからフロービシャー湾までのルート，グース湾（ラブラドル）】，南アメリカ【サリナス（エクアドル），タララ（ペルー），バティスタ・フィールド・フィールド及びサン・フリアン（キューバ），キュラソー及びスリナム（オランダ領ギアナ）】，太平洋【クリッパートン島，クリスマス島，ウポル島（サモア），ボラボラ（トゥアモトゥ諸島），フナフティ（エリス諸島），ヴィティレヴ島（フィジー諸島），タラワ（ギルバート諸島），エスピリトゥサント島（ニューヘブリディーズ諸島），ヌメア（ニューカレドニア），ガダルカナル島－トゥラギ島（ソロモン諸島），ビアク島（ニューギニア），モロタイ島（インドネシア）】，アフリカ【カナリア諸島，カサブランカ－ポールリョーテー（モロッコ），ダカール（セネガル），モンロヴィア（リベリア）】

100) SWNCC 38/22, October 25, 1945, Box 272, Section 9, file CCS 360（12-9-42），Central Decimal Files, 1942-1945, RG 218.
101) SWNCC 38/25, November 8, 1945, Box 273, Section 11, file CCS 360（12-9-42），Central Decimal Files, 1942-1945, RG 218.
102) SWNCC 38/30, February 11, 1946.（*FRUS, 1946*, 1, pp.1142-1145.）
103) 勿論，米国政府全体の認識はそれとは異なっていた。政府は軍事オプションとしての先制攻撃にはあくまでも慎重だったのである。その背景には例えば，当時の米国が核兵器を先行使用してソ連を確実に打倒するのに十分な原子爆弾を保有していないという事情や，核の使用が環境に与える影響への懸念，そして何よりも広島と長崎で核を使用した道義的重荷があった。それらは核の将来的な使用について，高いハードルとなっていたのである。(Gaddis 2004 : 62-3.)
104) U.S. Congress, House Committee on Naval Affairs, *Study of Pacific Bases : A Report by the Subcommittee on Pacific Bases*, 79th Cong., 1st Sess., 1945, pp.1096-1097, 1106, 1110.
105) Friedman 1995 : 80. また，陸軍航空隊における同様の議論は，Smith 1970 : 43, 63.
106) 「クリスマスツリー」とは，クリスマスツリーのように多くの要求がぶら下がっている状況のことである。米国議会において法案に無関係な様々な条項が便乗的に追加される現象はその典型である。(Stockman 1986.)

第4章
拡大政策の頓挫——JCS 570/83（46年〜47年9月）

　本章が扱うのは、戦後の米ソ対立が徐々に顕在化していった1946年から47年9月（JCS 570/83）までの時期である。ここではとりわけ、接受国側の基地に対する態度が米国の基地計画の決定に影響を与える過程に焦点が当てられる。というのも、同時期、戦中にあった基地協定は期限切れを迎え、多くの接受国が米国に基地の撤退を求めるようになっていたからである。

　それとは裏腹に、米国の戦略環境はこの時期悪化の一途をたどった。象徴的には、1946年2月にジョージ・ケナン（George F. Kennan）から「長文電報」が届き、3月にはチャーチルが「鉄のカーテン」演説を行った。地中海では米ソがトルコとギリシャを巡って対立を深め、1947年3月には冷戦の開始を告げる「トルーマン・ドクトリン」が発表された。これらの動きを受けて、米国はソ連との戦争を想定した戦争対処計画（war plan）の立案を開始した。そしてそれと平仄を合わせるように、基地計画はソ連に対する北側からのアプローチ（アイスランド、グリーンランド等々）と南側からのアプローチ（南アジア、中東、北アフリカ）の二つに重点が置かれるようになっていった。基地の目的は冷戦の萌芽を意識した対ソ戦略一本に絞られたのである。ところが、1947年9月にまとめられたJCS 570/83は、前章でみたJCS 570/40と比べ、その規模を大きく縮小していた。

　では、なぜこのようなことが起こったのか。以下では、国務省や軍部、或いは陸軍省、海軍省が他国との交渉をどのように捉えていたのかを考察し、彼らのそのような認識がJCSの最終的な決定に如何にして影響したのかを明らかにする。

第1節　計画の見直し

1）文官側からの批判

　すでに触れたように，JCS 570/40はSWNCCの承認を受けたものであり，その意味では，国務省，陸軍省，海軍省のそれぞれから同意を取り付けたものであった。ところが，計画はまもなく文官の側からの批判に晒されていった。1946年1月，最初の国連総会から帰国したバーンズ国務長官は，ヘンリー・スティムソン（Henry L. Stimson）の後任であるロバート・パターソン（Robert P. Patterson）陸軍長官に対して，JCS 570/40が示した基地要求が過大であるとの認識を伝えた。パターソンはそれに同意し，前年11月に新たに就任したアイゼンハワー陸軍参謀総長に対して「私は，元々の（基地の）一覧表はJCSによって用意されたものの一つに過ぎないと信じている。それは，おそらく過大であるし，陸軍，海軍が支持できる限界を超えた野心的な計画である」（括弧内筆者）と伝えた。

　そのような文官側の態度に軍部は苛立ちを募らせた。例えば，既出のリンカーン陸軍大将は「（我々は）主権を要求しているのではなく，単に離着陸のための権利を要求しているに過ぎない」（括弧内筆者）として，文官側が唱える「過大要求論」を退けた。また，陸軍の企画・作戦部は，バーンズ国務長官に対して同問題に対する陸軍の立場を説明すべく書簡を送った。彼らは基地交渉における困難性を自覚しているとした上で，それでもJCSの要求は主権や排他的権利を要求するものではないと述べ，基地要求が過大であるとの印象を和らげようとした。

　海軍も同様だった。例えば，フォレスタルの側近の一人であったウィリアム・ビーチャー（William Beecher）大佐は「攻撃的戦力を維持していくことこそが最善の防衛策」であり，計画通りに基地計画を進めていくことが望ましいと主張した。ビーチャーにとって，海軍戦略の要は，敵の攻撃が米国本土に到達する前に，海軍の航空戦力が効果的な攻撃を仕掛けることにあった。海外基地はそのための手段としてどうしても不可欠だったのである。

　交渉の困難性　ところが，そのような軍部の主張とは対照的に，交渉での

第 4 章　拡大政策の頓挫

　諸外国の反応は冷ややかだった。例えば，1945年11月，米国は英国に対して，ポルトガルにアゾレス諸島及びカーボヴェルデ諸島の基地権を要求する際の助力を請うた。ところが，アーネスト・ベヴィン（Ernest Bevin）英外相は，駐米英国大使のハリファックス卿（Edward Fvederick Lindley Wood. Eorl of Halifax）に対して，それらの地域に基地を置くことは「世界平和にとって好ましくない」との意向を伝えた。また，1944年1月，駐米オーストラリア大使のアラン・ワット（Alan Watt）は「この国で何らかの冷酷な帝国主義的態度が展開している兆候がある」と本国に打電していた。

　拡大に対する慎重論　欧州での基地交渉の困難性は，1945年以降の基地計画の進捗状況からも察することができた。1945年4月，欧州戦略空軍（United States Strategic Air Force in Europe）司令官であったカール・スパーツ（Carl Spaatz）大将は空軍の欧州展開についての計画である『周辺基地計画（Periphery Base Plan）』の作成に当たっていた。同計画は，米国がドイツとオーストリア，そしてイタリア，フランス，デンマーク，ノルウェーを結ぶように空軍基地の輪を形成することを提案するものであった。しかし，1945年の夏以降，国務省を中心とする文官はそれに異を唱えるようになり，それに伴って，同計画の実現性は低下していった。例えば1945年6月，グルー国務次官は，ノルウェーとデンマークへの基地展開は「ソ連へのドアを開くもの」と指摘し，政治的見地からは，たとえ「占領期間中であってもスカンジナビア半島に基地を獲得することには強く反対する」と述べた。その後，1946年8月に米国の駐ノルウェー大使は，ノルウェーに空軍基地が設置されれば，ノルウェー人はそれをソ連が望まない問題として捉えることになるとの見方を国務省に伝えた。それを受けた国務省は軍部に対してノルウェーに対する要求を再検討するよう要請し，ほどなく計画は取り下げられた。

　そのような中，太平洋艦隊司令長官のレイモンド・スプルーアンス（Raymond Spruance）提督もJCS 570/40への批判に加わった。彼は予てより太平洋における基地を削減すべきとの立場をとっていた。スプルーアンスは，戦後，米国は沖縄や台湾に基地を設けるべきではなく，さらに同地域に大規模な艦船を駐留させるべきではないとも述べていた。彼は太平洋に基地を展開すれば，ソ連は間違いなくそれを脅威と見做すと考えていた。彼にとって，米国の東アジア

地域での真の任務は戦争によって生じた問題を解決することにあり，新たな戦争を誘発することにはなかったのである。[13]

基地の撤収と基地協定　ちなみに，戦中に展開された基地の中で，戦後に不要と判断された基地の撤収が開始されたのもちょうどこの頃である。1946年2月13日，JSPは『諸外国領土における基地からの米軍兵力の撤退』と題したJSP 784を提出した。[14]この中でJSPは軍事的見地から，当時進められていた海外からの兵力及び基地の撤退について，それが行われて然るべき場所と，そうでない場所（つまり今後も基地を展開していかなくてはならない場所）を分離した。

JSPの分析は基本的には先のJCS 570/40に基づいていた。彼らは，JCS 570/40で「不可欠（essential）」及び「必要（required）」と判断された基地（例えばアイスランドやグリーンランド，アゾレス諸島，パナマ等）には今後も兵力を維持すべきとした一方で，そうでない基地343か所からは即座に撤退するよう勧告した。撤退可能な地域としては，英国が最も多く116か所，次いでカナダの67か所，そしてインドが49か所であった（それ以外では例えば，オーストラリアが22か所，オランダが10か所，エジプトが5か所）。[15]

他方で，今後も維持する必要のある基地については，米国が直面している基地協定上の問題が指摘された。というのも，戦中に米国が獲得していた基地のほとんどは，既述のように政府間の公式協定によってではなく，軍，或いは現地の有力者との間で結ばれた（ときに非公式な）協定によって担保されたものだったからである。[16]例えば，公式，非公式を問わず，何らの協定も締結せずに基地を展開していたケースとしては，ビアク島（オランダ領東インド），ハバニヤ（イラク），LGH-5（ヨルダン），シンガポール（英国）などがあり，非公式協定の例としては，ラングーン（ビルマ），サイゴン（仏領インドシナ）等があった。

戦中，米国が接受国との間で締結した協定には撤退に関する条項も含まれていた。そしてそれは「戦争終結後即座に」（例えば，アルバ島，スリナム）というものから，「和平条約締結から1年後」（例えばパナマ）というものまでバリエーションがあった。JSPは米国が「そのような協定に拘束される道義的責任[17]」を有していることを認めた上で，JCS 570/40で示された戦略性の高い基

地については，協定を延長するか，新たに基地交渉を行っていく必要があると指摘した[18]。

基地リストの削減―国際協調と予算制約　その最中の1946年2月20日，フォレスタル海軍長官はアイゼンハワー陸軍参謀総長とキングから代わったニミッツ海軍作戦部長に対してJCS 570/40で示された基地リストを削減することを提案した[19]。程なくして，バーンズ国務長官とフォレスタル海軍長官，そしてパターソン陸軍長官は会談を持ち，費用と人員の問題に鑑みて基地要求を削減することで合意した。

もっとも，彼らの思惑はそれぞれ異なっていた。バーンズは主に米国の基地要求が諸外国の反発を招き，戦後の国際協調の足並みを崩すことを懸念していた。他方，フォレスタルとパターソンは基地システムを維持するための費用を重くみていた。そのため，基地要求のどこを削るかという問題は，各省庁の利害が交錯する厄介な問題となった。しかもこの時期，基地政策の音頭を取っていたのは（それまでとは異なり）国務省であった。そこにはトルーマンの政策決定スタイルが反映されていた。トルーマンはローズヴェルトとは異なり，外交問題の中心アクターはあくまでも国務省と考えていた。そのため1946年以降，基地計画に対する国務省の影響力は高まり，基地の削減問題についても例外ではなかった。結局この問題は，国務省で基地交渉を担当していたフレッド・サールズ（Fred Searles, Jr.）と，陸軍のハル少将，そして海軍のフォレスト・シャーマン（Forrest P. Sherman）海軍作戦部次長（1949年より海軍作戦部長）が共同で当たることになった[20]。

インドの基地―対ソ戦略　サールズは赤道以南の太平洋の基地にはほとんど戦略的価値がないとみていた（但し，フォレスタルとパターソンはそれに異を唱えていた[21]）。サールズにとって，南太平洋の基地は対日戦を想定した場合にのみ有益であり，ソ連の脅威に対抗するにはほとんど無意味だった。むしろ彼はインド，特にカラチ（1947年以降はパキスタン）とカルカッタの飛行場の権利を獲得すべきと主張していた。彼は「もし我々がインドの飛行場を獲得したことを（スターリンが）知れば，その事実は国連憲章の存在よりもはるかに彼（スターリン）を抑止するものになるであろう[22]」（括弧内筆者）と述べ，その戦略性の高さを評価した。

サールズの議論の妥当性を確信したバーンズは，1946年1月，ベヴィン英外相に対して米軍がインドの飛行場を使用できるように，インドを説得してもらえないか打診した。しかし，ベヴィンはインドに対するそのようなアプローチは得策ではないと判断していた（この点は，先に述べた，アゾレス諸島について協力を打診したときの反応と同様である）。ベヴィンから前向きな回答を得られなかった国務省は英国に期待することを止め，インドと直接交渉を行うための準備を開始した。

米国がインドと直接交渉を行うことを決めた理由は他にもあった。ソ連の意図と行動に関する悲観的な分析を行ったケナンの長文電報が届くのはそれから間もなくのこと（1946年2月22日）であり，さらに1946年3月5日にはチャーチルが「鉄のカーテン」演説を行うなど，米ソの対立構造の出現がほぼ決定的となっていた。バーンズやサールズが南アジア地域での基地獲得に乗り出した背景には，そうした事情もあったのである。

さらにこの頃，陸軍省は南アジアに加えて，アフリカから中東に至る地域を対ソ戦略上の重要拠点と考えるようになっていた。1946年2月，陸軍のH. オーランド（H. W. Aurand）大将は，陸軍長官の指令の下，北アフリカとサウジアラビアに七つの飛行場の恒久的使用権を獲得する準備を進めていた。JCSも陸軍省と同様，北アフリカからインドに至るルートの重要性を高く評価するようになっていた。ここにきて政策決定者は，計画の重心をそれまでの北大西洋ではなく，南アジアや北アフリカといったソ連の南側へと移行しつつあったのである。

2) JCS 570/62の策定

1946年3月22日，参謀総長らはJSPに対して，JCS 570/40を見直して，基地要求を「絶対的な最小値（the absolute minimum）」にまで削減するよう指示した。見直しは，数次にわたって行われ（JSP 684/17, JSP684/18），それは1946年5月15日にJCS 570/62として結実した。

交渉の暗雲と要求の緩和 JCS 570/62には，前回のJCS 570/40と比べて大きな変更があった。それは多くの国が主権を再主張し，米軍の撤退を求めている事実が考慮されていた点であった。このことは，現下の基地交渉に暗

第 4 章　拡大政策の頓挫

雲が立ち込めていることをJCSが公に認めたものでもあった。そのため，JCS 570/62の主たる目的は，交渉での要求レベルを緩和することにあった。JCSは国務省や陸・海軍省が「基地」と「権利」の違いを理解していないとして，その区別を次のように説明した。彼らはそれが他国の誤解を生んでいる理由の一つと考えたのである。

> JCS 570/40において使用された軍事権（military rights）の語は，恒久的な基地，或いは平時及び有事の際の航空機，海軍艦船の駐留を指すものではない。必要時にのみ権利を行使する『権利』と，実際の『基地（establishment, garrisoning, maintenance of bases）』は明確に区別されるものである[29]。

　JCSは自身の要求のほとんどがこの「権利」に該当するものであり，国務省はそれを接受国側にきちんと説明していないのではないかとの疑念を持っていた[30]。とはいえ，基地のコントロールの次元を巡っては，軍の中でも意見が割れていた。海軍の新たな政治軍事問題担当作戦部次長補（Assistant Chief of Naval Operations for Political Military Affairs）であり，国務省の基地交渉を補佐していた，R. L. デニソン（R. L. Dennison）大佐は，海軍に対して「我々が要求している複数の基地の『管理権（right of control）』は見直されるべきである[31]」と主張した。それもあって，JCS 570/62では如何なる場合も他国に「排他的」権利を要求しないことが提案された（但し，分類の基準としては残された[32]）。それによって，米国が基地を管理するに当たっては「合同（joint）」，すなわち軍事目的に限って，接受国と共同で施設を使用する権利が最大の要求となった。
　それに付随して，先の計画で「不可欠」，或いは「必要」とされた基地リストの中身は大きく変更された。例えば，南太平洋のカントン島とマヌス島，大西洋のアセンション島とカーボヴェルデ諸島が「不可欠」から「必要」へと格下げされた。対照的に，カサブランカ－ポールリョーテーは「不可欠」へと格上げされた。また，クリッパートン島，ボラボラ島，台湾は新たなリストから外された。それは，JCSが戦後基地計画の縮小に手をつけた最初の行動であった。クリッパートン島とボラボラが外されたことは，この時期になって軍部，特に

114

海軍が南太平洋を重視しなくなったことを象徴するものであった（但し、陸軍は1946年8月の時点でも南太平洋を重視していた）。[33]

結局、JCS 570/62で要求された基地は、先の計画の半分にも満たない30にまで減っていた。「不可欠」とされたのは、アイスランド、グリーンランド、アゾレス諸島、カサブランカ-ポールリョーテー、ガラパゴス諸島、パナマの航空基地、のわずか六つであった。残された「必要」の24か所については、「もし獲得できるのであれば望まれる」とされるに留まった。そして、それらを獲得するために米国が交渉を行わなくてはならない国と地域は、オーストラリア、英国、フランス、ニュージーランド、ポルトガル、スペイン、デンマーク、エクアドル、オランダ、ペルー、キューバ、リベリア、ニューファンドランドと膨大だった。

このようにJCSは1946年の中頃までに、南太平洋の赤道以南の基地を不要と判断するようになっていた。そこには戦略的な判断が働いていたこと以上に、接受国側の基地に対する否定的な態度が影響していた。国務省は海外における米軍の基地権要求が帝国主義の誹りを招くことに強い危惧を持っていた。彼らは南太平洋での基地要求を取り下げることは、戦略的に意義がある以上に、政治的に適切と考えていたのである。

第2節　ソ連の行動と地中海

米ソ対立　1945年から47年にかけて、米国とソ連は中東と欧州の南側地域で対立を深めていた。歴史的にみれば、同地域は英国とソ連が覇権を争った地域であった。しかし第二次世界大戦後、英国は国力のほとんどを失い、もはや地中海でソ連の伸長を食い止める役割を担うことができなくなっていた。そのため、米国（とりわけ軍部）はそれまでの英国に代わって、同地域へのソ連の進出を抑止しなくてはならなくなっていた。[34]

トルコ危機　米ソ対立の芽は至る所でみられた。1946年8月、ソ連はモントルー決議（海峡制度に関する条約、1936年）を引き合いに出して、当時トルコが管理していたダーダネルス海峡に対するソ連側の管理権を主張し始め

た。ソ連はトルコが単独でダーダネルス海峡を管理するのではなく「トルコをはじめとする黒海沿岸の諸国家の行動監督下に置く制度」を創ることを提案し，その上でトルコとソ連が「海峡防衛のための方策を共同で組織する」ことを求めた。それに対して，米国のエドウィン・ウィルソン（Edwin C. Wilson）在トルコ大使はアンカラから次のような電報を打った[35]。

> （ソ連の目的は）トルコの独立を侵すために海峡問題を利用し，トルコに友好政権を作り上げることで，ただ一つ残された隙間を埋め，バルト海から黒海に続くソ連衛星国家群の帯を完成させることにある。……トルコの独立は米国の死活的利益となっている。もしトルコがソ連の支配下に落ちたら，ペルシャ湾とスエズへのソ連の進出を阻む最後の砦は取り除かれ，ソ連はその誘惑に打ち克つことはできなくなるだろう[36]。（括弧内筆者）

JCSはこの問題に対して次のような見解を示した[37]。ソ連が海峡防衛に参加することは，同地域での橋頭堡を手にすることを意味するものである。しかも，ソ連はそれをすぐに強固なものに変えることができ，ひとたびそうした事態に陥れば，ソ連に対するトルコの態度は宥和的になり，結局トルコはソ連の衛星国になってしまうであろう。そうなればソ連はいざ戦争というときに，おそらく東地中海と中東の全域を支配することになろう。

　以上のような認識を示した上で，JCSはトルーマン大統領に対して，トルコに対する軍事顧問団の派遣と経済，軍事援助の実施を求めた[38]。米国はソ連の要求に公式に抗議し，トルーマン大統領は東地中海に戦艦ミズーリを（象徴的に）派遣する計画を承認した（但し，軍部は同地域に恒久的に海軍を展開するよう主張していた）[39]。

ギリシャ危機とトルーマン・ドクトリン　トルコ危機で米ソが緊張するなか，今度は1947年初頭，ギリシャ内戦の背後にソ連の存在があったとの報告がワシントンに届けられた。ギリシャでの反政府組織に対するソ連側の働きかけには「ソ連に忠実な政府をギリシャに樹立する」というソ連側の意図があるとされたのである[40]。この知らせは，英国がギリシャ政府への援助計画の中止を決定したことと相まって，米国の政策決定者を動揺させた。1947年3月12日，

トルーマンは米国議会に対してギリシャとトルコに4億ドルの経済援助を行うよう求めた。トルーマンはそれを「武装した少数民族や外部の圧力による征服に抵抗する自由を愛する人々を支援するために米国がとらなくてはならない政策」[41]と説明したのである。

　この所謂, トルーマン・ドクトリンは, 大統領がソ連との世界的な闘争に関与することを宣言したに等しいインパクトを持った[42]。同時にそれは, 東欧から地中海に至る地域の基地の戦略的重要性を格段に高めるものでもあった。もし当該地域に基地が無ければ, 米国の戦略を実行することは不可能であったし, ソ連に対する軍事制裁の脅しは意味をなさないと考えられたからである[43]。

　また, ソ連はスピッツベルゲン諸島とベアー島での基地展開を模索する傍ら, 地中海と北アフリカへの進出も計画していた。1945年9月に開かれたロンドンでの外相会談の席で, ソ連はトリポリタニアの単独信託統治を要求してきた[44]。当然, 米国と英国はそれに揃って反対した。ベヴィン英外相は1945年10月1日, ソ連外相のヴャチェスラフ・モロトフ（Vyacheslav Molotov）に対して, 英国はソ連がトリポリタニアを「軍事目的による基地」として使用しようとしていることを知っていると伝えたとき, モロトフはそれを否定しなかった[45]。このことは, ソ連が彼らの戦略フロンティアを東ヨーロッパだけでなく, 北極地域や地中海にまで伸張しようとしていることを示唆するものであった。

第3節　戦争対処計画

　そのような戦略環境の悪化を受けて, JCSは米軍が対ソ戦争で如何なる役割を果たし得るかを規定する『戦争対処計画（Contingency War Plans）』の研究を開始した[46]。但し, 初代国防長官であったフォレスタルは1948年の春になるまで戦争対処計画と基地計画を明示的に結合するよう, 国防総省に指示を出すことはなかった。基地計画と, より一般的な計画である戦争対処計画は, それぞれ別に策定されていたのである。

対ソ戦略概念と対ソ基地システム　　戦争対処計画は, 「ピンチャー（Pincher）」と名付けられた[47]。そこでは, ソ連が軍事行動を起こすと予想される地域が特定

第 4 章　拡大政策の頓挫

され，それに基づいた米軍の反撃オプションが示された。1947年7月16日に提出された戦略概念（JWPC 496）で，それは以下のように具体化された。

> 米国はソ連とその衛星国の敵対的能力を破壊するために，西ユーラシアで攻撃力を維持し，東アジアで積極的防衛を行う。まず，英国とカイロ―スエズ地域，そして大西洋諸島の安全を図るべく，航空及び海軍基地を守るための適切な軍事作戦を行う。そして同盟国に不可欠な支援を提供する。ソ連の軍事力に対して最大の戦略航空爆撃を行う。海と空の不可欠な兵站線を守るために，ベーリング海を守り，日本海と黄海を防衛する[48]。

そこで示された米軍による反撃の核心は，西ユーラシアからの戦略航空攻撃にあった。そのため，同地域での航空基地の選定は重要な問題であった。1947年1月，上院軍事委員会（Armed Forces Committee）の非公開会議において，海軍のシャーマン提督は「我々の基本的な考え方としては，ロシアに対する最初の反撃の手段は，英国，スエズ，そしておそらくインドからの戦略航空攻撃によって構成されることになるであろう[49]」と述べた。

　英国の航空基地が魅力的な理由はいくつかあった。この点，第6章でも詳しく論じるが，1946年2月，米軍は英国本土から全面的に撤退した。しかし，それからしばらく経った同年の7月には，所謂「スパーツ・テッダー協定」（既出のカール・スパーツ米戦略空軍欧州方面指令官とアーサー・テッダー（Sir Arthur Teddar）英空軍参謀長の会談での協定）によって基地の再展開に合意した。それは1946年6月10日，JCSが英国を対ソ戦略攻撃の「要石」と位置付けたことと無縁ではなかった。英国の基地からであれば，B-29は西ヨーロッパ全土，及びモスクワへの攻撃が可能になると考えられたのである。

　しかし，英国の基地には欠点もあった。まず，英国特有の天候状態の悪さはときに航空作戦の障害となった。また，戦争が開始されれば，ソ連は大陸に侵攻することが予想されたため，英国からの航空作戦はソ連が進駐した地域を跨いで行わなくてはならなかった。さらに，当時B-29は10,000ポンドから15,000ポンドの爆弾搭載量しかなく，1,500マイルから2,000マイルの範囲でしか作戦を行うことができなかった。それは，バクー（Baku）（アゼルバイジャンの首

都でカスピ海西岸に位置する産油の中心地）やウラル山脈東側の工業地帯が，B-29の射程外となることを意味した[50]。この点，JCSも一連の戦争対処計画の中で「ソ連の軍事力の重要な要素に向けた戦略航空攻撃を維持するために，英国，大西洋諸島，そしてその他の地域は十分な基地を提供するものではない」[51]ことを認めていた。

　それもあって，米国にとってソ連の南側国境に近い基地は，英国の不利を相殺できるものとして魅力的だった。レニングラードやソ連北西部を除いた主要都市は，エジプトやインドの航空基地から攻撃が可能であった[52]。エジプト及びインド北西部の基地はこのような理由から獲得が望まれる基地であったが，同地域での基地交渉は殊更に難航していた。さらに，エジプトの飛行場もインドの飛行場も共にB-29が使用できるものであったが，エジプトの飛行場から戦略航空作戦を行うには多くの改修が必要とされた。加えて，それら基地から行われる作戦の実効性は常に接受国の不安定な政情に影響されることが必至であった[53]。何れにせよ，同時期の基地計画の焦点は徐々に北極，北大西洋，英国，アフリカ，南アジアへと移行していったのである。

第4節　JCS 570/83

1）JCS 570/83

基地交渉の難航と予算制約―計画縮小の要因　　戦争対処計画の進捗を受けて，1947年2月以降，参謀総長らは基地計画のさらなる見直しを行う必要性を認めるようになった。彼らは，新たな基地計画を策定するに当たっては，とりわけ「予算との整合性」と「現在の基地交渉の状態」を勘案するようJCSに指示した[54]。それは1946年以降，一貫して難航を続けた基地交渉の問題が基地計画にいよいよ無視できない影響力を持つようになったことを示すものであった。

　1947年8月12日，JCSは改定作業に6か月を費やした新たな基地計画，JCS 570/83を承認し，9月6日にSWNCCの承認を得て，国務省に提出した[55]。JCS 570/83では，総計53の，主要基地（primary），補助的基地（subsidiary），通過基地（transit base），基地地域（base area）からなる基地システムが提案

第4章　拡大政策の頓挫

地図3

JCS 570/83

●：主要基地地域
◎：補助的基地地域

された[56]。そこでは，JCS 570/40にあった二次的基地（secondary）とマイナー基地（minor）の分類はなくなっていた。先のJCS 570/40で，70の基地を要求していたことを考えれば，JCS 570/83はそこから大きく後退したものとなっていた。

地図3は，計画で示された主要基地地域を●として，また補助的基地地域を◎として示したものである。九つ指定された主要基地地域は，ハワイ，マリアナ諸島−小笠原諸島，沖縄，アラスカとアリューシャン列島，カナダ，ニューファンドランドとラブラドル，グリーンランドとアイスランド，アゾレス諸島，カリブ海とパナマであった。JCS 570/83では，ソ連によるスピッツベルゲン諸島とベアー島での基地獲得を阻止しようとしたこともあって，先の計画にあったアイスランドだけでなく，ソ連の工業地帯に近接していたグリーンランドも重爆撃機のための主要基地として位置付けられた。

15の補助的基地は，南大西洋と西大西洋，そして太平洋地域に指定された。29の通過基地は主として北アフリカと中東，そして南アジア・ルート，そして南米北部の航空基地が指定された。兵力は平時においては主要基地，補助的基地（或いはそれらの地域）にのみ駐留することが謳われた[57]。同計画では，主要，補助的，通過のカテゴリーの他にも多くの場所が「戦略基地地域」に指定された。それは「他国による軍事展開を拒絶し制約するための監視を継続する[58]」地域として定義されるものであった。欧州北西部，英国，南米，日本，北アフリカと中東の全ての地域を囲む地帯，そして南・中央太平洋からオランダ領東インドとそこからマレー半島を通る地域がそれに該当した。加えて，JCSは，指定される基地地域を「必要（required）」と「望ましい（desired）」の二つに分類し，その優先順位に基づいて交渉に当たるよう国務省に求めた[59]。

では，このようなJCS 570/83の決定に，参謀総長らが注視していた，「軍事予算の削減」と「交渉の難航」という二つの要因はどのような影響を与えていたのか。

2）軍事予算の削減

1947年8月の時点で，JCSは将来的な連邦政府予算を，年180億ドルと見積もり，そのうちの軍事予算を21億ドルから40億ドルと予測していた（ちなみに，

JCS 570/40では50億ドルと見積もっていた[60]。予算の見積もりが下方修正されたことで,より効率的な基地の配置が求められるようになったことは当然であった。この点,JCSも「基地に展開する軍事力は人員と予算の観点から明らかに限界がある……したがって,それら基地の中で米国の防衛と初期の攻撃にとって不可欠であると考えられる優先順位の高いものが建設されるべきである[61]」との認識を示していた。例えば,陸軍兵力は1945年6月時点の1212万922人から,1947年6月には,155万9,270人まで削減されていた。

　予算の問題は,軍部にとっても看過することのできないものであった。例えば,1946年7月,既出のハル陸軍少将は,予算の観点から100名の部隊を硫黄島から撤退させることを提案した[62]。硫黄島は日本からもマリアナ諸島からも近く,有事にはそれらの代替基地から十分に対応できると判断されたためであった。また8月には,クック諸島にあるペンリン環礁とアイツタキ環礁,ソロモン諸島のガダルカナル島,ニューヘブリディーズ諸島のエスピリトゥサント島,ニューカレドニア,フィジーから500名以上の陸軍部隊を撤退することを提案した[63]。同様に,マーシャル諸島のクワジャリン,ギルバート諸島のタラワ,カントン島,クリスマス島などの南太平洋基地からの早期撤退も唱えるようになっていた[64]。

　アクセス権の確保　ところが,彼は撤退の条件として,それら島々に1名の陸軍将校を残しておく必要性を主張した。というのもハルは,海外基地や施設はそれ自体が米国の利益を象徴するものであり,米国の権利を何らかの形で主張し続けていかなくてはならないと考えていたからである[65]。そこで彼は1946年9月,陸軍省に対して民間輸送,或いは民間航空の名目で南太平洋基地を存続させることを提案した[66]。つまり,より多くの軍事予算を必要とする大規模な部隊の展開は控えつつ,民間用飛行場を開設(或いは賃借)することで,同地域へのアクセス権だけを残しておこうと考えたのである。このような考え方は,ハルだけにみられたものではなく,JCSも同様であった。JCSはミクロネシア地域に基地を建設することは,予算の観点から困難であり,権利だけを確保しておくことが適切と考えていたのである[67]。

　このように,予算の問題がJCS 570/83の決定に影響を与えていたことは間違いない。但し,注意しなくてはならないのは,前回のJCS 570/40の段階でも,

予算の問題は計画に一定の影響を与えていたということである(にもかかわらず，計画の規模は拡大した)。繰り返せば，JCS 570/40では，それほど費用のかからない基地権のみを要求することで接受国の数と基地の地理的範囲が拡大した。しかし，JCS 570/83では接受国の数，すなわち権利を獲得する国の数も，或いはその地理的範囲も大幅に縮減されたのである。果たして，両者の違いは予算の問題だけで説明されるのだろうか。

第5節　基地交渉の難航——詳述

すでに触れたように，大戦中，米国と接受国との間では脅威が去った後の撤退期限を定めた協定が結ばれていた。しかしその多くは，両国の軍の間の取り決めや，現地の有力者との協約に基づくものであり，その法的拘束力や厳密性にはバリエーションがあった。そのため，多くの接受国は日本が降伏文書に調印した1945年9月2日を戦争終結の日と解釈し，46年の春頃には，基地協定の定めに則って基地を早期に撤収することを期待するようになっていた。[68]

動員解除と基地交渉　時を同じくして，米国内では動員解除の動きも進んでいた。米軍は駐留の必要性が減じられた基地や地域から徐々に撤退を開始していた。しかしながら，動員解除の動きが戦後の基地交渉の妨げになると判断した参謀総長らはそれに待ったをかけた。彼らは，いったん基地から撤退してしまえば，以後の基地交渉で米国が不利な立場に立たされると判断していた。それはJCS 570/40で「不可欠」，或いは「必要」と分類されたにもかかわらず，未だ戦後の基地権を確保できていない地域であれば尚更であった。

そこで参謀総長らは国務省に対して，基地協定によって明示された撤退期限が来るまでに基地交渉を完了するよう強く求めた。そして，もし現行協定の期限までに長期の基地権を獲得できない場合は，少なくとも暫定協定によって軍が基地に留まる必要があると述べた。[69] 基地に米軍が駐留し続けることが，その後の基地交渉をまとめるための梃子になると考えられたのである。

JCSは議会や世論が求める動員解除を進めれば基地交渉に悪影響が出ようし，逆に基地交渉を進めるために動員解除を遅らせれば，議会や世論の反発を受け

かねないというディレンマに直面していた。そこで彼らは国務省に対して，米軍がいつ撤退しても基地交渉に影響しないと考えられる基地とその地域を示したリストを陸・海軍省に提出するよう要請した。軍の撤退は，あくまでも今後の基地交渉の行方を勘案しなくても良い地域から優先的に行われるべきと考えられたのである。[70]

では，世界中で米国の基地交渉を阻んだ要因とは何だったのか。1947年1月16日，国務省の欧州問題担当局長（Director of the State Department's Office of European Affairs）のジョン・ヒッカーソン（John D. Hickerson）はマーシャル国務長官に対して，基地交渉が世界中で「大きな困難」に直面していると伝えた。[71] ヒッカーソンはその理由について，英国外相ベヴィンがバーンズに伝えたこととして，1）米国が長期的な基地権を模索することは米国自身が国連を信頼していないことを示すことになる，2）そしてそのような行動はソ連のダーダネルス海峡，或いは東ヨーロッパ，そしてスカンジナビアでの基地獲得の動きを加速させることになる，の2点を挙げた。その上で彼はマーシャルに対して「我々（国務省）は多くの場所で，長期的な基地権を確保する試みを延期せざるを得なかった」（括弧内筆者）と告げた。[72] 実際，基地交渉はこの時期，多くの困難に直面していた。以下，戦後の基地計画でその重要性が指摘されていたにもかかわらず，交渉が殊更に難航していた典型的なケースとして，グリーンランド，アイスランド，英国，北アフリカ，アゾレス諸島の例をみてみよう。

1）グリーンランド

米国が戦略的重要性を高く評価していたグリーンランドに関するデンマーク政府との交渉は1946年以降，何の進展もみていなかった（この点，第7章で詳述）。戦中のグリーンランドにおける基地使用を定めた1941年4月の行政協定第10条によれば，同協定は米国大陸の平和と安全に対する眼下の脅威が消滅したと合意されるまで効力を持つものであった。そして，一方の国との協議が行われ，協定の変更或いは破棄に関する合意が得られない場合，12か月前の通告をもって，もう一方の国が協定を終了させる権利を持つことが定められていた。そのため，デンマーク政府は，戦争終結後の1945年10月には早くも米国側に基地からの撤退を要請した。[73] しかし，米国はこれに応じず，基地の長期使用の可

能性について検討を重ねた。1946年6月,パターソン陸軍長官はバーンズ国務長官に対して,グリーンランドをデンマークから購入（purchase）すべきであると提案した[74]。9月には,参謀総長らも公式にバーンズに対してそのような申し出を行った[75]。それを受けたバーンズはニューヨークで行われた12月の国連会合の場でデンマークの外相にそれを申し出たが,即座に断られた。そして1947年5月,デンマーク側は公式に米国に対して行政協定第10条に基づく両国間協議（つまり撤退に関する協議）の開始を要請したのである。

2) アイスランド

グリーンランドと同じく,戦後の基地計画でその戦略的重要性が評価されていたアイスランドでも基地の存続には強い反発があった。米国が最初にアイスランドに基地を展開したのは1941年7月1日のことであった。それは戦時協力の一環として位置付けられたものであった。協定締結当時,米国はアイスランド政府との交換公文において「現在の国際的緊急事態が終結し次第即座に」全ての陸・海軍は撤退し,「アイスランド国民及び政府に対して領土の完全なる主権を返還する」ことを約束していた[76]。ところが戦争終結後,米国はアイスランドの基地を維持する方針を固め,アイスランド政府との間で,クヴァルフィヨルド（Hvalfjord）海軍基地,ケフラビーク,レイキャビクの両航空基地に関する交渉を開始した[77]。しかし,アイスランド政府はそれに応じず,1946年の末になって,ようやく米国の民間航空会社が5年間,ミークス飛行場を使用することで合意し,米国はかろうじてアイスランドでの航空機の離着陸を許された[78]。米国はアイスランド国民の反発を抑えるために,基地の「民間使用」という名目を用いざるを得なかったのである。

3) 英国

既述のように,米国は戦後になっても一部の英領に基地を維持することを望んでいた。しかし,そのような要請は英国側にことごとく拒否された。例えば,1946年4月,バーンズ国務長官は太平洋の25の島々（18が英領,七つがニュージーランド領）の主権を譲渡するよう英国側に要請した。駐米英国大使ハリファックス卿は,ベヴィン英外相に対して,ギルバート諸島のタラワ島,ソロ

モン諸島のガダルカナル島とトゥラギ島，及びフィジー諸島にある基地を，米国との共同の軍事施設とする案を提示したが，ベヴィンはそれを拒否した。アセンション島についても同様であった。米国は，アセンション島においては，戦争終結後6か月以内に軍を撤退させることを約束していた。しかし，同島の戦略的重要性は減じ得ないと判断したバーンズは1945年11月，ベヴィンに対してアセンション島を含めた英領での駐留継続を要請する書簡を送った。しかし，バーンズの提案は受け入れられず，米軍は1945年中に同島からの撤退を余儀なくされた。[79]

4) 北アフリカ及びフランス

米国はフランスとの間でも，北アフリカの基地の処遇を巡って亀裂を深めていた。大戦中，米国はフランス国内だけでなく，フランス領のモロッコ，アルジェリア，チュニジア，西アフリカに基地を展開していた。[80] それらの基地は，亡命仏政府との間で締結された戦時協定によって使用を許されたものであった。例えば，1942年11月には北アフリカの，そして1943年9月にはダカールの海軍基地に関する協定が締結された。また，1944年8月にはフランス領に駐留する米軍の法的地位や基地使用に関する協定も締結された。しかし，そこで結ばれた協定は行政，司法管轄権についてフランス側の主権を著しく侵害するものであったため，フランス国内からは批判が噴出していた。[81] そのため，フランス政府は戦後（1945年11月），フランス領に駐留する米軍の即時撤退を求めた。[82] 一方，米国は特定の飛行場，特にダカールとカサブランカの返還をできるだけ先送りにしたかった。しかし米軍による主権侵害を重くみたビドー仏外相は1946年11月20日，ジェファーソン・キャフェリー（Jefferson Caffery）駐仏米国全権大使に対して，陸軍航空隊が駐留するオルリー（パリの南南東郊外の町）の基地協定はすでに無効であると伝え，米国側に再度撤退を求めた。[83] そのような状況は，ポールリョーテーでも同じであった。

5) アゾレス諸島

1943年以降，一貫してその戦略的重要性が指摘されていたアゾレスでも交渉は難航していた。[84] 大戦中，アゾレスは戦争の遂行にかかわる物資と兵力を欧

州に運ぶための戦略的要衝であった。米国は戦中，ポルトガルに対して繰り返しアゾレスの軍事使用を認めるよう要請したが，頑なに中立を主張するポルトガル政府は首を縦に振らなかった。しかも，ポルトガル大統領アントニオ・サラザール（António de Oliveira Salazar）は反米主義者として知られていた。1943年10月25日，国務省のポルトガル担当であったジョージ・ケナンはリスボンでサラザールと会談し，ポルトガル政府が英国に貸与しているアゾレスの施設を米国が共同使用できないか打診したが，拒否された。

その後，英国側の後押しもあって，米国は条件付きながらアゾレスの使用を認められた（1943年12月1日）。その条件とは米国の爆撃機が英国の爆撃機を装って使用するというものであった。その後も続けられた米国とポルトガルの交渉は1944年11月28日に妥結し，ポルトガルが連合国の作戦に間接的に協力することが合意された。それに伴って，米国はサンタマリア航空基地の使用が認められることとなった[85]。但し，同協定はあくまでも一時的な戦時協力を約束したものであり，その期限は1年半という短いものであった。

米国は戦争終結後もアゾレスを重視していたため，既存の協定を更新し，基地の長期使用を図りたいと考えたが，ポルトガル政府はそれに応じなかった。米国務省は協定の期限切れ（1946年3月2日）が間近に迫った46年2月，ポルトガル政府に対して協定の3か月延長を申し出て，ポルトガル側は渋々それに同意した。結局，両国の間にはその後も長期的な基地協定が結ばれることはなく，1947年12月2日にそれは失効し，米国はアゾレスでの駐留根拠を失った[86]。

このような困難が生じていたのは欧州だけではなかった。米国が予てから「裏庭」と捉えてきたカリブ海でも同様だった。すでに触れたように，1947年12月，パナマの国民議会は，全会一致で基地協定の批准を否決した[87]。それによって，米国はそれまで戦略的に重視してきたパナマ（運河以外の領域）での基地展開を断念せざるを得なかったのである。

交渉進展の試み　そのような状況を受けて，JCSは次第に国務省に助言を求めるようになっていった。1947年3月，JCSのローリス・ノースタッド（Lauris Norstad）少将は，国務省のヒッカーソンやポール・カルバートソン（Paul Culbertson）に基地計画の改定に関する相談を持ちかけた[88]。また，同年3月10日に行われた基地交渉の進展に関する会議では，直面している交渉の

第4章　拡大政策の頓挫

困難性に鑑みて，大西洋で米国が長期的基地権を模索するのはグリーンランド，アイスランド，アゾレスのみとすることが合意された。つまり，必要最小限まで大西洋での基地要求を削減することが決定したのである。さらに，そこでは国務省の提案によって，太平洋の赤道以南のマイナー基地については原則として基地リストから削除することも合意された[89]。それは，太平洋における基地展開が「領土拡大」や「帝国主義」の誹りを招く恐れがあると判断されたためであった。また，6月下旬に寄せられたJCSに対する既出のヒッカーソンの助言には極めて悲観的な見通しが示されていた。

> 我々はいまや米国が戦後の軍事基地権を獲得しようとしている全ての場所において，ソ連のプロパガンダが浸透しているという状況に直面している。そのような状況下では，我々の安全保障にとって本当に重要であると思われるところまで要求を切り詰めるべきであると考える[90]

ヒッカーソンは軍部が求めていた北アフリカの大西洋沿岸地帯（カサブランカ，ポールリョーテー，ダカール）での基地獲得に慎重な姿勢をみせた。すでに触れたように同時期のフランスは，同地域からの基地の撤退を要求していたからである。ヒッカーソンは「個人的にはそれらの基地の獲得は我々の防衛にとって重要であると感じているが，それらを獲得することによって共産主義勢力を助長させることになるのではないかとの恐れを抱いている[91]」と述べ，（政治的観点から）それら地域での基地権要求は中止すべきとの意向を示した。

そのような国務省の見解は直ちに基地計画に影響を与えた。JCS 570/83がSWNCCに提出される際，参謀総長たちは「交渉における困難性と諸外国が他国に権利を認めることに消極的であること」をよく理解していると伝えた[92]。そのため，参謀総長らは同計画を「戦争対処計画と結合され，それを支えるもの」と位置付けたにもかかわらず，北アフリカ，中東，南アジアの基地の通過権を「望ましい（desired）」としただけで，平時から基地を展開することを求めなかった。既述のように，戦争対処計画では，英国，エジプト，インドの基地を戦略航空攻撃にとって不可欠としていたにもかかわらずである。このとき，JCSは海外基地が持つ極めて政治的な性質に敏感になっていた。そのため，まずはアイス

ランド,グリーンランド,アゾレスといった最重要基地を確保することを優先し,その他の基地については妥協をせざるをえない状況に追い込まれていたのである。

第6節　小結

以上,JCS 570/83の決定に至る過程では,図表4−1に示すような幾つかの計画の変遷が確認された。まず,JCS 570/40が承認されて3か月が経った1946年2月,(戦後計画の具体化を進めていた)JSPの手によって,この段階で撤退可能な基地とそうでない基地とが分けられた。そうすることで,当時すでに開始されていた動員解除の動きと,他方で進められていた基地拡大の動きとを分離する必要があると考えられたのである。

一方,大規模な基地システムの構築を謳っていたJCS 570/40は,次第に文官からの批判に晒され,JCSは基地交渉での要求レベルの緩和と,(とりわけ対ソ戦略上不要と判断されていた南太平洋の)基地数の大幅な削減を決定した(1946年5月のJCS 570/62)。そしてその後,JSSCの下で基地計画の立案(特に交渉の問題)を担当していたJWPCは,本格的な対ソ戦争対処計画の立案に着手した。例えば,1947年7月の計画(JWPC 496)では,英国,スエズ,インドなどの西ユーラシア基地と,そこから行われる戦略航空攻撃の重要性が指摘された。JCS

図表4−1　JCS570/83に至るまでの各アクターの計画

	計画	主たる考え方	重視する地域
1946年2月	JSP 784『米軍兵力の撤退』	JCS 570/40に基づき撤退可能な基地とそうでない基地を分ける	―
1946年5月	JCS 570/62	交渉での要求レベルの緩和,接受国側の主権を考慮	北大西洋(南太平洋は不要と見做される)
1947年7月	JWPC 496 (戦争対処計画)	ソ連に対する西ユーラシアからの戦略航空攻撃	英国,スエズ,インド
1947年9月	JCS 570/83	限定的な基地システム,交渉の難航と予算制約への対応	北大西洋(特に,グリーンランド,アイスランド,アゾレス)

第 4 章　拡大政策の頓挫

はそれらの動きを考慮して基地計画のさらなる縮小を決断，JCS 570/83 では，北大西洋を中心に極めて限定的な基地システムを構築することが決定した。

　結局，米国の海外基地システムは第二次世界大戦後の数年間で大幅に縮小した。序章でも触れたように，海軍は 1949 年の 7 月にはわずか 25 の海外基地を使用するのみであったし，その翌年にはたった 13 しか有していなかった[93]（海軍は戦後になって，結局 325 もの基地を閉鎖せざるを得なかった）。空軍は 1949 年の中頃までに 95 の海外基地（全てが航空施設ではない）を保持し続けたが，翌年にはそれが 10 にまで減少していた。

　基地交渉―楽観から障害へ　前章までみてきたように，基地計画の立案が開始された 1943 年から 46 年辺りにかけて，米国の政策決定者は戦後の基地交渉と基地に対する国際世論を楽観視していた。そのため，基地の拡大計画（例えば，JCS 570/40）が策定されるに当たっては，対接受国政策の見直しなどが検討に付されることはなかった。このことは，1943 年 3 月 10 日のノックスとローズヴェルトのやり取りからも明らかであった。当時，ノックスはローズヴェルトに対して，戦後，米英両国は基地の相互使用が可能になるであろうとの見方を示していた。そして英国は，米国が太平洋の日本の委任統治領を直接統治し，フランスが持つ北アフリカ基地を保有することを支持するであろうとの見方を示していた[94]。ローズヴェルトもそれに同意し，米国がそのような話を持ち出すことを英国は「喜ぶであろう[95]」とさえ述べていた。

　軍も同様だった。1943 年当時，陸軍航空隊は「他国は米国の国際協定に対する誠実さと，歴史的に帝国主義的野心が存在していない[96]」ことを理解しているため，米国に対して容易に基地権を与えるだろうと考えていた。そのため，基地システムはそれが仮に主権の変更（すなわち米国による直接統治）を求めるものであったとしても，あくまで拡大されなくてはならないと考えていた。海軍の中でも，例えばキング提督は「我々は帝国主義との誹りを受けようが受けまいが太平洋をコントロールしなくてはならない[97]」と述べていたし，フォレスタルも「パワーはパワーを嫌う人々によって保持されるべきである[98]」と述べ，米国が太平洋を直接統治することを正当化していた。

　本章でみてきた JCS 570/83 の策定過程は，そのような政策決定者の認識が基地拡大計画の障害として噴出した過程であった。換言すれば，接受国側の認

識と交渉が米国の戦略を抑制する過程だったともいえよう。軍は当初，対ソ抑止の実効性を担保するために，基地を北大西洋だけでなく北アフリカや南アジア，或いは中東に重点的に配置すべきと考えていた[99]。しかし，結局は諸外国の反発を考慮して北アフリカと南アジアの基地をリストから外し，より戦略的重要性の高い北大西洋や西半球に選択的に基地を置くことを決めた。そこにあったのは，所与の戦略が基地を規定する過程ではなく，基地が戦略を規定する過程であった（この点は，終章でいま一度整理する）。

　以上のことを仮説に立ち返っていえば次のようになる。まず本章の考察から，契約仮説の前段（米国が深刻な脅威に直面して基地を拡大しようとしても，同盟政治論的な観点から，米国と脅威認識を共有しないか，自立性の低下や「巻き込まれ」を恐れる接受国との交渉が難航すれば基地計画は縮小される）の妥当性が示された。1947年9月に行われた基地計画の縮小は，主にこの交渉の観点から説明されるものだったのである。

　次に，戦略仮説（米国にとっての脅威が増大すれば，米国は資源制約の範囲の中で基地を拡大しようとし，脅威が低下したり資源制約が強まればそれを縮小しようとする）には一定の限界があることが示された。何度も指摘しているように，同時期，米国にとっての脅威は深刻さを増していた。にもかかわらず，基地計画の規模は縮小された。その一方で，資源制約要因は計画の縮小に一定の影響力を持っていた。同時期，軍は将来的な軍事予算の削減を念頭に，戦略的重要性の低下した地域の基地要求を取り下げていった。このことは資源制約の高まりが基地計画を縮小へと導くことを示すものであった。しかしながら，この問題だけではJCS 570/40とJCS 570/83の違い（すなわち，同様に資源制約が高まっていたJCS 570/40では接受国の数も地理的範囲も拡大した）について，整合的な説明を行うことは難しいという課題も残された。

注

1） Secretary of War Patterson Memorandum for the Chief of Staff, January 30, 1946, Box 326, file "686," Security-Classified General Correspondence, 1942-1947, RG165.
2） *Ibid.*
3） G.A.L. Memorandum for General Hull, January 31, 1946, Box 613, Section 1E, file "ABC 686 (6 Nov 43)," Office of the Director of Plans & Operations, Records of the War

- 4) Converse 1984 : 192.
- 5) Beecher to Forrestal, "Memorandum for the Secretary," July 31, 1946, Box 72, file 39-1-37, RG 80.
- 6) The British Ambassador (Halifax) to the Secretary of State, Annex to Memorandum of Conversation, by the Secretary of State, November 29, 1945. (*FRUS, 1945*, 6, pp.216-217).
- 7) Louis 1978 : 351.
- 8) Spaatz to Commanding General, Army Air Forces, "Occupation Period Requirements of U.S. Air Forces in Europe," April 10, 1945, Enclosure to JCS 1332, April 30, 1945, LM-54, Roll 13, S-W-N CC Case Files 128-141, February 1945-December 1947, RG 353.
- 9) Converse 1984 : 174.
- 10) Ambassador Osborne to Secretary of State, August 30, 1945, Appendix to SWNCC 134/2, September 20, 1945, LM-54, Roll 13, S-W-N CC Case Files 128-141, February 1945-December 1947, RG 353 ; SWNCC 23rd Meeting, September 5, 1945, Box 243, Section 2, file CCS 334 SANACC (12-19-44), Central Decimal Files, 1942-1945, RG 218. ちなみに、SANACCはSWNCCの前身に当たる機関である。
- 11) Duke and Krieger : 1993, Chap.9. をみよ。ノルウェーだけではない。同時期、フランスとの間でも基地交渉は難航していた。国務省はその後、1946年6月にイタリアで二つの航空基地を獲得し、またドイツに重爆撃機を展開する計画が立案されたことで(フランスに代替する基地を獲得することができたと判断し)、難航していたフランスとの基地交渉を中止することを決定した。
- 12) 勿論、海軍の中には依然として太平洋における基地の重要性を重くみる向きもあった。しかし、そのような議論の多くは、純粋な意味での軍事戦略に基づいたものではなく、例えば、戦中のミクロネシアでの米軍の犠牲(3万8,000人以上)を無駄にするな、という類のものであった。(Louis 1978 : 23.)
- 13) Buell 1974 : 371-372.
- 14) JSP 784, "Withdrawal of U.S. Forces from Bases on the Territory of Foreign Nations," February 13, 1946, Box 84, CCS 360 (12-9-42), Sec.15, Central Decimal Files, 1946-1947, RG 218.
- 15) *Ibid.*, Annex "A" to Appendix "A".
- 16) *Ibid.*, Appendix "A".
- 17) *Ibid.*
- 18) JSP 784はその後、JCSに送られ、JCSはそれに若干の修正を加えたJCS 1648を作成し、JSP 784で示された撤退案を了承した。(JCS 1648, "Withdrawal of U.S. Forces from Bases on the Territory of Foreign Nations," March 24, 1946, Box 85, CCS 360 (12-9-42), Sec.17, Central Decimal Files, 1946-1947, RG 218.)
- 19) Converse 1984 : 195.
- 20) *Ibid.*, p.198.
- 21) *Ibid.*
- 22) *Ibid.*

23) *Ibid.*
24) 但し，南アジアにおいては，大規模な基地を建設するということではなく，あくまでも軍事使用を目的とした通過・着陸の権利のみを獲得しようとするものであった。具体的には，カサブランカからアルジェ，トリポリ，カイロ，ダーラン，カラチ，デリー，カルカッタ，ラングーン，バンコク，そしてサイゴンからマニラまでの航空路を結ぶ航空機の通過・着陸の権利の重要性が指摘された。
25) Leffler 1984 : 353.
26) *Ibid.* しかし，それらの飛行場を維持するために米国は民間の航空会社に頼らなくてはならなかった。そのため民間航空会社による運行体制の確立はいざというときの軍事的な航空通過権を確保するために不可欠であると考えられた。
27) JCS 570/58, "Overall Examination of U.S. Requirements for Military Bases and Base Rights," March 23, 1946, Box 85, Section 17, file CCS 360 (12-9-42), Central Decimal Files, 1946-1947, RG 218.
28) 改定は，JSP684/17, "Overall Examination of U.S. Requirements for Military Bases and Base Rights," April 12, 1946, Box 85, Section 18, file CCS 360 (12-9-42), Central Decimal Files, 1946-1947, RG 218. 及び，JSP 684/18, "Overall Examination of U.S. Requirements for Military Bases and Base Rights," April 27, 1946, Box 85, Section 18, file CCS 360 (12-9-42), Central Decimal Files, 1946-1947, RG 218. として行われ，最終的なドラフトは，JCS 570/62, "Overall Examination of U.S. Requirements for Military Rights," May 15, 1946, Box 86, Section 19, file CCS360 (12-9-42), Central Decimal Files, 1946-1947, RG 218. となった。JCS 570/62 は6月4日にSWNCCに提出され，それは翌日，SWNCC 38となった。(SWNCC 38/35, "Overall Examination of U.S. Requirements for Military Rights," June 5, 1946, in *FRUS, 1946*, 1, pp.1174-1177.)
29) *FRUS, 1946*, 1, pp.1174-1175.
30) Converse 1984 : 201.
31) *Ibid.*
32) SWNCC 38/35. (*FRUS, 1946*, 1, pp.1174-1175.)
33) この点，Friedman 1995 : 92-96.
34) 同時期のソ連の欧州，或いは地中海地域での行動とそれに対する米国の反応は「冷戦起源論」を構成するものとして，膨大な研究が行われている。例えば，Gaddis 1972, 1997 ; Paterson 1979 ; Douglas 1981 ; Yergin 1977. を参照されたい。
35) *FRUS, 1946*, 7, pp.829, 836-838.
36) *Ibid.*
37) *Ibid.*, pp.857-858.
38) *Ibid.*
39) Albion and Connery 1962 : 186-187 ; Davis 1966 : 224-225.
40) *Ibid.*, pp.209-213. Albion and Connery 1962 : 209-213.
41) Yergin 1977 : 283. より引用。
42) *Ibid.*, p.294.
43) この点，例えば，Stoler 1982.

第 4 章　拡大政策の頓挫

44) Yergin 1977 : 118, 123, 126.
45) Converse 1984 : 213.
46) 同時期の戦争対処計画については，Ross 1996. が体系的に分析している。
47) JWPC 432/5, "Staff Studies of Certain Military Operations Deriving from 'Concept of Operations for Pincher,'" June 10, 1946, Box 59, Section 2, file CCS 381 USSR (3-2-46), Geographic File, 1946-1947, RG 218 ; JWPC 432/7, "Tentative Over All Strategic Concept and Estimate of Initial Operations, Short Title : Pincher," June 18, 1946, pp.6, 10, Box 59, Section 2, file CCS 381 USSR (3-2-46), Geographic File, 1946-1947, RG 218.
48) JWPC 496, "Global Planning Estimate," July 16, 1947, pp.2-3, Box 59, Section 6, file CCS 381 USSR (3-2-46), Geographic File, 1946-1947, RG 218.
49) Vice Admiral Forrest P. Sherman Address to the Senate Armed Forces Committee, January 23, 1947, Box 110, file "A16-3 Warfare Operations," Series V, Strategic Plans Division Records, Naval Historical Center.
50) JWPC 432/5, "Staff Studies of Certain Military Operations Deriving from 'Concept of Operations for Pincher,'" June 10, 1946, Box 59, Section 2, file CCS 381 USSR (3-2-46), Geographic File, 1946-1947, RG 218.
51) JWPC 496.
52) JWPC 432/7, "Tentative Over All Strategic Concept and Estimate of Initial Operations, Short Title : Pincher," June 18, 1946, pp.6, 10, Box 59, Section 2, file CCS 381 USSR (3-2-46), Geographic File, 1946-1947, RG 218.
53) JWPC 475/1, "Strategic Study of the Area between the Alps and the Himalayas," November 2, 1946, pp.12-13, 15-16, Box 59, Section 3, file CCS 381 USSR (3-2-46), Geographic File, 1946-1947, RG 218. また，米国が1948年にイスラエルを承認したことで，カイロ-スエズ地域の基地に軍事計画の実行を依存することは危険だという判断もあった。
54) JCS 570/83, "Over All Examination of U.S. Requirements for Military Bases and Base Rights," August 12, 1947, Box 88, Section 30, CCS 360 (12-9-42), Central Decimal Files, 1946-1947, RG 218.
55) *Ibid*. なお，JCS 570/83は9月6日にSWNCCに提出され，それはSWNCC 38/46となった。(SWNCC 38/46, "Over All Examination of U.S. Requirements for Military Bases and Base Rights," September 9, 1947, in *FRUS, 1947*, 1, pp.766-770.)
56) JCS 570/83, "Over All Examination of U.S. Requirements for Military Bases and Base Rights," [Annex to Appendix "B" (Tabulation of Base Data)], August 12, 1947, Box 88, Section 30, CCS 360 (12-9-42), Central Decimal Files, 1946-1947, RG 218.
57) *Ibid*., p.667.
58) *Ibid*., pp.668, 672.
59) JCS 570/83, "Over All Examination of U.S. Requirements for Military Bases and Base Rights," August 12, 1947, pp.670-671, Box 88, Section 30, CCS 360 (12-9-42), Central Decimal Files, 1946-1947, RG 218.
60) JSP 684/30, "Over All Examination of U.S. Requirements for Military Bases and Rights," April 18, 1947, Box 616, Section 1K, file "ABC 686 (6 Nov 43)," Office of the Director of

Plans & Operations, Records of the War Department General and Special Staffs, RG 165.
61) *Ibid.*
62) Friedman 1995 : 89.
63) 彼はマリアナ諸島の第20航空軍と連携すれば,それら地域には小人数の気象調査員と地理専門家が一時的に残れば十分と考えていた。
64) *Ibid.* ちなみに,ここでいう「残余権」は,レイク(David A. Lake)が使っている「残余管理権(residual control rights)」(契約に明示されない問題領域における権利を実質的に誰が有しているかを示す概念)とは意味が異なる。(Lake 1999.)
65) Friedman 1995 : 91.
66) *Ibid.*, p.98.
67) "Memorandum from the Secretary of Defense to the Secretary of State," September 26, 1947.(*FRUS, 1947*, 6, p.817.)しかし,1946年の冬から1947年にかけて,米国は徐々にそれら地域(特に赤道以南)における基地権すらも放棄し撤退を開始するようになっていた。この点,Dedman 1966.
68) JCS 1648, "Withdrawal of U.S. Forces from Bases on the Territory of Foreign Nations," 24 March 1946, Box 85, Section 17, CCS 360 (12-9-42), Central Decimal Files, 1946-1947, RG 218.
69) Schnabel 1979 : 147.
70) *Ibid.*, p.148.
71) Memorandum by Office of European Affairs to Mr. Secretary, "U.S. Military Bases in Countries Dealt with by the Office of European Affairs," January 16, 1947, Roll 14, Reference Subject File, Great Britain 1940-1947, Records of the Office of European Affairs, RG 59.
72) *Ibid.*
73) Memorandum for the Secretary of State, September 13, 1946, Box 138, P & O 686 TS (Section VI) (Case 61-), Plans & Operations Division, Decimal File 1946-1948, RG 319.
74) Patterson to Byrnes, June 19, 1946, Box138, file "P & O 686 TS (Case 23-42)," Plans and Operations Division Decimal Files, 1946-1948, RG 319.
75) JCS to State Department, September 13, 1946, Box 138, file "P & O 686 TS (Case 61-)," Plans and Operations Division Decimal Files, 1946-1948, RG 319.
76) SWNCC 38/5, "United States POST-WAR Military Base Requirements in Iceland," April 17, 1945, Box 623, file "ABC 686 (6 Nov 43)," Records of the War Department General and Special Staffs, Office of the Director of Plans & Operations, RG 165.
77) *Ibid.*
78) Converse 1984 : 262.
79) この点,Sandars 2000 : 53.
80) フランスに関しては,Facon 1993 : 233-248.
81) Facon 1993 : 235. 例えば,行政権限の観点からいえば,フランスはフロントゾーン(front zone)とリアゾーン(rear zone)の二つの領域(zone)に分割され,フランス臨時政府はそれぞれのゾーンで異なる行政権が与えられていた。原則的にはフロントゾーンはフランスの軍事代表が意思決定の権限を有していたが,実際は連合国司令部が二つの領域にお

第 4 章　拡大政策の頓挫

ける作戦の自由裁量権を有していた。フランスの主権はわずかにリアゾーンに残っていたが，リアゾーンにおいてでさえ，いくつかの戦略区域（例えばシェルブール）ではフランスの司法権が及ばないとされていた。

82）　Facon 1993 : 237.
83）　*Ibid.*, p.236.
84）　Magalhaes 1993.
85）　*Ibid.*, p.276.
86）　その後，1948年2月2日に締結された新たな協定では，向こう3年間の基地使用が認められた。使用期限は「ポルトガル政府が3か月前に拒否しなければ，2年毎に自動的に更新される」とされた。新たな協定が締結されたのはソ連の軍事的脅威によって欧州の政治状況が大きく様変わりしていた時期であった。そのため，ポルトガルはそれまでとは打って変わって，米国との安全保障上の協調に積極的になっていたのである。
87）　Caribbean Defense Command Negotiations between the Republic of Panama and the United States of America for a Defense Site Agreement, February 20, 1948, file "686 Case 1," Box 136TS, Plans and Operations Division Decimal Files, 1946-1948, RG 319.
88）　Colonel J. E. Bastion, Jr. Memorandum for Mr. J. D. Hickerson, "Over All Examination of U.S. Requirements for Military Base Rights," March 10, 1947, Box 138, Section 4, file "P & O 686TS (Case 43-56)," Plans and Operations Division Decimal Files, 1946-1948, RG 319.
89）　R.B.W. Memo for Record, "Conference on Overall Base Planning," March 13, 1947, Box 616, Section 1K, file "ABC 686 (6 Nov 43)," Office of the Director of Plans & Operations, Records of the War Department General and Special Staffs, RG 165.
90）　John D. Hickerson to Colonel J. E. Bastion, Jr., June 27, 1947, Box 138, Section 4, file "P & O 686TS (Case 43-56)," Plans and Operations Division Decimal Files, 1946-1948, RG 319.
91）　*Ibid.*
92）　*FRUS, 1947*, 1, p.766.
93）　Converse 1984 : 262.
94）　Stoler 2000 : 151.
95）　JCS 74th Meeting, April 13, 1943, Box 195, CCS 334 (3-29-43) (Meetings-71st thru 86th), RG 218.
96）　Memorandum from the Commanding General, United States Army Air Forces, to JCS, "United States Military Requirements for Airbases, Facilities and Operating Rights in Foreign Countries," no date, pp. 2, 5-6, 8, Box 270, Section 2, CCS 360 (12-9-42), Central Decimal Files, 1942-1945, RG 218.
97）　Stoler 2000 : 144.
98）　*FRUS, 1945*, 1, pp. 204-206.
99）　この時期の米国の戦略，とりわけ「封じ込め」については，佐々木 1993. 或いは，鈴木 2002. を参照。

第5章

再拡大への道──基地獲得の原理（47年9月〜49年4月）

　本章は，米国の冷戦戦略の策定期であり，また戦後基地計画の集大成である JCS 570/120 がまとめられるに至った，1947年9月から49年4月までを扱うものである。そこで問われるのは，米国は難航する基地交渉をどのように軌道に乗せ，いま一度基地システムを拡大しようとしたのか，という問題である。いうまでもなくそれは，本書の問い──戦後の米国はなぜ，如何にして広大な海外基地システムを形成したのか──に迫る重要な手掛かりとなるものであり，さらには基地計画の実行過程を扱う第II部のイントロダクションとしても位置付けられるものである。

第1節　戦争計画との結合──ポスト JCS 570/83

　JCS 570/83 が承認されて半年が過ぎた1948年3月17日，JWPC（統合戦争計画委員会）は対ソ戦争対処計画を参謀総長らに提出した。[1] それは『短期的緊急事態計画（Short Range Emergency Plan）』と名づけられた。計画の核心は「ソ連の戦争遂行能力にとって不可欠である諸要素に対して破壊的かつ心理的打撃を与える核兵器を用いた航空攻撃を行う」[2]ことにあり，それらは英国及びハルトゥーム（スーダンの首都）からカイロ―スエズ地域にある基地から行われるとされた。

　ソ連の南側　　『短期的緊急事態計画』が重要だったのは，それがJCS 570/83で基地リストから外されたソ連の南側の基地の重要性を改めて指摘するものだったことである。前章でみた，JCS 570/83は，当時，最重要と見做されていたソ連の南側に基地を置かない（地図3参照）という意味で戦略的に

は曖昧なものであった。そのため軍部は，それ以後も，より現実的な戦略目標に即した基地システムを構築するための方途を探っていた。

『短期的緊急事態計画』が参謀総長らに承認されて以降，基地計画はより現実的なものへと修正されていった。1948年3月18日，統合戦略計画グループ（Joint Strategic Plans Group: JSPG）はJCS 570/83の進捗状況とその修正に関する報告書（JSPG 503/1）を参謀総長らに提出した[3]。報告書はまず，国際的な戦略環境の悪化と戦争対処計画の進展によって，JCS 570/83で示された基地の重要性が高まる一方で，肝心の基地交渉には何ら進展がみられないことを指摘した。その上で，基地計画は新たな戦略環境を考慮して見直されなくてはならないと述べた。基地計画の中身については，引き続きアイスランド，グリーンランド，アゾレス諸島の獲得を最優先とする一方で，緊急時には新たに，カラチ，トリポリ，アルジェ，カサブランカ，ダーラン，モンロヴィアに「合同（joint）」の権利（すなわち基地の主権を持つ国と合同で，軍事目的で施設や区域を使用する権利）を獲得することが求められた。つまり，JSPGもJCS 570/83でリストから削除された北アフリカや南アジアなどのソ連の南側に戦略的な関心を向けていたのである。

ベルリン危機　　JSPGによる問題提起を受けて，今度はJCSが動いた。それはベルリン危機（ベルリン封鎖は1948年6月24日開始）の只中のことであった。1948年8月，JCSは新たな報告書を作成し，国務省に基地リストを提出した[4]。そこでは18か所の基地地域が指定され，そのほとんどがJCS 570/83から抜け落ちたソ連の南側に，「合同」或いは「参加的」な基地権を要求するものであった。具体的には，カサブランカ，アルジェ，トリポリ，カイロ－スエズ地域，ダーラン，カラチ，オラン（アルジェリア），チュニス－ビゼルト（チュニジア），エリトリア，バーレーン島，アデン，ハドラマウト（現在のイエメン），オマーン，トルーシャルオマン（アラブ首長国連邦），ソコトラ島（アデン湾），フォッジア（イタリア），中国であった。

さらに，翌年1949年5月に国務省に提出された基地リストでも，JCSはやはり北アフリカ，中東，南アジアに焦点を当てていた。中でも，参謀総長たちが「緊急を要する課題」としたのが「中距離爆撃機基地としての，アブスエール（Abu Sueir），スエズ運河地帯，イエメンのコールマカサールとアデン，

そしてそれら地域にある空軍基地」の獲得であった。それらは「現下の戦争対処計画を実施するうえで不可欠のもの」とされた。進行中のベルリン危機はその重要性を決定付ける出来事だったのである。

接受国との交渉　そしてこの頃，軍の間では対接受国政策，すなわち基地交渉の方針を巡って活発な議論が交わされていた。それは接受国に何らかの「見返り」を与えていくことについての検討作業であった。

第2節　デンマークとの基地交渉と見返り

1948年2月10日，マーシャル国務長官は予ねてより懸案であったグリーンランドに基地を獲得することの重要性を改めて指摘し，その上で，軍は独自にデンマークとの交渉の解決策を研究する時期にあると述べた。

すでに触れたように，グリーンランドの基地使用を定めた行政協定第10条は，他方の国との協議が行われた後は，12か月前の通告をもって協定を破棄することができると謳っていた。そしてそのような両国間協議は「米国の平和と安全に対する眼下の脅威が去った」後に行われるものとされていた。そこでデンマークは，1947年5月以降，米国側に協定第10条に基づく協議を行うよう求め，実際，9月に入ってからは数回の交渉が行われていた。

見返り　マーシャルの提案を受けた軍は早速，国務省，陸，海，空軍の代表者による臨時委員会を組織した。臨時委員会の協議に先立って，陸軍の企画・作戦部では，デンマークとの交渉に関する分析が行われ，そこでまとめられた報告書は1948年2月25日に臨時委員会に提出された。このとき，企画・作戦部で行われた分析は，後の米国の海外基地政策をみる上で大きな意味を持つことになる。というのも，報告書には以後の基地交渉の枠組を規定することになる「見返り原則」——基地交渉と安全保障，経済，軍事援助のリンケージ——の概念が初めて登場したからである。

陸軍企画・作戦部報告　報告書では，まず当時のデンマークが置かれていた国際及び国内状況に関する分析が行われた。冒頭，デンマークの外交政策である中立政策（すなわち米ソ何れのブロックにも与しない政策）は次のように

説明された。

> デンマークは小国であり，いつの時代も如何なる大国に対しても敵対的態度を取ることを避けている。それは常に自己利益のためであり，またそのような態度はスカンジナビア諸国が持つ共通の特質でもある。なぜなら，彼らは他の欧州諸国からの経済的差別や軍事行動に対して極めて脆弱だからである。[10]

基地のディレンマ　その上で，戦後のデンマークを取り囲む国際環境が戦前及び戦中のそれとは大きく異なっていることが指摘され，それがデンマークをして米国との新たな基地協定の締結を困難にしているとの見方が示された。戦中，デンマークが米国に基地を提供した理由は「戦争の行方とドイツによる占領を恐れたこと」にあるとされた。他方，「現在のデンマークは米ソが互いに異なるブロックを形成していることを認識しており，どちらか一方の大国に譲歩することは，論理的には他方の大国から同様の譲歩を迫られることに繋がることを自覚している」とし，そのような状況に鑑みれば「デンマーク政府が41年協定と同様の内容を伴った新協定を受け入れる状況にないことは明白である」と結んだ。

ディレンマ克服のための見返り　デンマークが基地提供を拒んでいるいま一つの理由としては，国内世論が挙げられた。当時，大半のデンマーク国民は政府が採用する中立政策を好意的に捉えていた。それは国民が自らの国を小国と認めていたからであった。加えて，グリーンランドはデンマーク帝国の最後の砦であり，それは国家主権の問題とも密接に関連していた。そのため，企画・作戦部は「仮に米国が何らかの見返りと引き換えにデンマーク側に譲歩を求めたとして，それが国民から賄賂と受け取られれば，デンマーク議会はそれを受け入れることができないだろう」と予測した。

一方，報告書は「米国が欧州の経済復興を支援する」ことについては，両国の友好にとって極めて重要であるとして，欧州復興援助計画と基地交渉の関係性に言及した。[11] 企画・作戦部は，米国が行い得る種々の援助の効果は，デンマークのソ連に対する恐怖の問題と密接に関連すると考えた。つまり，デンマー

クが基地を提供する可能性は，基地を受容することで被る損害を米国が補填できるかどうかにかかっているとされたのである．実際，デンマークはボーンホルム島をソ連に占領された過去があったし，石炭や天然ガスといった不可欠な財の取引においては，その多くを東側に依存していた．

それらの点を踏まえて，企画・作戦部は「デンマーク政府は欧州復興援助計画から利益を得たいと願っているが，米国はこれまでグリーンランドに関する協定と，欧州復興援助計画とを結び付けようと試みてこなかった」と批判した．その上で，以後は，欧州復興援助計画（マーシャル・プラン）及びその他の援助政策と基地交渉とを連結していくことを提案したのである[12]．

デンマーク政府の意思決定に影響を与えるための前提と考えられたのは，両国の「互恵性（reciprocity）」であった．そしてそのための手段としては「経済的誘因」と「安全保障」の二つが挙げられた．それは企画・作戦部が「（交渉における）米国の立場はどれだけの見返り（quid pro quo）を与えられるかによって決まる」と考えていたためであった．

経済的誘因—購入，賃借，補助，市場提供　　デンマークの意思決定に影響を与えるとされた一つの方法は，欧州復興援助計画などを用いた経済援助であった．但し，「経済的に魅力があると思われる特定の譲歩を持ちかけることで，デンマーク側が我々に基地権を与えることはないだろう」として，単一ではなく，複数の譲歩を持ちかけることの必要性を強調した．その一つとして考えられたのが，グリーンランドの「購入」であった．

> 我々は1946年に一度グリーンランドの購入（purchase）の可能性を模索したが，それはデンマーク国民の反感を買い，延いてはデンマーク政府の拒絶を招くものであった．しかし，デンマークは明らかにドルの価値を評価している．したがって，もしそれがデンマーク国民から賄賂と受け取られなければ，グリーンランドの購入は実現可能であろう．そのためグリーンランドの購入については，いま一度デンマーク側にアプローチしてみるべきである．もし，そのようなアプローチが純粋にビジネスの問題と理解され，またそれが1941年協定問題と切り離されて捉えられるのであれば，デンマーク政府はグリーンランドの売却を考慮することになろう．

第5章　再拡大への道

　第4章でも述べたが，米国は1946年12月に一度デンマーク側にグリーンランドの購入を持ちかけて，失敗に終わった経緯がある。企画・作戦部はそのときの失敗を，国務省がそれを基地協定の延長問題の一環として扱ったことによるものと考えた。そのため，企画・作戦部は同問題を基地協定と切り離して扱いさえすれば，デンマーク側の経済的誘因を十分に刺激するものになるとみていた。

　購入に代わる，いま一つのアプローチとしては相応の対価を支払った上で，グリーンランドを「賃借」することが挙げられた。これはデンマーク側が米国にグリーンランドの基地を一定期間貸与するというものであり，企画・作戦部はこのようなアプローチを取る際には「少なくとも15年から20年の長期間の賃借を求める必要がある[13]」とした。それは，短期契約を繰り返すことで，その度デンマーク側に譲歩しなくてはならなくなる，そしてその交渉結果は多分にデンマークの国内政治に依存することとなり，ひいてはそれがグリーンランド基地の脆弱性をもたらすことになる，と考えられたためであった。

　また，購入や賃借の他にも，商業及び軍事用の飛行場の相互アクセスを与えること，或いはデンマーク航空に対する補助金の交付も挙げられた。さらにはソ連のデンマーク経済に対する報復的な差別措置への不安を和らげる措置として，米国市場を開放することも検討に値するとされた。

　安全保障—米国のコミットメントと保障　　次に報告書は，基地交渉を打開する手段として安全の提供を挙げた。企画・作戦部はデンマークのみならず欧州諸国一般の問題として，米国の安全保障コミットメントが持つ効果的な意味を次のように指摘した。

> 西ヨーロッパ諸国が持っている恐怖の一つは，米国が欧州の問題に注意を向け続けるかどうかというところにある。彼らは今，これまで以上に彼らの安全に恐怖を覚えている。そして，米国が欧州の問題に利益を持つことが彼らの安全保障に大きな貢献をもたらすことに気付いている。彼らは米国の孤立主義の歴史や米国民が平時において他の世界に目を向けないことを知っている。そのため米国は小国に対しても継続して安全保障を行っていくこと，そしてそれが我々の外交政策の主たる目的の一つであることを

証明しなくてはならない。

　報告書が指す「小国」にデンマークが含まれていることはいうまでもない。しかし，米国がデンマークに基地を展開することがデンマークの安全にとって利益になるかといえば，必ずしもそうは考えられていなかった。既述のように，基地はデンマーク側からみればソ連に対する不安を生む原因にもなっていたからである。

　もっとも，企画・作戦部はデンマークに対して同盟のような形でコミットすることには慎重だった。さらに「無条件にデンマークや他の西ヨーロッパ諸国の安全を保障することは可能ではない」（傍点筆者）ともみていた。その一方で，当時英国やフランスが進めていた西欧連合（Western European Union: WEU）に協力することは可能とされた。[14] 彼らは，米国が主導的立場を取る必要のない西欧連合に一定の協力を行うことで，デンマークの安全保障上の不安をある程度解消できると考えていた。

　最後に報告書は「上に挙げた方法によって我々が満足のいく長期協定が実現するかもしれないが，そのような手法がグリーンランドからの撤退を求めるデンマーク国民の機運を高めてしまうかもしれない」との悲観的な見方も示した。それは彼らが数年来，基地が持つ政治的敏感性に頭を悩ませてきたことを象徴するものであった。何れにせよ，重要だったのは，彼らがここにきて基地を展開するに当たっては，もはや米国一国のみが利益を得るような状況は望めないことを認識したことである。企画・作戦部がこのとき指摘した「互恵性」の考え方は，これ以後，基地計画の重要な概念として位置付けられていくのである。

第3節　見返り原則

　デンマークとの交渉を超えて　「見返り」がデンマークに対してだけでなく，交渉相手国一般に対する問題として位置付けられるようになったのは1948年の夏以降のことである。1948年7月28日，ケネス・ロイヤル（Kenneth C. Royall）陸軍長官は，フォレスタル国防長官に対して短い書簡を送った。

第5章　再拡大への道

我々はいま一度，西欧連合計画（Western Union Plan）と欧州復興援助計画を，グリーンランド，北アフリカ，そしてそれ以外の場所での基地権の獲得と結びつけて考えられないだろうか？[15]

ロイヤルの書簡は先の企画・作戦部の報告書と無関係ではなかった。ロイヤルは接受国に対して何らかの見返りを与えることで，難航する基地交渉を打開できないかと考えていた。それに対するフォレスタル国防長官の反応は素早かった。8月7日，彼はロイヤルに対して次のように回答した。

軍事基地権の獲得を欧州復興援助計画及び西欧連合と連動させることを提案した，貴殿の1948年7月28日の書簡について私は熟慮した。私は（書簡を）受け取った後，国務省に対してJCSの最新の基地と基地権要求に関する見方を提出した。そして国務省の見解を受け取った後，我々が求める場所での現在の基地権の状況，或いは交渉の進捗状況を示した報告書を作成するよう求めた。この報告書の完成によって，そして欧州復興援助計画或いは西欧連合が（基地）交渉と結合されることによって，我々はそのような（基地の）権利が強化され，交渉が加速され，さらにそれが成功裏に導かれることで，今よりもより良い立場にいるであろうと考えている。[16]（括弧内筆者）

国務省とJCS　1947年以降の戦略環境の悪化と，遅々として進まない基地交渉に頭を悩ませていたフォレスタルにとって，ロイヤルの提案は「渡りに船」だった。フォレスタルはロイヤルの問題提起の後，国務省に対して当時の基地交渉の進捗状況についての報告を求め，また国務省の報告に対するJCSの見解をまとめさせていた。そしてそれは即座にマーシャル国務長官のもとに届けられた[17]。

JCSの報告書からは，軍部が相変わらず，アイスランドとグリーンランド，そしてアゾレス諸島で長期的な基地権を獲得することを最重要課題と位置付けていることがみてとれた[18]。一方，それらの国々との交渉が難航していることに鑑みて，当時進行中だった基地交渉は，その時点で米国が有している一時的な基地の権利（例えば，米国はグリーンランドでは，暫定的に戦時協定を維持し

144

ていた）を危うくしない形で進められるべきであるとの認識が示された[19]。

国防総省　1948年8月，国防総省で国際安全保障担当次官補だったジョン・オーリー（John H. Ohly）は，見返り原則を国防総省として検討に値する問題であるとの見方を示した[20]。オーリーは，フォレスタルに宛てた書簡の中でこの問題に触れ，個人的には（ロイヤルの提案にあった）欧州復興援助計画と基地交渉を連動させることには慎重であるとしながらも，西欧連合と基地交渉の連動性については関心を払うべきであるとの認識を示した[21]。そしてそのような国防総省の見解をロイヤルに伝えるよう，フォレスタルに要請した[22]。

国防総省が「見返り」について積極的な検討を行うことを示唆したことで，これ以後，この問題は政策決定者の間で個別の基地の重要性，或いはその優先順位の問題と併せて活発に議論されるようになった[23]。国防総省は陸・海・空軍省に対して見返りの問題を検討するよう指示し，国務省と連携してその解決に努めるようイニシアティブを取った。しかしこの時点で，国防総省内では「欧州復興援助計画と西欧連合が，基地権確保のための米国のバーゲニングパワーを高める[24]」手段になるとの見方は一致していたものの，それを具体的にどう運用するかについては意見が割れていた。

JCS 570/111　そのような中，JSSCは1948年12月13日，基地交渉と軍事援助を連動させることを提案したJCS 570/111を参謀総長らに提出した[25]。JCS 570/111ではまず「基地権交渉における外交問題は困難を極め，またそれには多くの時間が浪費されている。そしてそれらの複雑性と多くの障害は多くのケースの解決を不可能にしている[26]」との認識が示された。次いで，それに対する処方箋として，基地と援助の取引が提案された。具体的には「軍事援助を認めることと，米国の基地権要求に関する交渉は連結されるべきである[27]」との提案がなされたのである。

対接受国政策の転換としての見返り原則　それは従来の対接受国政策の転換を意味するものであった。換言すれば，米国単独の軍事戦略に基づいた基地計画から，接受国側の利益（勿論，それは米国の軍事戦略の実効性を担保するための手段であったが）までも勘案したそれへの変容であった。既述のように，戦中，基地は米国と接受国の戦時協力の一環として位置付けられ，それが経済援助や軍事援助といった他の問題領域とリンクされることはなかった（勿論，

戦中は基地を受容することで得られる脅威からの安全そのものが，見返りになっていたともいえよう）。ところが，ここにきて基地は単一の取引対象ではなく，それ以外の問題領域とパッケージで取引される対象へと変容したのである。

JCSは「もし基地提供の形態としての見返り原則が好意的に捉えられるのであれば，それは主として西欧連合の加盟国，及びそれ以外の現在提案されている，北大西洋条約加盟国に適用されることが想定される」(傍点筆者)と考えていた。なぜなら「それらの国々は軍事援助の主要な対象国となるであろうし，それらの国々は米国が要求している重要な基地権を有して」[28]いたからであった。

見返り原則を巡る議論―メリットと限界　新たな提案は，軍に好意的に評価された。例えば，見返り原則についていち早く検討を開始していた陸軍企画・作戦部の事務局長，レイ・マドックス（Ray T. Maddocks）少将は，12月16日，アイゼンハワー陸軍参謀総長に対して書簡を送った[29]。マドックスはそこで，見返り原則は望ましいものでありそれを支持するとしながらも，(JCSが考えているように）欧州以外を含む全ての援助対象国について，援助を基地提供の交換条件とすることは，政治的に不可能であろうとの考え方を示した[30]。また，陸軍次官補のウィリアム・ノールトン（William A. Knowlton）少将もマドックスと同様，基地交渉と援助の問題を連結して扱うことを支持したが，全ての援助対象国に基地の提供を義務付けるのではなく，主に相互軍事援助を行う国との間でそれを実行していくことが望ましいとの考え方を伝えた[31]。

それらを踏まえて，12月21日，参謀総長らは当初の計画に若干の修正を加えたJCS 570/111を承認し，それをフォレスタルに送った[32]。その後，参謀総長らは，統合戦略計画委員会（Joint Strategic Plans Committee: JSPC）に対して，見返り原則を適用すべき対象国のリストを提出するよう指示した[33]。

フォレスタルは見返り原則を以後の基地交渉の枠組とすべく奔走した。彼は，年の瀬の12月31日，ロヴェット国務次官に対して，見返り原則についての見解を伝えた[34]。フォレスタルは「軍事的見地からみればJCSの提案は，個人的には非常に良いものだと考えている」とした上で，「もし援助が与えられることで，北大西洋条約及びそれ以外の協定における集団的安全保障概念が進展され得るのであれば，それは理に適ったものである」とし，見返り原則が基地交渉以外の目的（例えば欧州における西側の安全保障体制の進展）にも有益であるとの

見方を示した。そして「我々は，米国の戦略計画が世界中で基地の権利を獲得することに依存していることを長い間話し合ってきた。貴殿はそのような権利の獲得に関する我々の努力が困難にぶつかっていることをよく理解していよう。我々はこの機会を逃すべきではないと思われる」として，見返り原則を基地交渉に積極的に用いていくことを提案したのである。

ロヴェットから回答があったのは年が明けた1949年1月17日のことであった。ロヴェットはフォレスタルの提案を「それらの問題（基地権交渉）を扱うに当たって我々が胸に留めておくべき重要な政治的関心事」（括弧内筆者）とした上で，次のように述べた。

> 政治的見地からみて，（我々が）他国領における軍事基地を一方的に維持することは，少なからず不利な立場を含むものである。基地展開は他国が米国に対して不当に，そして望まぬ形で依存すること，そして米国が基地を建設する国の領土全体の防衛に着手し得るとの含意を持つものである。さらにそれは，当該国における反米的かつ愛国主義的な感情にとって格好の標的を提供するという意味で，我々にとって不都合なプロパガンダ的要素を含むものである。（括弧内筆者）

そして，見返り原則については「基地権交渉と軍事援助の供与との間には明確な関係性が存在している」として，国防総省及び軍の提案に同意した。その一方で，諸外国にそのような取引を求めていくことについては慎重であるべきであるとして，それを具体的にどう運用するかについては含みを持たせた。ロヴェットは「私は米国が一方的にそのような権利を条約（北大西洋条約）によって求めるべきであるとは考えない。それは条約の精神と矛盾するであろうし，またロシアの伸張に対抗することによって利益を得られるのは米国だけ（である）……，という我々が避けなくてはならない，他国の疑念を助長するものでもある」（括弧内筆者）との見方を示した。つまり，ロヴェットは見返り原則について総論では賛成したものの，各論，すなわちその運用方法についてはなおも検討が必要と判断していたのである。

147

第4節　JCS 570/120

　フォレスタルは見返り原則の問題と平行して，既存の基地計画の見直しと，それを見返りの問題とどう関連付けていくか，という二つの問題の解決に着手していた。フォレスタルによれば計画の見直しは，1）戦略上求められる基地の選定と，2）対外援助と基地権の連結問題，が焦点であった。特に，1）の問題については，追加的な基地がどこに緊急的に求められ，また基地の数をこれ以上減らすことができるかどうかが課題とされた。フォレスタルは緊急性の高い基地を維持しつつ，要求する基地の数は最小限にすべきと考えていた。

　1949年3月31日，JSPCは『諸外国における軍事的権利の必要条件 (Requirements for Military Rights in Foreign Territories)』と題した報告書 (JCS 570/120) を参謀総長らに提出した。報告書は全体で数百ページに及び，これまでに提出されたJCS 570シリーズの中でも最大の分量を持つものであった。それは，JCSが戦後に進めてきた基地計画の集大成と呼ぶべきものであった。そこには戦略環境の変化に伴った基地の位置付けと，何よりもJCS 570/111で示された見返りの問題が包摂されていた。

1）基地の位置付け

　JCSはまず，求められる基地の位置付けについて，それを国際環境の条件に応じて，①平時に必要とされる基地，②戦時に求められる基地，③平時に計画を実行するために必要な基地，の三つに分類し，その優先順位を，a) 緊急 (urgency)，b) 必要 (required)，c) 望ましい (desired)，の三つに分けた。地図4は，緊急を●として，必要を◎として，さらに望ましいを▲として示したものである。

緊急 (urgency)

　「緊急」に分類されたのは次のような基地である（地図4参照）。まず，「緊急」の中でも，長期的権利が求められるとされたのはグリーンランドであった。特にロラン施設の設置が喫緊の課題とされた。そして，英国の助力によって獲得することが「望ましい」基地としては，中距離爆撃機の飛行場としての

地図4

JCS 570/120

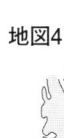

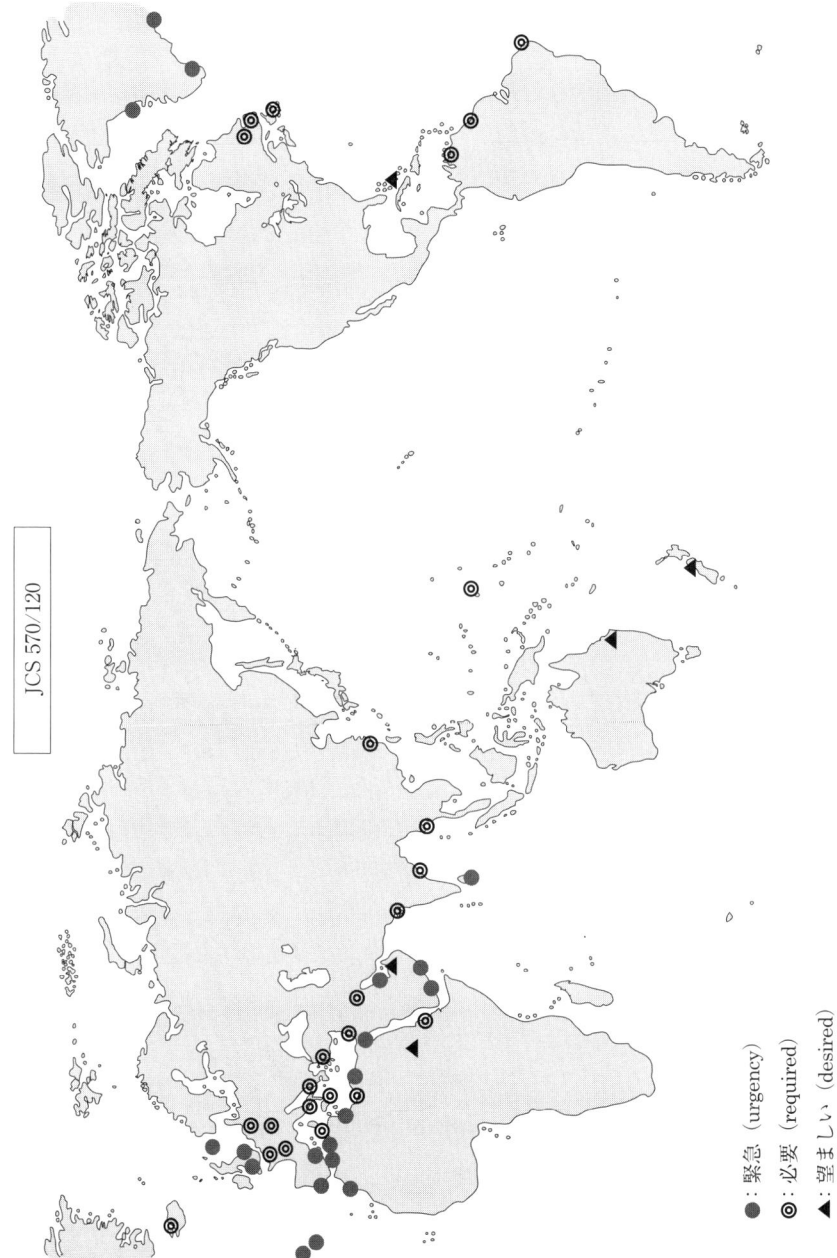

● : 緊急 (urgency)
◎ : 必要 (required)
▲ : 望ましい (desired)

第5章 再拡大への道

アブスエール（エジプト），スエズ運河，コールマカサール（イエメン），アデン（イエメン），そして英国内のブライズ・ノートン，アッパー・ヘイフォード，フェアフォードであった。無制限の離着陸権が求められたのは，モロッコのポールリョーテーであった。また，フランスが持つ北アフリカ基地である，チュニジアのシディ・アーメッド（Sidi Ahmed），アルジェリアのティエールヴィル（Thiersville）とタファラウイ（Tafaraoui）も改修した上で使用権を得ることが求められた。また同じく北アフリカのオラン近郊のアルズー湾（Arzeu Bay）には訓練基地が求められた。ポルトガルのラジェス飛行場，テルシエラ島，アゾレス諸島，そしてセイロン島には追加的な海・空軍の通信施設が必要とされた。そして，この時点で米国が権利を有していたサウジアラビアの基地は長期に維持することが望ましいとされた。

必要（required）

次に，緊急性はないにせよ，高い優先順位でその獲得が求められる基地は「必要」に分類された。それは，グリーンランド（「緊急」で指定された以外の同地域の基地），アイスランド，アゾレス諸島，英国，フランス領北アフリカ，エジプト，サウジアラビア，にある基地，そしてカナダが主権を持つグース湾，ラブラドル，ニューファンドランド，そしてエリトリア，リビア，ベルギー，ルクセンブルグ，フランス，オランダ，インド，パキスタン，オランダ領ギアナ（スリナム），イラク，トランスヨルダン（ヨルダン），ビルマ（ミャンマー），中国，イタリア，クリスマス島，カントン島，ギリシャ，トルコ，ブラジル，ベネズエラであった。

また，JCSは海外基地システムを構成する要素として事前集積基地の重要性を強調し，それを「必要」に含めた。長期的な権利を必要としている事前集積基地としてはセイロン，グリーンランド，アイスランド，イタリア，ラブラドル，アゾレス諸島，トルコ，英国，マルタ，ジブラルタル，エリトリア，モロッコ，アルジェリア，チュニジア，リビア，サウジアラビア，エジプトのカイロからスエズ運河に至る地域，アデンであった。

望ましい（desired）

JCSは最後に，「緊急」と「必要」には及ばないものの，今後可能であれば，追加的に基地を獲得することが望ましい国と地域としておよそ40か所を指定

した。但し，そこに分類された国と地域の多くは上記の「緊急」及び「必要」と重複していた。例えば，そこにはオーストラリア，ニュージーランド，シャム（タイ），エチオピア，バーレーン，ジャマイカ，等々の国が含まれていた。

ところで，前回のJCS 570/83以降，軍は対ソ戦略の観点から一貫して欧州，北アフリカ，南アジアの基地の戦略性を高く評価していた。地図4からもわかるように，この時期になると，太平洋地域の基地はリストからほぼ姿を消していた。加えて，西半球の英領についても「それは望まれるものの，国家安全保障にとって不可欠な存在ではない[43]」として戦略的価値を低下させていた。

2) 基地の展開方法

JCS 570/120がそれまでの計画と大きく異なっていたのは，戦略上要求される基地の位置付けの他に，基地を如何にして展開・維持していくのかという問題が明示されたことである。まず，JCSは基地に関する権利や協定が各国で統一されていないことを問題視した。JCSは「権利の性格に関する協定の条項は国によって異なっているため，課される制約，期限その他多くの点について，国家軍政機構（National Military Establishment）と国務省は，その対応と交渉に関して修正を余儀なくされている[44]」とした。その上で「それら全ての権利条項は，範囲や期限について標準化されるべきである」と提案した。そして「それらの権利は相手国との友好的な交渉を阻む障壁を取り除くために互恵的（reciprocal）でなくてはならない」とも述べ，現存する基地の使用協定の見直しを行うことを提案した[45]。それは具体的な形で示された。JCSは既述の，①平時に必要とされる基地，②戦時に求められる基地，③平時に計画を実行するために必要な基地（すなわち補助的な基地），の三つのパターンにおいてそれぞれ異なる標準的な協定案を作成した[46]。JCSはそれを「国務省が他国から基地権を獲得する際の基礎」とし，それを下敷きに，これまで各国で相違していた基地協定の中身と文言をある程度統一させようと考えたのである。

他の制度的枠組との連結　　次にJCSは基地協定とそれ以外の制度的枠組（例えばNATO）との連結可能性について言及した。JCSは「北大西洋条約及び軍事援助計画は，全ての分類に属する軍事基地権を獲得する機会[47]」であり，またそれは「政治的に望ましい手段[48]」であるとした。なぜなら「北大西洋条約，軍

事援助協定,そして現存する地域協定が関係する調印国に対してこの種の権利(基地権)についての標準的で長期的な,そして互恵的な協定を採用する根拠を提供する」(括弧内筆者)からであり,そうであるが故に「他国との間にある協定(援助協定や安全保障協定)は(基地協定と連動するように)見直されるべきであるし,もしそのような協定が存在していない場合は,そのような(基地協定と連動可能な)協定締結の機会を探るべきである」(括弧内筆者)とされた[49]。

二国間主義 興味深いのは,JCSが基地協定を北大西洋条約や多国間の地域的協定と連動させて捉えながらも,基地権はあくまでも二国間協定によって担保されなくてはならないと考えていた点である。JCSは「現在要求している権利は可能な限り二国間で交渉されるべきである。そしてそれは軍事・経済援助を行っている全ての国において,適切な見返り原則に基づいて行われるべきである[50]」としていた[51]。実はこの点,JCS 570/120に先んじて提出されていた,軍事援助計画に関する参謀総長らの声明(1949年2月21日)でも同様の指摘がなされていた[52]。参謀総長らは「軍事援助の決定とその実施は,北大西洋条約加盟国が基地及び相互援助について如何なる決定も行う前になされなくてはならない」とし,また「軍事援助を与えられる諸国は米国と二国間で基地権,或いはその他の相互援助問題について交渉を行うべきである」としていた[53](実際,米国は50年代以降,NATO条約第3条を根拠に,欧州諸国との間で二国間協定を締結し,基地を展開していった。この経緯は第7章でも論じる)。それは基地権に関する問題を多国間交渉の場で議論することを避けるためでもあった。

そのような考え方には当時のJCSが北大西洋条約のような集団的な安全保障体制の実現可能性ついて懐疑的であったことも少なからず影響していた。報告書は「互恵的で集団的な協定は軍事的権利の実現にとって政治的に望ましい手段の一つである。しかしながら,北大西洋条約のような集団的防衛協定が未だ締結されておらず,またそのような協定に基づいて権利を獲得するための装置が未だ確立されていない場合でも,後に米国が専権的権利を享受できるようになるであろうと考えられる場合にはいつでも,必要な軍事的権利を獲得するための二国間交渉を行っていくことが不可欠である[54]」(傍点筆者)としていた。そのような基地の新たな位置付けと,そこに見返りの問題を加えたJCS 570/120は,1949年4月15日,若干の修正を経て参謀総長らに承認され,ルイス・

ジョンソン（Louis A. Johnson）国防長官に送られた。

第5節　小結

　以上，戦後の基地計画は1949年になってようやく一つの到達点に達し，対ソ戦略上の具体性と計画の実効性（すなわち，交渉の枠組）の両輪を伴ったものとなった。前章までにみたように，基地計画がスタートした1942年から47年辺りにかけて，政策決定者は計画の片輪である戦略的議論に傾注する余り，基地計画のもう一つの重要な輪であるはずの対接受国政策に十分な注意を払ってこなかった。そのため，戦争が終わると基地交渉は難航し，基地の拡大計画は修正を余儀なくされた。

　本章でみた1948年から49年にかけて，米国の戦略環境は悪化の一途をたどり，JCSは対ソ戦略上不可欠な基地（例えば，グリーンランドやアイスランド，アゾレス諸島）を早急に獲得する必要に迫られた。さらに，進行中の戦争対処計画と平仄を合わせるために，ソ連の南側，すなわちJCS 570/83で抜け落ちたカラチ，トリポリ，アルジェ，カサブランカ，ダーラン，モンロヴィアにも基地権を獲得しなくてはならないとの認識が広がっていった。

　JCSのそのような認識の変化は，図表5－1に示した種々の計画となって表れた。まず，1948年3月，JWPCは『短期的緊急事態計画』を策定し，ソ連に対する航空攻撃の観点から，英国及びハルトゥームからカイロ―スエズ地域にある基地の重要性を改めて指摘した。同時期，JCS 570/83の進捗状況に関する報告（JSPG 503/1）を行ったJSPGも北大西洋のみならず，北アフリカから南アジアにかけての基地を獲得する重要性を指摘し，それを実行するための交渉を進めるよう国務省に要請した。それらを受けたJCSは，南アジア，北アフリカ，中東の基地を新たに基地リストに追加し，そこに「合同」或いは「参加的」な基地を獲得する必要性を認めた。

　重要だったのは，マーシャルの指示を受けた陸軍の企画・作戦部が，このときすでに対接受国政策の転換について検討を始めていたことであった。彼らは1948年2月の報告書の中で，対グリーンランド交渉を進捗させる手段として，

第5章 再拡大への道

図表5-1　JCS 570/120に至るまでの各アクターの計画

	計画	主たる考え方	重視する地域
1948年2月	陸軍企画作戦部報告	グリーンランド獲得のための見返りの提案	―
1948年3月	JWPC『短期的緊急事態計画』	対ソ航空攻撃の観点からJCS 570/83で外されたソ連の南側の基地の重要性を再指摘	英国とハルトゥームからカイロ，スエズ地域
1948年3月	JSPG 503/1	基地交渉の早急なる進展を求める	北大西洋，南アジア，北アフリカ
1948年8月	JCSによる基地リストの追加	ソ連の南側に「合同」或いは「参加的」な基地権の確保	南アジア，北アフリカ
1948年12月	JCS 570/111	対接受国政策の転換，見返り原則の導入	―
1949年4月	JCS 570/120	ソ連への軍事的対抗（基地の分類と優先順位の策定）と見返り原則	大西洋，北アフリカ，南アジア

安全保障や経済援助などの見返りを与えることを提案した。そしてそのような考え方は，1948年12月にJCS 570/111としてまとめられ，一般的な基地交渉の原理，すなわち見返り原則として確立されたのである。

　JCS 570/120は，そのような対接受国政策の転換と対ソ戦略の具体性（すなわち，基地の分類と優先順位）を明確に打ち出したものであった。とりわけ，見返り原則については，基地をNATOのような多国間制度枠組の中に組み入れ，欧州復興援助計画や経済・軍事援助協定とリンクさせることで，従前にはなかった互恵性を形成しようとするものであった。そのため，当時接受国候補との間にあった他の協定は，基地協定と連動するよう見直されることとなり，もしそのような協定がないのであれば，連動させることが可能な新たな協定を締結することが求められた。

　以上，本章で明らかになったのは，接受国側の意思決定が米国の基地計画の策定に影響を与える過程であった。同時にそれは，戦争終結以降，米国が一貫して課せられていた（戦略に対する）制約を克服しようとする試みであり，また理論的には，同盟と基地の逆転した因果関係の一端を示すものであった。というのも，本章でみたように，とりわけ軍にとって基地の設定という目的は論

理的にNATOに先行する場合があったからである（この点，終章でいま一度整理する）。

　ところで，これ以後，米国はソ連との対決姿勢を一層強めていく。JCS 570/120が提出された4日後には北大西洋条約が調印され，10月には中華人民共和国が成立した。そして1950年1月には，中ソ友好同盟相互援助条約が調印され，4月には冷戦期の米国の安全保障戦略を規定した戦略文書，NSC 68が発表された。さらにその直後の6月には，国際社会を第三次世界大戦の淵まで追い込んだ朝鮮戦争が勃発する。このような東西対立の荒波の中で，米国はどのように他国に基地を展開していったのか。そして本章でみた見返り原則は，以後の基地交渉においてどのように適用されていったのか。それらを考察するのが次の第Ⅱ部の目的である。

　NSC 68と基地計画　その前に戦後の基地拡大政策の観点からみたNSC 68の位置付けについても簡単に触れておこう。というのも，NSC 68は先にみた『短期的緊急事態計画』をはじめとする戦争対処計画の延長線上に位置するものであり，それは以後の冷戦戦略（とりわけ軍事的な意味での対ソ「封じ込め」政策）を大きく規定するものだったからである[55]。

　実は，JCS 570/120の策定作業と時を同じくして，NSCの中でも，米国の冷戦戦略についての検討が進められていた。例えば，NSCは1949年4月にNSC 45/1という報告書をまとめ，同時期のJCSの基地計画と同様，北アフリカと地中海地域の戦略的重要性を高く評価した[56]。具体的には，軍が要求するエジプト及び英国への基地展開が米国の戦争計画にとって不可欠であることを認め「大統領は国務長官に対して，英国政府と交渉を行うよう指示」[57]すべきとの認識を示した。

　そして，1950年4月のNSC 68では，それをさらに具体化して，米国が戦略的に重視すべき地域を，カナダ，英国，西ヨーロッパ，アラスカ，西太平洋，アフリカ，中近東に特定した[58]。その上で「それら地域にまたがる兵站線をソ連の航空及び地上攻撃から効果的に防衛」することの重要性を指摘した。というのも，NSC 68を作成したポール・ニッツェ（Paul Nitze）を長とする国務・国防総省政策検討グループは，実際の戦争が起こった場合のソ連側の軍事作戦を次のように予測していたからである[59]。

155

第 5 章　再拡大への道

1）イベリア半島とスカンジナビア半島を除いた西ヨーロッパを転覆し，中近東の石油埋蔵地域へと向かい，極東における共産主義諸国の利益を確かなものにする。
2）英国に対する航空攻撃と，大西洋及び太平洋から西側の大国間の兵站線に対して海上から攻撃を行う。
3）選択された目標に対して核攻撃を行う。そこではアラスカ，カナダ，そして米国も含まれるかもしれない。或いは，その能力（核兵器）は同盟国軍が英国の作戦基地を使用するのを拒絶しようとするかもしれない。（括弧内，傍点筆者）

報告書によれば，そのようなソ連の軍事行動に対抗する手段は，あくまでも米軍の前方展開にあった。そしてその際の米軍の任務は具体的には次の五つが想定された。[60]

1）同盟国の戦争遂行能力を発展せしめるように，西半球と同盟国が存在する地域を防衛する。
2）戦争に勝利するために求められる攻撃的戦力が十分な態勢を取るまでの間，基地を提供しそれを防御する。
3）ソ連の戦争遂行能力にとって決定的な要素を破壊するための攻撃的オペレーションを行う。
4）上記の任務を遂行するのに不可欠な基地地域と兵站線を防衛し，それらを維持する。
5）同盟国が上記の役割を実行するのに不可欠な援助を提供する。

このような考え方は，いうまでもなく，すでにみたJCSの『短期的緊急事態計画』のそれと基本的に一致したものであった。そしてそこで示された戦略地域（カナダ，英国，西ヨーロッパ，アラスカ，西太平洋，アフリカ，中近東）は，JCS 570/120 が示した基地地域とも概ね重なるものであった。つまり，NSC 68 は対ソ「封じ込め」という，以後の政治的，軍事的目標を明確に打ち立てた一方で，基地拡大政策の観点からいえば，すでにJCSの基地計画や戦争対処

計画で示されていた基地の役割と，JCS 570/120によって具体化された北大西洋地域及びソ連の南側地域からのアプローチの重要性を再確認したものだったといえるのである。

注

1) それは，5月19日に参謀総長らに承認された。JCS 1844/1, "Short Range Emergency Plan (Grabber)," March 17, 1948, Box 73, Section 12, file CCS 381 USSR (3-2-46), Geographic File, 1948-1950, RG 218.
2) JCS 1844/4, "Brief of Short Range Emergency War Plan," May 19, 1948, Box 73, Section 13, file CCS 381 USSR (3-2-46), Geographic File, 1948-1950, RG 218.
3) JSPG 503/1, "Over-All Examination of United States Requirements for Military Bases and Base Rights," March 18, 1948, Box 138, P&O 686 TS, (Section IV), (Case 43-56), Plans & Operations Division, Decimal File 1946-1948, RG 319.
4) Memorandum by the Joint Chiefs of Staff, "Views of the Joint Chiefs of Staff on Over All Examination of United States Requirements for Military Bases and Base Rights," August 2, 1948. (*FRUS, 1948*, 1, pt.2, pp.603-604.)
5) *FRUS, 1949*, 1, pp.300-311.
6) この点，JCSだけがソ連の南側からのアプローチを重視していたわけではない。そのような認識は国家安全保障会議 (National Security Council : NSC) とも共通したものであった。後述するが，国務・国防総省政策検討グループ がまとめた重要な冷戦戦略に関する文書であるNSC 68（1950年4月14日）は，その中で「封じ込め」戦略を実行するための手段として，英国，西欧州，アラスカ，西太平洋，アフリカ，中近東における基地展開の重要性を指摘していた。（この点，May 1993 ; Gaddis 1980. 参照）
7) Wedemeyer to Greasley, 25 February 1948, Box 137, P&O 186 TS, Part IV, Sub-Nos. 66-, Plans & Operations Division Decimal File 1946-1948, RG 319 ; J. Lawton Collins, Memorandum for the Chief of Staff, February 10, 1948, *ibid*.
8) "Rights to Air Bases in Greenland," February 25, 1948, Box 137, P&O 186 TS, Part IV, Sub-Nos.66-, Plans & Operations Division Decimal File 1946-1948, RG 319.
9) 以下は，"Rights to Air Bases in Greenland," February 25, 1948, Box 137, P&O 186 TS, Part IV, Sub-Nos. 66-, Plans & Operations Division Decimal File 1946-1948, RG 319. に基づいている。
10) *Ibid*., Appendix "B".
11) この点は，当初の欧州復興援助計画，所謂，マーシャル・プランの理念から一歩踏み込んだものとして理解されよう。マーシャル・プランについては，永田 1990. が詳しい。
12) 彼らにとって欧州復興援助計画は「西ヨーロッパに対する米国の重要な投資の一つ」であった。
13) リースの期間はあくまでも（議会の承認を必要としない）行政協定によって決定されることが望ましいとされた。

第 5 章　再拡大への道

14）但し，米国は必ずしもそれに対して加盟の形を取る必要はなく，ある程度の支援を約束するに留まるものであって良いと考えていた。
15）Kenneth C. Royall, Memorandum to the Secretary of Defense (Forrestal), July 28, 1948, Box 119, CD 27-1-21, Correspondence Control Section Numerical File, Sep 1947-June 1950, RG 330.
16）Forrestal, Memorandum for the Secretary of the Army (Royall), August 7, 1948, Box 119, CD 27-1-21, Correspondence Control Section Numerical File, Sep 1947-June 1950, RG 330.
17）Forrestal to Marshall, August 7, 1948, Box 119, CD 27-1-21, Correspondence Control Section Numerical File, Sep 1947-June 1950, RG 330.
18）Enclosure, "Views of the Joint Chiefs of Staff on Over-all Examination of United States Requirements for Military Bases and Base Rights," August 7, 1948, Box 119, CD 27-1-21, Correspondence Control Section Numerical File, Sep 1947-June 1950, RG 330.
19）*Ibid*.
20）John H. Ohly, Memorandum for the Secretary (Forrestal), August 7, 1948, Box 119, CD 27-1-21, Correspondence Control Section Numerical File, Sep 1947-June 1950, RG 330.
21）なお，オーリーは，欧州復興援助計画と基地交渉を連動させることに慎重である理由については述べていない。
22）Ohly Memorandum for the Secretary (Forrestal), August 7, 1948, *Ibid*.
23）この点 Stuart Symington, Memorandum for Forrestal, December 8, 1948, Box 119, CD 27-1-21, Correspondence Control Section Numerical File, Sep 1947-June 1950, RG 330 ; Ohly, Memorandum for the Secretary (Forrestal), December 10, 1948, *ibid*.
24）Memorandum for the Record, "Summary of Discussion Number Three of 'List of Major Issues and Projects which are being Considered or which should be Considered'，" September 17, 1948, Box 119, CD 27-1-21, Correspondence Control Section Numerical File, Sep 1947-June 1950, RG 330.
25）JCS 570/111, "Base Rights for the United States in Return for Military Aid to Foreign Nations," December 13, 1948, Box 138, P&O 686 TS, Section VI, Cases 61-, Plans & Operations Division, Decimal File 1946-1948, RG 319.
26）"Exclosure," *ibid*.
27）*Ibid*.
28）*Ibid*.
29）Maddocks, Memorandum for the Chief of Staff, U.S. Army, December 16, 1948, Box 138, P&O 686 TS, Section VI, Cases 61-, Plans & Operation Division, Decimal File 1946-1948, RG 319.
30）なお，マドックスはそれが政治的にどのように困難であるかについては述べていない。
31）Knowlton, Memorandum for the Secretary, Joint Chiefs of Staff, date unknown, Box 138, P&O 686 TS, Section VI, Cases 61-, Plans & Operations Division, Decimal File 1946-1948, RG 319.
32）Leahy, Memorandum for the Secretary of Defense, December 21, 1948, Box 138, P&O

686 TS, Section VI, Cases 61-, Plans & Operations Division, Decimal File 1946-1948, RG 319.
33) *Ibid.*
34) Forrestal to Lovett, December 31, 1948, Box 119, CD 27-1-21, Correspondence Control Section Numerical File, Sep 1947-June 1950, RG 330.
35) *Ibid.*
36) Lovett to Forrestal, January 17, 1949, Box 119, CD 27-1-21, Correspondence Control Section Numerical File, Sep 1947-June 1950, RG 330.
37) *Ibid.*
38) *Ibid.*
39) JCS 570/120, "Requirements for Military Rights in Foreign Territories," March 31, 1949, Box 147, CCS 360（12-9-42）, Sec. 38, Central Decimal File 1948-1950, RG 218, p.842.
40) *Ibid.*
41) 同一の優先順位のグループに分類された基地については，その中でさらなる優先順位が示されることはなかった。
42) なお，ロランとは航空機や船舶が2局かそれ以上の地上局から来る電波の時間差で自らの位置を割り出す装置のことである。
43) JCS 570/120, *op.cit.*, p.855.
44) 国家軍政機構（National Military Establishment）は1947年7月の国防法によって発足した米国の国防・軍事を統合する官庁組織である。国家軍政機構は1949年8月に改称され，国防総省（Department of Defense）となっている。本書では混乱を避けるため，それ以前の時期に関する記述においても「国防総省」と表記したが，引用する際には文書のまま「国家軍政機構」の訳を用いている。
45) JCS 570/120, *op. cit.*, p.854.
46) *Ibid.*, p.857.
47) *Ibid.*, p.855.
48) *Ibid.*, p.1010.
49) *Ibid.*, p.854.
50) *Ibid.*, p.856.
51) JCSはその理由について言及することはなかったが，それは一つには見返り原則に基づいた交渉が，多国間交渉よりも二国間交渉においてより大きなバーゲニングパワーを発揮すると考えられていた可能性がある。二国間交渉が大国のレバレッジを高める効果的な手段となり得ることについては，Nayar 1995。
52) JCS 570/120, *op. cit.*, Enclosure "B".
53) *Ibid.*, p.1010.
54) *Ibid.*
55) この点，Gaddis, 1980。なお，NSC 68についてはこれまでに膨大な研究蓄積が存在する。例えば，May 1993；Nitze 1989；Talbott 1998。
56) National Security Council Paper 45/1, "Airfield Construction in the U.K. and the Cairo-Suez Area," April 15, 1949, Digital National Security Archives, http : //nsarchive.

chadwyck.com/marketing/index.jsp（2008年1月10日閲覧．DNSA は米国国立安全保障公文書館において公開された文書を元の文書のまま画像として掲載している民間の NPO である．活字化して刊行された *Foreign Relations of the United States* とは違い，外交文書を手書きの書き込みも含めて閲覧できるという点において，マイクロフィルム化された外交資料と同等の価値を持つといってよい．）

57) *Ibid*.
58) NSC 68, "United States Objectives and Programs for National Security," April 14, 1950, in *FRUS, 1950*, 1, pp.237-240. また May 1993：23-82. にも同文書の全文が収められている．
59) May 1993：38. なお，国務・国防総省政策検討グループは，1950年1月31日の大統領指令によって設置されたワーキンググループである．NSC の政策決定に対する影響力については，松田 2009；花井・木村 1993. を参照されたい．
60) May 1993：71.

第 II 部

基地計画の実行

―― 接受国との交渉とその結果

第Ⅱ部は，第Ⅰ部で明らかになったことを前提に，米国と接受国の戦後基地交渉の問題を考察する。すでにみたように，米国の基地拡大計画はJCS 570/83によって軌道修正され，冷戦に直面し，見返り原則の採用を決めたJCS 570/120によって，再び拡大へと舵が切られた。では，それ以後，米国は如何にして個別の国に基地を展開し，接受国候補はなぜそれを受け入れたのか。そして，見返り原則はその過程にどのような影響を与えていたのか。それらを明らかにするのが，第Ⅱ部の目的である。

　第Ⅱ部で検証する仮説は，1)「接受国が米国と脅威認識を共有していれば基地は受け入れられるが，そうでない場合は拒否される。しかし，接受国が米国と脅威認識を共有していても，自立性の低下や巻き込まれの危険性を強く懸念していれば基地は拒否される」（同盟政治仮説）と，2)「米国と脅威認識を共有しなくとも，或いは自立性の低下や『巻き込まれ』を恐れる接受国に対しても，単一的ではなく包括的な基地契約を提案し，そこで十分な利益供与を行うことで基地は展開される可能性がある」（契約仮説）である。

　第Ⅱ部で扱うのは，英国（第6章），デンマーク（グリーンランドと本土——これら二つは別々のケースとして考えられるが，第7章で一緒に取り扱う），スペイン（第8章）の四つのケースである。それぞれは，米国が40年代後半以降，その戦略的重要性を極めて高く評価していた国である。

　各々のケースは次のような特徴を持っている。まず英国は，見返り原則が導入される遥か以前に基地を受容したケースである。したがって，そこで検証される仮説は，英国は米国との共通の脅威認識に基づいて基地を受け入れ，かつ基地のディレンマをうまくコントロールする装置を作った，というものである。次のグリーンランドは，見返り原則導入後に基地が受容されたケースである。したがって，そこで検証される仮説は，（デンマークがNATO加盟国であることから）共通の脅威認識に基づき，また基地のディレンマをコントロールするための見返りが効いた，というものである。一方，それとは対照的に，デンマーク本土では基地は受容されなかった。そのため，デンマーク本土の場合は，米国と脅威を共有しながらも，（本土に基地を受容することで生じる）自立性の低下や巻き込まれを恐れており，さらに見返りも効かなかった，という仮説が成り立つことになる。最後のスペインはNATO加盟国ではないが，基地を

受容した（1953年9月）国である。したがって，スペインに関しては，米国と脅威を共有していないものの，見返りが効いた国であり，かつ基地のディレンマがコントロールされた，という仮説が成り立つことになる。

第6章　英国

　第Ⅰ部でも触れたように，米国は1940年9月の「駆逐艦—基地交換協定」によって英領に基地を展開し，その後，英国本土にも基地を置いた。そして戦争が終わると，同協定によって貸与された地域を除いて基地を撤収した（1946年2月）。しかし，それから1年後の1947年初頭に，再度本土に基地を展開した。

　このケースが特徴的なのは，米国は基地を展開するに際して英国側に問題領域を超えた「見返り」を与えるのではなく，あくまでも一時的駐留という既成事実を積み重ねることでそれを固定化していった点である。また，英国の米軍基地は世界に存在しているそれの中で，唯一，駐留期限や使用目的に関する公式の取り決めが行われていないケースでもある。米空軍司令官だったレオン・ジョンソン（Leon Johnson）の言葉を借りれば「歴史上，ある第一級大国（first class power）が協定に基づかないで，他の第一級大国に展開するのは初めてのこと[1]」であった。それどころか，戦後の英国はときに彼らの方から基地の拡大を唱導したし，基地の建設費用や駐留経費の負担にも応じた。そのような英国固有の意思決定にはどのような要因が作用していたのか。

　以下，第1節では，戦中の基地受容のきっかけとなった「駆逐艦—基地交換協定」（1940年9月）の締結過程を考察し，さらに戦後に基地が撤収された経緯をみていく。第2節では，「スパーツ・テッダー協定」によって，英国本土に基地が再展開される経緯を考察する。第3節以降は，英国が基地を受容するに際して，主権や自立性の問題を如何に処理したかについての考察である。実は，英国はベルリン危機が収束した後も，米国に基地の撤収を求めるのではなく，むしろその固定化を「容認」していった。そのため，この問題を考察することは，基地の安定性のメカニズムを解明する大きな手掛かりとなり得るものである。そこで第3節では，ベルリン危機後の米英交渉，とりわけ1950年4月の「大

使の協定」と，1951年12月の「トルーマン・アトリー会談」に焦点を当てる。最後の第4節では，核の「事前協議」問題に一応の政治的決着が図られ，基地が固定化されるに至った経緯を考察する。

第1節　第二次世界大戦期の展開と戦後の撤退

1）駆逐艦－基地交換協定

1940年5月15日，チャーチル英首相はドイツ海軍Uボート潜水艦の脅威に対抗するために，ローズヴェルト米大統領に対して40隻から50隻の老朽駆逐艦の貸与を要請した。チャーチルにとって駆逐艦の増強は，英国の安全保障にとり「生死を分かつ重大な問題」であった。そのような要請に対してローズヴェルトは8月13日，機雷船と航空機と共に50隻の駆逐艦を提供する用意があることを伝えた。そして，その代わりとして，ニューファンドランド，バミューダ，バハマ，ジャマイカ，セント・ルシア，トリニダッド，英領ギアナを米国の海・航空基地として99年間，貸与（lease）することを求めた。

しかしチャーチルは当初，そのような要請に反対の姿勢を示した。1940年8月20日，彼は下院で次のように述べ，それが将来的に単なる基地の提供に留まらなくなるであろうことへの危惧を表した。

> このプロセスが意味するものは，……大英帝国と米国が何らかの形で結合するということである。私がそれを望まなかったとしても，その流れを止めることはできない。誰にもそれを止められないのである。

ところが，チャーチルの懸念を他所に英国政府全体としては米国との取引を「アングロ・サクソン・ブロック建設の第一歩となり得る歴史上重要なもの」と前向きに捉えていた。そのため，9月2日，コーデル・ハル（Cordell Hull）米国務長官と駐米英大使のロジアン卿（Lord Lothian）は，米国が駆逐艦を提供する代わりに，ニューファンドランド，バミューダ，バハマ，セント・ルシア，トリニダッド，英領ギアナ，ジャマイカ，アンティグア，ラブラドルを賃料な

第6章　英国

しで99年間，米国に貸与することを決めたのである。

　この米英間の取り決めこそが，前章までに度々登場した「駆逐艦－基地交換協定」である[7]。協定の眼目は，米国が西半球の防衛のために大西洋・カリブ海に空・海軍基地を展開することにあり，そこでは米国がアヴァロン半島，ニューファンドランドの南海岸，バミューダの東海岸，及びグラント湾に，自由かつ対価無しに海・空軍基地を建設することが謳われていた。さらに，米国にはバハマ東部，ジャマイカの南海岸，セント・ルシアの西海岸，トリニダードの西海岸，アンティグア，英領ギアナの一定区域においても同様の権利が与えられた。より正式な協定は1941年3月27日，「海軍及び空軍基地の貸与に関する協定」として合意された[8]。そこで締結された協定は米国に広範な権利を与えるものであった。というのも，同協定第2条は「米国が戦時，その他の緊急時に直面した際，……軍事作戦を行うために必要な全ての権利，権限，権能を行使することができる」（傍点筆者）と定められていたからである。いうまでもなくこの協定は，駆逐艦と基地の取引であった。しかし，特徴的なのは，基地の展開があくまでも英国側から打診された戦争協力に対して，米国側が出した条件だったという点である。換言すれば，「駆逐艦―基地交換協定」は，そもそも英国側のイニシアティブを契機として生まれたものだったのである。

　ともあれ，米国が大西洋とカリブ海上の英領諸島に海・航空基地を置いたことはそれらの地域が（米国が正式に戦争に突入する以前から）米国の防衛ラインに組み込まれたことを意味するものであった。ジョン・ベイリス（John Baylis）によれば，米英の安全は同協定をもって不可分の関係になったのである[9]。

2）展開と撤退

　結局，米国は「駆逐艦―基地交換協定」によってバミューダに海軍基地を設置し，そこに3,000人の兵を置いた。また1941年に入ると，バハマにも航空部隊を展開し，ジャマイカには1,800人の兵を駐留させた。さらに，セント・ルシアにはカリブ海周辺及びプエルトリコからトリニダードに至る地域を警戒，警備するための航空基地を設置した。加えて，トリニダードは15,000人が駐留する航空基地となり，英領ギアナはブラジル東部に至る航空ルートを監視するための

航空基地となった。ニューファンドランドのセント・ジョンズ，アルジェンティア，ステイプルビル（Stapleville）の航空基地には5,000人が展開，ノバスコンシアには航空基地が設置された。ニューファンドランドとバフィン島には通信基地が置かれた[10]。さらに，ニューファンドランド，バミューダ，ジャマイカ，アンティグア，トリニダッド，英領ギアナはドイツの航空攻撃に対する早期警戒基地と位置付けられ，それらの地域にはSCR－70地上管理型防空システムが設置された。こうして米国は1945年の戦争終結時には，10万の兵をニューファンドランドとラブラドルに駐留させていたのである[11]。

ところで，米国は「駆逐艦―基地交換協定」に含まれていない英領でも，軍同士の非公式協定や，行政協定によって基地を設置した。例えば，1942年3月，米軍はアセンション島に上陸し，ワイドアウェーク（Wideawake）に飛行場を建設，同年7月には3,000フィートの滑走路を建設した。米国にとってそれは北アフリカ地域で最初の航空基地となった。同飛行場は後にTORCH作戦（1942年11月8日より行われた連合軍によるモロッコとアルジェリアへの上陸作戦）の主要基地としても用いられた。以降，アセンション島には1943年までに4,000人が駐留した[12]。また，米国は英国本土にも（非公式協定や行政協定を通じて）基地を展開した。本土では1942年6月から45年12月まで，計165の陸軍航空隊基地が使用され，三つの飛行大隊と九つの航空司令部，そして四つの航空師団が駐留していた[13]。

ところが戦争終結後，米国は「駆逐艦―基地交換協定」で貸与された地域を除いて基地を撤収した。本土のケースでいえば，1946年の初頭には戦中に設置した全ての基地の撤収を完了していた。例えば，2月23日の英紙タイムズによれば「ホニントン（Honington）航空基地から米国の管理下にある最後の爆撃機が飛び立った……それは英国に駐留する米第8空軍の最後の旅立ちを示すもの[14]」であった。とはいえ，第Ⅰ部でもみたように，米国は戦後も一部の英領に基地と部隊を継続駐留させることを望んでいた。しかし，そのような要請は英国側にことごとく拒否された（第4章）。すでに述べたように，1946年4月，駐米英国大使ハリファックス卿はベヴィン英外相に対して，ギルバート諸島のタラワ島，ソロモン諸島のガダルカナル島とトゥラギ島，及びフィジー諸島にある基地を米国との共同軍事施設とする案を提示したが，ベヴィンはそれに反

対した[15]。アセンション島も同様だった。1945年11月，バーンズはベヴィンに対してアセンション島を含めた英領での基地の継続を要請するも断られ，米軍は1945年中に同島からの撤退を余儀なくされたのである[16]。

第2節　戦後の再展開

1）スパーツ・テッダー協定

米国の対ソ戦略　結局，米国は1946年初頭までに，英国本土から完全に基地を撤収した。時を同じくして，米軍部内では向こう3年を視野に入れた戦争対処計画の立案が進められていた。第4章でもみたように，当時の対ソ戦略の核心は西ユーラシアからの戦略航空攻撃にあった。そのため航空基地の選定は基地計画にとって極めて重要な問題となった。同時期，軍の基地計画の焦点は太平洋から北極，北大西洋，英国，アフリカ，南アジアへと移行していた。とりわけJWPCがまとめた既出の「ピンチャー（Pincher）」（1946年6月）は対ソ戦における英国の基地の重要性を指摘するものであった[17]。ピンチャーは，①米国領土及び基地の防衛，②英国，エジプト，インド，イタリア，中国西部付近，及びそれらに繋がる兵站線の確保，③戦争の初期段階にこれらの基地からソ連の戦争遂行能力に対して迅速な空軍作戦を展開することを基本構想に据えていた。そしてそこでは「英国の安全を確保することは将来の同盟国の戦争努力にとって死活的である。英国は価値ある基地区域を提供するのみならず，彼らの潜在的な工業力は効果的な戦争遂行のために計り知れない意味を持つ」との指摘がなされていた[18]。こうして軍部は，1946年3月にもなると，英国の空軍基地を第三次世界大戦の重要な出撃基地として認識するようになっていたのである[19]。

脅威の共有　一方，英国の側も1946年以降，ソ連の脅威についての認識を米国側と共有するようになっていた。例えば，すでに触れたようにチャーチルは1946年3月，ミズーリ州フルトンで演説を行い，ソ連の攻撃的な意図についての警告を発し，ソ連の脅威への対抗を目的に米英の戦時同盟を再構築する必要性を説いた。この演説に対する英軍の反応は良好だった[20]。というのも，

軍は日を追って悪化するソ連との関係に強い懸念を抱いていたからである。そのため，米英両軍はこのときを境に，徐々に非公式の会談を持つようになっていった。そしてソ連についての脅威認識が一致するにつれて，彼らの軍事協力も密になっていった。例えば，1946年12月，双方の空軍は，戦術や装備についてそれまで行ってきた協力を以後も継続することについての協議を行った[21]。それを皮切りに，同様の協議が陸軍や海軍でも行われるようになった。いつしか米英の間には，非公式ながらも様々な協議の場が立ち上げられ，両国の陸・海・空軍，国防総省，国務省の担当者らは，共通の安全保障問題について積極的に情報交換するようになっていたのである[22]。

その中でもとりわけ重要だったのが1946年6月25日から28日，そして同年7月4日から6日にかけて行われた，既出のスパーツ米戦略空軍欧州方面指令官とアーサー・テッダー（Sir Arthur Teddar）英空軍参謀長との会談であった。スパーツとテッダーは，米英間の戦時協力が終わった後も，定期的に連絡を取り合い，増強するソ連の陸軍兵力の問題について情報を交換してきた[23]。一連の会談では，1）米国による緊急時の民間航空輸送路の使用，2）ドイツにある米軍飛行部隊の英国移駐，3）「特殊装備」に精通した将校の派遣，4）「特殊な形態の活動」に必要とされる施設の問題，が議題に上った。会談の最重要争点は，上記2）から4）の前提を成すと考えられた，B-29の配備問題であった。会談の結果，英国にはB-29の使用に耐え得る飛行場が存在しないことが判明し，英空軍が非公式にイースト・アングリアの四つの基地を改修することが合意された[24]。

本土の基地と再展開　　米国は英国の基地に次のような魅力を感じていた[25]。まず，イースト・アングリアにある基地（レイケンヒース，ミルデンホール，スカムプトン，マーラム）から展開するB-29は，モスクワ，ドネツ，プロイエシュティ（ルーマニアの工業都市）といった，ソ連の重要な工業地帯を射程に収めることができた。次に，英国には大戦中に使用されていた高度な基地設備が残っていたため，わずかな改修を施すことで重爆撃機の展開が可能であった。そして，何よりも英国の基地を使用できなければ，米国の軍事行動は基地交渉が難航していたアイスランドとアゾレス諸島を用いた作戦に限定されるとの懸念があった。

169

第6章　英国

　こうして，前年に撤退したはずの米軍は1947年の初めまでに（わずか1年の空白をもって）英国本土に再展開されることとなった。もっとも，その厳密な時期については研究者の間でも議論がわかれている。例えば，ベイリスは「米国が三つの爆撃部隊を英国に駐留させるための最初の要請を行ったのは，1948年6月から49年5月にかけてソ連が行ったベルリン封鎖によるもの」として[26]いる。これに対して，ダンカン・キャンベル（Duncan Campbell）は，ベルリン危機は米軍が英国に本格的に再展開する「口実」になったに過ぎず，実際にはそれよりずっと前から基地は展開されていたと指摘している。[27]同様に，サイモン・デューク（Simon Duke）は「1948年のベルリン危機は英国に大規模な米軍を再配備するための口実とはなったが，原因ではなかった。……平時の英国における米軍の再配備がベルリン危機を直接の契機とする考えは歴史に対する誤った解釈である。……スパーツ・テッダー協定の結果，訓練を目的とした『駐留』──こうした一連の駐留は軍事的プレゼンスを構成しないかもしれないが──はすでに行われていたし，米軍の駐留は実在していた。ベルリン危機の重要性はスパーツとテッダーによって，すでに2年も前に合意されていたものを白日の下に晒したことにあった」[28]（傍点筆者）としているのである。

　何れにせよ，スパーツ・テッダー協定以降，英国本土には新たに核兵器の集積基地が設けられ，1947年7月には米空軍戦略爆撃欧州部隊の定期的な移動が開始された。[29]もっとも，この段階での米空軍の駐留はあくまで一時的なものになるはずであった。当初，それは「作戦訓練」目的で，駐留期間は30日とされた。ところが，駐留期限は間もなく60日に延長され，同部隊が撤収した後は「ローテーション」の名の下に，他の部隊が新たな駐留を開始した。以後，米国は既成事実の積み重ねによって基地の使用を固定化し，英国はスパーツ・テッダー協定からわずか数年の間に，米国の「不沈空母」となっていくのである。[30]

　以上から明らかなように，米国はスパーツ・テッダー協定の締結過程において，英国に問題領域を超えた見返りを与えていない。と同時に，英国側も米国にその提供を求めることはなかった。つまり，基地はあくまでも米英軍の共通の脅威認識がもたらしたものだったのである。では，ベルリン危機が収束し当面の脅威が去った後，英国は基地に対する国内の反発を如何に処理していったのか。そして，米国は見返り原則が導入された1948年12月以降，英国に何ら

170

かの見返りを与えたのか。もしそうでないとすれば，基地はどのように固定化されていったのか。この点を明らかにすることは，基地の安定性のメカニズムを考える上で重要な含意を導くものである。そこで以下では，ベルリン危機から1950年4月の大使の協定，そしてトルーマン・アトリー会談（1950年12月）からトルーマン・チャーチル会談（1953年3月）までの時期を取り上げて考察する。

2）ベルリン危機

重爆撃部隊の展開　スパーツ・テッダー協定の締結からしばらく後に生じたベルリン危機（1948年6月）は米国の本格的な基地展開の契機となった。1948年6月28日，マーシャル米国務長官はベルリンの状況悪化を受けて，ロンドンのルイス・ダグラス（Lewis Douglas）駐英米国大使に対して，三つの重爆撃部隊の展開を英国側に申し出るよう指示した。但し，その目的は一時的な作戦訓練であるとされた[31]。ダグラスの提案は程なく英国側に受け入れられた。提案があったその日，ベヴィン外相はロンドンにいたダグラス大使に対して「我々はそのような協定に原則賛成である」[32]と述べたのである。

この点，既出のデュークは，英国側が提案を即座に受け入れた理由として，1）チェコの共産主義クーデターにみられるようなロシアの拡張主義が欧州に蔓延することを恐れたこと（両国の共通脅威），2）米国の孤立主義への回帰に対する不安があったこと（「捨てられる」危険性），3）スパーツ・テッダー協定の存在が事実上，そのような要請を受け入れる以外の選択肢をなくしていたこと，の三つを挙げた[33]。但し，この段階で英国政府は基地をあくまでもベルリン危機に対応するための手段と捉えており，長期的にそれを受け入れるつもりはなかった。

重爆撃部隊を英国に配備するアイデアはフォレスタル米国防長官によるものであった[34]。ソ連がベルリンを封鎖する前日の1948年6月22日，フォレスタルはソ連の挑発や侵略への対抗策として（ソ連を攻撃できる距離にある）英国に爆撃機を移すことを提案した。フォレスタルによれば，B-29を英国に移す目的は，1）米国民に対して，政府が今日の事態を如何に深刻に捉えているかということを示し，2）米空軍にそのようなオペレーションを経験させることができ，

さらには，3）英国側にも外国部隊との共同オペレーションに必要な慣習や手続きを覚えさせることができる，というものであった。フォレスタルは「我々はそのような計画を実行する機会を得た。そして一度兵力を展開すれば，もし欧州の状況がさらに悪化し英国が態度を変化させたとしても，それはある種の固定されたものとして受け入れられることになる」と述べ，B-29の展開が長期化（固定化）することを予側していた。

それから間もない，7月18日，最初のB-29長距離爆撃機（計60機）が英国内に展開した。続いて，9月には90機の第三爆撃部隊が展開した。英紙タイムズによると，それは英国の基地を「短期の一時的任務として通過する」ためのものであり，また「それらの行動計画はSACで1年前に行われていた通常の長距離飛行訓練計画の一部をなすもの」であった。

長期展開へ　ところが，当初米英間で約束されたはずの一時的任務は，その後ローテーションという名の長期展開に取って代わられた。7月18日，B-29が最初の展開を完了した後，駐留期間は当初計画されていた30日ではなく，ずっと長期になることが決定した（最終的には，90日となった）。同じく，7月にはバートンウッドの基地を米空軍が空輸支援基地として使用できる協定が新たに締結された。それは形式上，英空軍省の「招待（invitation）」によるものであった。何れにせよ，基地はフォレスタルが企図したとおり，徐々に固定化の様相を呈していったのである。

当然，英国内部からは米軍の駐留がどのくらいの期間になるのか，といった声が相次いだ。空軍相のアーサー・ヘンダーソン（Arthur Henderson）は1948年7月28日，この点，英国下院で次のように説明した。

> 米国の空軍部隊は公式協定に基づいて英国に展開しているのではなく，善意（goodwill）と訓練目的のために米空軍と英空軍との間で締結された非公式かつ長期的な協定に基づいて展開している。現在，英国空軍基地に駐留しているB-29は西ヨーロッパにおいて長距離飛行を行っている。米軍がどのくらい駐留するのかは未定である。

ここから明らかなように，同時点で英国側は米軍の駐留がベルリン危機後も継

続するとは考えていなかった。英国政府によれば「三つの航空部隊は危機が続く限り駐留し続ける」[40]性格のものであり，それはあくまでもベルリン危機への対応を目的としたものだったのである。

第3節　ベルリン危機後

1）英国の脅威認識と「大使の協定」

　ベルリン危機は英国の安全保障上の危機感を強め，またそうであるが故に彼らにとっての米軍基地の存在感を一層高めることとなった[41]。一方，米国にとってのベルリン危機は基地を固定化するための格好の材料となった。事実，ベルリン危機が収束した後も米軍の駐留は継続された。1949年11月，ベヴィンは「私はダグラス（駐米大使）に，英内閣は米軍による恒久的な基地使用についてなんらの原則も受け入れていないことを説明した。我々は，ベルリン危機という困難な事態が生じている間，米国の保護を受けるためにB-29を受け入れただけである。英国に米国の爆撃機が恒久的に展開することを内閣が決定したことはなく，この問題を議会で報告したこともない」[42]（括弧内，傍点筆者）と述べた。

　巻き込まれの危険性　英国のそのような懸念の背後にあったのは，ソ連の核保有（1949年9月）であった。同時期，ソ連は米国を直接攻撃できる長距離爆撃機を有しておらず，もし米ソが核戦争に踏み切った場合に，英国がソ連の主要な攻撃対象になることは明らかであった。そしてそれは米国がそのような事態への対応を目的に，英国に無期限の基地使用を要求する可能性をもたらすものであった[43]。そのため，1950年3月15日，ベヴィンは議会で「現在の米軍爆撃機の駐留を歓迎しているものの，現在の平時の協定がより無期限なものになることを心配している」[44]として，協定に明確な駐留期限が設けられていないことに懸念を表した。

　米国側も空軍が要求したミッドランズの飛行場の建設交渉が進んでいなかったことや，それについて何らかの法的根拠を必要としていたこともあって，1950年4月15日から20日にかけて両国は会談を持った[45]。その結果，両国は「大使の協定（Ambassador's Agreement）」を締結し，米空軍と英空軍省が

第6章　英国

ミッドランズの四つの基地開発に共同責任を負うことで合意した。それは最終的に駐英米国大使のダグラスと，英国代表のエイデン・クローリー（Aiden Crawley）の書簡の交換という形が取られた。「大使の協定」の眼目は，アッパー・ヘイフォード，ブライズ・ノートン，フェアフォード，ミッドランズ基地を拡張することにあった。それ以外にも米国は英国に対して航空技術の指導援助を行うことで合意し，一方の英国は建設中の基地の維持費用と航空技術員の宿泊施設料を米国側に支払うことに合意した。[46]

　重要だったのは，このとき，英国側がこれ以上互いの防衛にとって必要でないと判断した場合に，協定を破棄する権利を持つことが確認されたことであった。それによって，英国は国家としての自立性を最低限確保することに成功した。さらにこのときベヴィンは，（英国が戦争に突入する前に）米軍が英国の基地から軍事作戦を行った場合，どのような事態が起こり得るかを米国側に質問していた。それは英国側にとって「巻き込まれ」を回避する重要な問題であった。しかし米国側は「英国にある飛行場は双方の政府が共通の防衛にとって望ましいと考えられる限りにおいて米国空軍によって使用される」と答えただけで，具体的な回答を示さなかった。[47] 結局「大使の協定」では「巻き込まれ」の問題についてのベヴィンの不安が解消されることはなく，それが後にアトリーとチャーチルをして，トルーマン政権との新たな協議を開始する契機となったのである。

2）トルーマン・アトリー会談

朝鮮戦争　　米軍駐留の基本条件に関するより明確な規定を模索していた英国は1951年に入るとさらに深刻な事態に陥っていた。アトリー首相は前年6月に勃発した朝鮮戦争に国連軍が介入する事態に直面し，米国の欧州防衛が手薄になるのではないかとの危惧を募らせていた。さらにトルーマン大統領が1950年11月30日の会見で，中国軍に対して核兵器の使用を検討しているような（しかも，核兵器使用の権限を現地司令官であるダグラス・マッカーサー（Douglas MacArthur）に委譲したかのような）発言をするに及んで，アトリーは米中軍事衝突とソ連の介入，或いは，第三次世界大戦という最悪のシナリオまで考えるようになっていた。[48]

そのため1950年12月3日以降，計6回にわたってワシントンで行われた会談（トルーマン・アトリー会談）では，米中全面衝突の阻止，米中和解などと並んで，朝鮮戦争での核兵器使用の禁止と基地使用に関する明確な取り決めの策定が争点となった。会談でトルーマンはアトリーに対して核兵器の使用について，両国はこの問題で常にパートナーであり，英国との協議なしにそれを用いることはないと伝えた。一方，アトリーはそのような約束を口頭ではなく何らかの文書で残したいと伝えた。この時，アトリーは「米国の軍事戦略，特に核の使用に関して，英国の拒否権を確保することを固く決意していた[50]」のである。

核兵器使用のコントロールを巡る米英対立　　実は，米国による核の使用についてはこれよりずっと前の1943年8月19日に，ローズヴェルトとチャーチルとの間で結ばれたケベック協定（「Tube Alloys（核爆弾の研究開発に関するコードネーム）問題における米英当局者間の協調に関する協定」）において，英国側の「同意」が必要であることが合意されていた[51]。というのも，ケベック協定の第2項は「これを第三国に対して用いるときは互いの同意を必要とする」と謳っていたからである。米国からすれば，それは将来の如何なる核使用も英国によって拒否（veto）され得る事態を招くものであった。そのため，米国は同協定を大統領の持つ最高司令官としての役割を制限し得るものとして，その見直しを求めていた。その結果，1948年1月7日，新たなエネルギー計画に関する協定である「モーダス・ヴィヴェンディ（modus vivendi）」が結ばれた。米国側はそこでケベック協定で定められていた英国の「拒否権」を剥奪した。協定には米国の望みどおり「米国の核爆弾の使用に対する英国側の拒否権を放棄する」ことが明記されたのである[52]。

ところが，朝鮮戦争の勃発によって米国の核使用が現実的となったことで，アトリーはトルーマンとの会談で「拒否権」の復活と核使用に際しての「事前協議」の開催を求めるようになった。アトリーは会談後のコミュニケに，両国が核兵器を互いの協議なしに使用しない，との文言を入れたかった。しかしディーン・アチソン（Dean Acheson）米国務長官は，そのような「同意」は大統領の権限を侵すものと考えた[53]。そのため，アチソンが準備した最終的なコミュニケでは「大統領は核爆弾が使用されないような国際状況を望むと言明した。また大統領は首相に対して，国際情勢の変更をもたらすような展開があれば，

第6章　英国

如何なるときも英国側に通告（informed）するのが自分の希望であると伝えた[54]」という一節が入れられるに留まった。米国側は英国の要求に一定の配慮をみせた一方で，核の自由使用を制約されるような如何なるコミットメントも行わなかったのである。

　当然，それは英国にとって満足とは程遠いものであった。アトリーの帰国後，英国内では会談の結果に対する批判が噴出した。英軍の参謀長であったジョンソン・スレッサー（Johnson Slessor）は，国務省政策企画室長のポール・ニッツェに対して「（基地使用に関する）より公式な協定が求められる[55]」との書簡を送った。この段階で基地をめぐる米英間の意見の相違は，核使用の事前協議問題の1点に集約されていたのである。

第4節　「共同決定」方式と駐留の固定化

　基地協定の明確化　　1951年10月に政権の座についたチャーチルが最初に行った仕事の一つは，在英米軍基地の地位を明確にすることであった。首相就任前，チャーチルは既述のモーダス・ヴィヴェンディと，トルーマン・アトリー会談のコミュニケを舌鋒鋭く批判していた[56]。また，首相就任後の1951年11月の演説では「前政権が米国にイースト・アングリアの基地を与えたことで引き受けることとなった危険性について忘れるべきではない。その結果，我々はソ連の挑発の矢面に立っている。我々は必要とする全ての権利を模索すべきであるし，米国は我々の立場に立った十分な配慮を行うべきである[57]」と述べ，米国の戦争に巻き込まれる危険性に警鐘を鳴らした。

　事前協議と巻き込まれの危険性　　チャーチルにとって核の事前協議の実現は，英国の自立性を確保し，「巻き込まれ」のリスクを低下させる重要な手段であった。もっとも，チャーチルはケベック協定にあった「合意条項の復活」を求めはしたものの，基地そのものを拒絶する意図はなかった。チャーチルはアトリーやベヴィンと同様，基地の受け入れを英国の安全保障にとって不可欠の策とみていた。つまり，チャーチルにとって合意条項の復活は，将来的に起こり得る国内の反発を抑え，基地を安定的に維持するための重要な仕掛けだったのである。

ちなみに，チャーチルが政権に就いた1951年の末，在英米国第三空軍では新たに2万人の兵力と6機の戦闘機を追加し，さらに大規模な爆撃基地と補給基地を建設することを定めた増強計画が進行中であった[58]。いうまでもなく，そのような計画は当初定められていた「一時的任務」とはかけ離れたものであった。

　かくして，トルーマンとチャーチルの会談は1952年1月7日から8日まで，計4回行われた[59]。英国は米国に対して，英国の基地を使った核攻撃を共同決定事項とすること，そして戦略空軍計画に関する更なる情報提供を行うことを求めた。会談の結果，後者については合意が成立したものの，共同決定問題については物別れに終わった。それはトルーマンが大統領の「特別な責任（special responsibility）」を頑なに主張したためであった。米国側は軍の最高責任者としての大統領の権限は憲法によって規定されたものであり，他国によって制限されるものではないとの主張を繰り返した。その一方で，トルーマンは核使用について英国と協議を行うことには同意した。ロヴェット米国防長官は「核爆弾が第三次世界大戦で使用されることは避けられない。しかし，英国の基地の使用が英国の同意なしになされることはない」と伝えたのである[60]。

　会談最終日の1月8日，トルーマン大統領とチャーチル首相はコミュニケを発表した。コミュニケの最後には「共同防衛のために作成された取り決めによって，米国は連合王国内の特定の基地を使用する権利を有する。我々は緊急時のそれらの基地使用が，その時々の情勢に照らして，英国と米国政府による共同決定の対象になるという合意を再確認するものである[61]」（傍点筆者）との一節が入れられた。この点，英国側にとって「共同決定」の文句が文書に記されたことは大きな成果であった。しかし，米国側は「共同決定」の文句が，米国の核使用に制限を加えるものとは解釈していなかった。この点，アチソン国務長官の側近だったルーシャス・バトル（Lucius Battle）によれば，コミュニケに盛り込まれた「共同決定」とはその内実において極めて曖昧かつ不明瞭な概念であり，それは少なくとも拒否権のようなものを意味するものではなかったのである[62]。

第5節　小結

　以上，英国における米軍基地は，戦中の「駆逐艦―基地交換協定」（1940年9月）を契機に展開し，1946年2月には一部の英領を除いて撤収され，それから程なくして結ばれたスパーツ・テッダー協定（1946年7月）によって，いま一度，展開への道が開かれた。それ以降，基地は「大使の協定」，トルーマン・アトリー会談，トルーマン・チャーチル会談を経て，徐々に固定化されていった。

　しかし，忘れてはならないのは，それらが必ずしも米国側の一方的な要請によるものではなかったことである。戦後の基地展開を理解する上では，英国側がそれを積極的に唱導していった面を無視することはできない。英国は米国が主導する核戦争に「巻き込まれる」ことを恐れ，米国側に事前協議という名の制限を課そうとする一方で，米国に「捨てられない」ように，すなわち米国の安全保障コミットメントを維持するために様々な協力を行っていった。そうであるからこそ，英国はベルリン危機が収束してからソ連が核を持つまでの間（すなわち，英国に重大な安全保障上の危機が生じていない時期）も，米国に対して基地の撤退や縮小を要求することはなかったし，米国も英国に対して問題領域を超えた見返りを与えることはなかった。[63]　実際，アトリーもチャーチルも米国の基地そのものを否定することはなく，それがもたらす安全保障上の利益を高く評価していた。

　そのため，彼らは基地に対する国内の潜在的な反発を抑えるための措置を次々と講じていった。例えば，アトリーは「大使の協定」で英国側が協定を破棄する権利を持つことを米国側に認めさせた。このことは英国側の自立性を確保する上で大きな意味を持った。これをもって，基地の駐留期限に関する議論は一応の収束をみたのである。また，チャーチルが核の事前協議にこだわったのは，将来起こり得る国内の反発を抑え，基地を安定的に維持したいとの思惑に起因するものであった。つまり，英国にとって米国との共通脅威の存在は，主権や巻き込まれの問題から生じる国内的な反発を凌駕するものであり，そうであるが故に，歴代の英国政府は基地受容の障害となり得る要因を積極的に除去しようと試みたのである。これらのことから，英国政府の意思決定には米国との共

通脅威がとりわけ大きな影響を与えていたということができる。そしてそれは，紛れもなく同盟政治仮説における共通脅威要因の影響力を示すものであったといえよう。

注

1）Dimbleby and Reynolds 1988：177. なお，駐英米軍の法的地位に関しては，明田川 2003. が詳しい。
2）Kimball 1984：37.
3）Hall 1955：136.
4）Woodward 1970：368.
5）*Ibid.*, p.4.
6）Baylis 1984：3.
7）ちなみに，この99年間に及ぶ租借は現在まで続いており，このような基地提供の方式は「バミューダ方式」と呼ばれている。「駆逐艦－基地交換協定」の詳細については，Reynolds 1983. が詳しい。また同協定は米国ワシントンにあるNaval Historical Centerのウェブサイト上で確認することができる。http：//www.history.navy.mil/faqs/faq59-24.htm （2009年10月1日アクセス）
8）Agreement for the Use and Operation of Certain Bases, March 27, 1941, in U.S. 77th Congress, House of Representative, Document No. 158, Union Calender No.98, Series XIV, Box 197, file International Agreements, Treaties, Jan. 1941-Feb.1946, Strategic Plans Division Records, Naval Historical Center.
9）ちなみに，ローズヴェルトは同年11月の選挙で，同協定を米国の国家防衛能力を高めるものとして正当化している。(Hall 1955：140.)
10）Harkavy 1982：68.
11）*Ibid*.
12）Sandars 2000：52-53.
13）Duke 1987：1.
14）*The Times*, February 23, 1946.
15）この点，第4章を参照されたい。(*FRUS, 1945*, 6, pp.216-217.)
16）この点，Sandars 2000：53.
17）JWPC 432/7, "Tentative Over All Strategic Concept and Estimate of Initial Operations, Short Title：Pincher," June 18, 1946, pp.6, 10, Box 59, Section 2, file CCS 381 USSR (3-2-46), Geographic File, 1946-1947, RG 218.
18）Pincherは1年後に修正され，Broilerとなっている。また，SAC（米戦略空軍）が創設されたのも丁度この時期（1946年3月）である。(秦 1982.)
19）Converse 1984：216-219.
20）Baylis 1984：34-37.
21）'Notes of the Month,' *The World Today*, Vol.16, No.8, August 1960, p.319.

第 6 章 英国

22) Rosecrance 1968 : 50.
23) この点，Duke 1987 : 20-23.
24) Duke 1987 : 20-5 ; Campbell 1984 : 28 ; Sandars 2000 : 80-81.
25) Duke and Krieger 1993 : 123.
26) Baylis 1984 : 37-40.
27) Campbell 1984 : 27-28.
28) Duke and Krieger 1993 : 125.
29) Campbell 1984 : 27.
30) Duke 1987 : 85.
31) *FRUS, 1948*, 2, pp.926-927.
32) Duke 1987 : 30.
33) *Ibid.*, p.31.
34) Millis and Duffield 1951 : 430.
35) *Ibid*.
36) *The Times*, July 17, 1948.
37) Campbell 1984 : 29.
38) Murray 1995 : 16.
39) Public Record Office, Cab. 131/6. DO（48）59, September 10, 1948.
40) Duke 1987 : 35.
41) *Ibid.*, p.4.
42) *Ibid.*, p.45.
43) 実際，1950年の初頭には，米国防総省は英国防総省に対して「基地権の無期限の継続と英国における空軍部隊の維持」を要求している。(Duke and Krieger 1993 : 130.)
44) Public Record Office, Cab. 131/8. DO（50）4th meeting, March 15, 1950.
45) Duke 1987 : 55.
46) *Ibid.* なお，ミッドランズの飛行場建設にかかる費用は，米国側は航空技術員の労働にかかる費用660万ドルで，英国は建設，資材費用，1,000万4,000ドルであった。
47) *Ibid.*, p.56.
48) この点，Sandars 2000 : 82-87.
49) *FRUS, 1950*, 3, pp.1361-1373.
50) Harris 1982 : 464.
51) この点，Duke 1987 : 39.
52) *Ibid*.
53) アチソン 1979 : 145-146.
54) *FRUS, 1950*, 7, p.1479.
55) Gowing 1974 : 315.
56) Duke 1987 : 72-73.
57) *The Times*, November 10, 1951, p.6.
58) Campbell 1984 : 38-39.
59) Duke 1987 : 79.

60) *Ibid.*
61) Duke and Krieger 1993 : 137.
62) Duke 1987 : 82.
63) Duke and Krieger 1993 : 124. 勿論，米国の傘の下に入ることそのものが英国にとっての見返りだったと解釈されないこともない（既述のように，ベヴィン外相は1949年11月，米軍基地の受け入れは米国の保護を受けるためであったと述べている）。これらを，米英の「特別な関係」，或いは「アングロサクソンの連帯」という特殊要因から説明する研究として，Harris 1982 : 464 ; Louis and Bull 1989.

第7章　デンマーク

　本章でみるのはデンマーク，具体的にはグリーンランドとデンマーク本土の二つのケースである。もっとも，それらは別々に取り扱っても良いものであるが，どちらも米国とデンマーク政府との間で行われた同時期の交渉であるため，本章では二つのケースを一緒に扱う。対象とする時期は，見返り原則導入後の1949年から，デンマーク本土での基地交渉が一応の決着をみた53年までである（但し，戦中の基地展開の経緯についても簡単に述べる）。デンマークとの交渉を考察する理由は，1）見返り原則がそもそも難航する対グリーンランド交渉を軌道に乗せるために導入されたものであったこと，そして，2）グリーンランドとデンマーク本土ではそれぞれ異なる交渉結果が生じた（グリーンランドでは基地を受け入れ，本土でそれを拒絶した）ことにある。

　以下では，第1節で，米国が歴史的にグリーンランドの戦略的重要性をどのように捉えてきたかを確認し，第2節で，第二次世界大戦後にデンマークがそれまでの中立政策を放棄してNATOに加盟するまでの経緯を確認する。第3節では，米国とデンマークのグリーンランドを巡る交渉過程を考察し，第4節ではデンマーク本土のケースを考察する。

第1節　歴史的背景

　グリーンランドの戦略的重要性　　米国がグリーランドの戦略的重要性を認識するようになったのは，歴史的には第二次世界大戦よりもずっと前の19世紀の終わりから20世紀初頭にかけてのことである。1890年代後半，ロバート・ペアリー（Robert E. Peary）率いる北極探検隊は，国家防衛と国際貿易の観

点から米国がグリーンランドを保有することが望ましいとの報告を米国政府に行った[1]。ペアリーらは、グリーンランドを米国と欧州とを結ぶ重要な輸送ルートとして評価していた。後に、国務省もグリーンランドの戦略的重要性を認め、グリーンランド（及びアイスランド）の買収についても真剣に検討するようになった[2]。

1930年代に入って航空技術が発達すると、欧州への航空ルートの観点から、グリーンランドの重要性は益々高まっていった。36年から39年にかけて、欧州情勢が不安定化すると、米国はグリーンランドを英国への輸送中継地、或いはドイツ軍の攻撃から北米を守るための防衛ラインとして認識するようになった。米海軍省は敵対的な国家がグリーンランドを保有すればたちまち米国の脅威となると考え、グリーンランドに海軍基地を設置すべきであるとの主張を行うようになった。一方、陸軍航空隊はとりわけ、チューレ（Thule）航空基地の重要性を説き、それを北極海を跨いで行う航空攻撃の観点から評価した。

グリーンランドの米軍基地　デンマーク本土が既にドイツに占領されていた1941年4月9日、デンマーク駐米公使のヘンリック・カウフマン（Henrik Kauffmann）は米国政府との間で「グリーンランド協定」と呼ばれる行政協定を締結した[3]。これはカウフマンがドイツによるグリーンランド占領を恐れた結果であった[4]。同協定によって、米国はグリーンランドに空軍基地、海軍基地、通信・気象観測施設を設置し、それら防衛施設に関するほとんど無制限の排他的使用権を得た。グリーンランド基地部隊（Greenland Base Command）の本部はナルサルスアーク（Narsarsuaq）に置かれ、陸軍航空隊のベンジャミン・ジャイルズ（Benjamin F. Giles）大佐が最初の司令官となった[5]。グリーンランド基地部隊の任務はグリーンランドを防衛し、英国に向かう航空機のための飛行場を建設することにあった。結局、戦争が終結したとき、米国はグリーンランドに13の陸軍基地と四つの海軍基地を有していた[6]（デンマーク本土には基地を持っていない）。

ところが、第4章でもみたように、デンマーク政府は戦争が終結すると即座に基地の撤退を求めた。一方、グリーンランドに基地を維持したいと考えていた米国政府はそれに応じなかった。米国側は基地協定の延長を求め、1946年12月にはバーンズ国務長官によってグリーンランドの買収提案も行われた[7]。

しかし平時の外国軍の駐留を是としないデンマーク政府はそれを頑なに拒否していた。

第2節　スカンジナビア同盟連合構想と北大西洋条約

中立政策とその再考　1948年1月，ベヴィン英外相がブラッセル条約構想を提案した際，デンマーク首相のハンス・ヘドフト（Hans Hedtoft）は「我々は如何なるブロックにも属すつもりはない。我々は西側も東側も偏見なき眼差しで見つめている[9]」として，それがデンマーク及びスカンジナビア諸国にとって利益ではないとの見方を示した。デンマークの中立政策（何れの大国にも与しない対外政策）は彼らの伝統的な外交姿勢であった[10]。デンマークはそもそも独力での国家防衛をはじめから困難と考えていた。また，仮に何らかの集団的防衛システムが構築されたとしても隣国ドイツによる侵攻を抑止するに足る十分な能力を維持するのは容易ではないとも判断していた。

ところが大戦後，ソ連の影響力が東欧諸国に浸透し，ソ連軍がドイツのエルベ川近郊に駐留するようになると，デンマーク政府は従来の中立政策を再考する必要に迫られた。実際，ボーンホルム島は大戦中，ソ連に占領されていたし，1946年以降，バルト海にはソ連海軍が頻繁に現れるようになっていた。そこでノルウェー外相ハルバード・ランゲ（Halvard Lange）は1948年4月，スカンジナビア諸国が共同して地域の防衛に当たるための協定を締結することを提案した[11]。デンマーク政府はランゲに賛同した。1948年以降，デンマーク政府はチェコで起きたクーデター，そしてフィンランドとソ連の不可侵条約締結を目の当たりにして，スカンジナビア諸国が連帯した何らかの地域的な防衛協定を締結する必要性を認めるようになっていたのである[12]。

スカンジナビア同盟　そのため，9月にはスカンジナビア防衛委員会が設立され，防衛協定の具体案についての協議が開始された。翌1949年1月5日，スウェーデンのカールスタードで開催された会議で，スウェーデンはノルウェー，デンマークに対して10年間の軍事同盟を締結することをもちかけた。同盟は他国との間で軍事同盟を締結することを禁じ，何れかの同盟国が攻撃され

るか，国連が軍事制裁を決定しない限り，加盟国は戦争を行わないことを誓約させるものであった[13]。しかし，この提案にはノルウェーが反対した。ノルウェーは第二次世界大戦の経験として，西側との協調なしに効果的な防衛システムを構築することは不可能と考えていた。彼らは米国及び西欧諸国とより緊密な協調を図っていくことこそが必要と判断していたのである。

　デンマークもノルウェーと同様，スカンジナビア諸国の貧弱な軍事力に鑑みて，西側との連携は不可避とみていた[14]。一方のスウェーデンは西側による軍事援助の必要性については認めていたものの，彼らと防衛計画を統合することについては，中立原則の放棄に繋がるとして反対の姿勢を崩さなかった。

　NATO　結局，スカンジナビア同盟を巡る交渉は決裂し，将来的な安全保障については各国が独自の決定を行うことで決着した。その結果，ノルウェーは北大西洋条約交渉に参加することを決め，デンマークもそれに倣った。一方のスウェーデンはソ連の反発を考慮して北大西洋条約に加わることはなく，独自の中立政策を継続することを決めた[15]。

　デンマーク外相グスタヴ・ラスムッセン（Gustav Rasmussen）によれば，同国が北大西洋条約を支持した理由は四つあった[16]。一つは，スカンジナビア同盟の実現可能性が閉ざされた今，デンマークには孤立した中立政策の維持か，西側の諸大国との協調か，何れかの選択肢しか残されていないこと。二つめが，北大西洋条約は国連原則に基づいており，防衛的性格を持っているため，何れの国家に対しても直接的に対抗する意思を持つものではないこと。三つめが，西欧防衛に対する米国のコミットメントは歴史的にみて同盟の抑止的価値を飛躍的に高め得るものであること。そして最後に重要だったのは，同盟は大西洋防衛のための，例えばグリーンランドの将来的な基地使用についての，多国間協議の場を提供し得ることが挙げられた（つまり，ラスムッセンは，基地問題は米国との二国間協議ではなく，多国間協議の場で扱うことが望ましいと考えていた）。

　デンマークの北大西洋条約への加盟は伝統的な中立政策の転換を意味するものであった。しかもそれは必ずしも米国からの直接的な圧力によるものではなく，彼らの安全保障に対する危機感と，軍事援助に対する期待によって自発的に行われたものであった。もっとも，グリーンランドの基地に関していえば，アジ

ェンダが多国間協議の場に移るとはいえ，以下でみるように，実質的には米国とデンマークの二国間交渉に依存する問題だったのである[17]。

第3節　グリーンランドを巡る交渉

　デンマークがNATOメンバーとして招聘されることになった背景には，何よりもその地理的位置の問題があった[18]。というのも，デンマークがNATOに入ることそれ自体は，NATO全体の軍事力や対ソ抑止力を高めるものではなかったからである[19]。デンマークのNATOに対する最大の貢献は，集団防衛システムをソ連に近接する北東に拡大すること，そしてバルト海の入り口を西側諸国によってコントロールせしめることにあった。そのことはデンマーク自身も十分に承知していた。デンマークの新聞*Information*は自国のNATO加盟について「西側の同盟国がデンマークを重視するのは一義的に我々の地理的位置である。デンマークはバルト海に通ずる港を提供する[20]」と論じた。もし，ソ連軍がデンマークに基地を獲得すれば，ソ連は大西洋に通じるNATOの兵站線に対して効果的な攻撃を仕掛けることが可能となり，NATOの抑止力はたちどころに低下すると考えられたのである。

　巻き込まれと主権　そのためデンマークが戦略的価値を持つか否かは，米国及びNATO諸国がグリーンランドに海・空軍基地を設置できるかどうかにかかっていた[21]。にもかかわらず，デンマークはNATOに加盟する際，平時に外国軍の駐留を認めないことを明確にしていた。また既述のように，デンマーク政府は予てよりグリーンランドからの基地の撤退を求めていた。デンマークはグリーンランドに基地を受け入れることで，戦争に巻き込まれることを警戒していたし，またそれを主権侵害とも捉えていた。そのため，グリーンランドの扱いを巡る問題は，デンマーク政府がNATOに加盟して最初に取り組む大きな課題となった。

　1949年8月，デンマークがNATOの北大西洋地域計画グループ（North Atlantic Ocean Regional Planning Group）に入ったことで，基地問題の解決は同グループの手に委ねられることになった[22]。1951年1月，北大西洋地域計

画グループはデンマークと米国に対して，グリーンランドの軍事使用に関する二国間協議を行うよう要請した[23]。それはNATOが採用した中期防衛計画（Medium Term Plan）にデンマークが応えるためのものと位置付けられた。それを受けて，3月27日から4月27日までコペンハーゲンで行われた米国とデンマークの二国間交渉では，米国側からグリーンランドの扱いに関する重要な提案が行われた。それはグリーンランド基地についての交渉は以後，NATOの枠内，すなわちNATO条約第3条を法的根拠に行うというものであった[24]。

NATO枠内での交渉　　NATO条約第3条は「締約国はこの条約の目的を一層有効に達成するために，単独に及び共同して，継続的かつ効果的な自助及び相互援助により，武力攻撃に対抗する個別的及び集団的能力を維持しかつ発展させる」ことを謳っていた。そしてこの中の「集団的能力」の文言が，NATO加盟国軍が他の加盟国領内に駐留する際の根拠になると考えられた[25]。米国はこの規定に基づいて，より具体的な基地使用に関する協定を締結するための交渉を進めようとした[26]。グリーンランドの基地問題はここにきてデンマークの対NATO貢献問題として，或いは，NATOの対デンマーク防衛問題とリンクして扱われることになったのである。

見返り　　加えて，米国は1949年以降，NATOと西側諸国に対する軍事援助の問題を結びつけて捉えていた。彼らは対デンマーク軍事援助を西側全体の安全に寄与するものと位置付け，そうであるが故に，援助の実施はデンマークがNATOに加盟することの一つの条件と捉えていたのである[27]。なお，トルーマン政権で対外援助の具体案を検討していたのは，マーシャル国務長官の下に置かれた省庁間グループ，対外援助調整委員会（Foreign Assistance Coordinating Committee: FACC）であった。1949年2月，FACCは50年会計年度予算として，計36,500,000ドルの対デンマーク軍事援助を要求した[28]。内訳は，デンマーク陸軍に対して，31,500,000ドル，海軍に対しては5,000,000ドルであった。2月21日，JCSはFACCの予算計画を了承する際，軍事援助は第一に米国の安全保障を強化するために用いられるべきであり，それはできるだけ互恵性に基づいて行われるべきであるとの考え方を示した[29]。折しも，それはJCSが見返り原則を採用した2か月後のことであった。FACCによれば，対デンマーク軍事援助はデンマークがNATOに加盟することを条件とするものであり，

第 7 章　デンマーク

仮にNATOに加盟しないのであれば，援助は縮小されるか取り消されるものと想定された[30]。対デンマーク軍事援助はNATOと明確にリンクされていたのである。

米国側の協定案―基地の自由使用　ところで，コペンハーゲンで行われた二国間交渉で米国が示した協定案では，基地の使用はあくまでもNATOの要請に基づくものであることが謳われていた。前文では，グリーンランド及び北大西洋条約地域の防衛のためにグリーンランドの軍事施設を，NATO加盟国の軍がNATOの求めに応じて使用することが記された[31]。

交渉の過程で米国が戦略的に最も関心を持っていたのは，第1節でもみたチューレ空軍基地であった。チューレ空軍基地は米軍の極地戦略（polar strategy）の観点からみて，極めて重要性が高く，またB-36重爆撃機，或いはB-47中距離爆撃機の基地となることが期待されていた。協定案ではチューレの他にも，ナルサルスアーク，センレ・ストレムフィヨルド（Söndre Strömfjord），マラク（Maraq），イカテック（Ikateq），そしてグロネダール（Grønnedal）の五つの基地が要求された。グリーンランド南部に位置するナルサルスアークには41年協定以降，一貫して米軍基地が維持されてきた。グリーンランド中部のセンレ・ストレムフィヨルドは，1950年10月にいったん撤退を余儀なくされたが，協定案では新たに作戦補給基地としての機能が付与されていた。グリーンランド西海岸のマラクと東海岸のイカテックは新たに有事の際に使用が検討される滑走路としての役割が与えられた。グリーンランド南部のグロネダールは海軍基地としての機能が与えられていた。

米国はそれら基地地域の完全なる自由使用を求めた。さらに米国は基地地域間の自由な移動と，米軍人に対する排他的な司法管轄権を認めることも要求した。さらに基地協定は北大西洋条約が存続する限り継続するものとされ，大戦中に締結された「41年協定」はあくまでも同協定が発効した時点で失効するとされた（つまり，基地は中断されることなく，継続的に維持されるということである）。

デンマーク側の反論―主権と自立性　米国のそのような要求にデンマーク側は反発した。3月29日，デンマークの交渉責任者であったC.A.C.ブラン（C. A. C. Brun）はカウフマン駐米大使に対して，協定案にはグリーンランドの防

衛に主たる責任を有しているのはデンマーク自身であるという大原則が明記されておらず，それは「我々が実質的にグリーンランドを売却するかのような」[32]印象を与えるものであるとの意向を伝えた。

　デンマーク側によれば，グリーンランド防衛はデンマークとNATO加盟国が共同して当たるべきものであり，そこでの活動は全て，NATOグリーンランド司令官（NATO Island Commander Greenland）という名の，デンマーク軍最高司令長官（the Danish Commander in Chief in Greenland）の下に置かれるべきものであった[33]。デンマーク側は，自国の軍と米軍の能力に非対称性があることを認めつつも，グリーンランド防衛についての統合的かつ対等な責任を要求し，それらの任務を「NATOグリーンランド司令官」の下に置くことにこだわった。さらに，米国側が使用を求めていたグロネダール海軍基地をデンマーク軍の基地とすること，そして同基地を「NATOグリーンランド司令官」のための司令部とし，それを協定に書き込むことを求めた。そして米軍が展開する基地には両国の国旗を掲げると共に，両国の軍関係者が共同で駐留することを求め，さらに米国はNATO防衛の目的で建設・維持される施設について一定の補助金を拠出すべきと主張した。それらの主張は，何れもデンマーク側が主権と自立性の問題を重くみていた証左であった。

　両者の立場は基地地域の選定においても相違した。1945年以降，デンマーク側の基本的な立場はグリーンランドの米軍施設をデンマークの管理下に戻すことにあった。そのためデンマークは，米軍の駐留をナルサルスアークとセンレ・ストレムフィヨルド，そしてチューレの三つに限定することを求めた。また，草案で米国側が協定の目的を「グリーンランド及び北大西洋地域の防衛」としていたのに対し，デンマーク側はそれを「グリーンランドの防衛」へと変更することを求めた。米国が提案する「北大西洋地域」とは，すなわち北大西洋条約地域のことであり，当然ながら米国領も含まれていた。そのため米国が提案する協定の目的は過大であると捉えられた。デンマーク政府にとってそれは「巻き込まれ」をコントロールするための重要な措置でもあった。

　しかしながら，この点について米国はデンマーク側の見方は狭すぎると反発した[34]。米国によれば協定の主たる目的はグリーランドの防衛ではなくNATO加盟国の防衛であり，さらに協定はグリーンランドそのものよりもデンマーク

本土，とりわけドイツと国境を接しているデンマークの南側の防衛に寄与するものであった[35]。そのため，この時点で両者が合意していたのは，1）米軍が基地地域間を自由に移動する権利，2）米軍に対する排他的な司法管轄権の付与，3）協定期間の問題のみであった。

米国側の再提案　1951年4月6日，アチソン米国務長官は米国側の立場を改めてデンマーク側に伝えた[36]。米国は当初の協定案が，米軍がグリーンランド防衛について独占的な権限を有しているかのような印象を与えるものであったこと，そしてデンマーク側には極めて限定的な役割しか与えていなかったことを認めた。そして米国側は，もし必要であれば，1）マラクとイカテックを基地地域から外し，2）グロネダールをデンマークの管轄とし，3）防衛地域に関するデンマーク側の要求を受け入れる用意があると伝えた。また，米国は基地に両国の国旗を掲げることにも同意した。

しかし米国は「NATOグリーンランド司令官」を創設することには反対した。彼らはとりわけ「NATOグリーンランド司令官」が米軍のグリーンランド内外での活動に干渉し得る権限を持つことを嫌った。米国側はグリーンランドの基地問題は，NATOの軍事機構上の問題（すなわち基地を誰がどのように管轄するのか）ではなく，単に米国に特定の権利を与えるためのものであると主張した。同様に，米国はデンマークに対して補助金を出すことも拒んだ。基地問題はあくまでもデンマークによる対NATO貢献問題として位置付けられるものであり，米国議会を説得するのは困難と考えたことがその理由であった。

そのため，以後の交渉で焦点となったのは，デンマーク側が強く求めていた「NATOグリーンランド司令官」の問題であった。デンマーク側は協定にそれを明示することを望んだが，米国側はそれを拒否した。デンマーク側はデンマーク軍がグリーンランド防衛に責任を持つことを主張する一方，米国側はグリーンランドでの軍事作戦に他国が介入する恐れのある如何なる取り決めも結ぶつもりはなかった。それは基地使用の自由度を高めようとする米国と，主権国家としての自立性を守らんとするデンマークの綱引きであった。

グリーンランド協定の締結　幾度かの交渉を経た後，協定案は4月7日にデンマーク政府の承認を得てまとまった[37]。協定はNATOの防衛計画に基づいて，グリーンランド及び北大西洋条約地域を防衛するために，米国が基地を建

設し，また特定の防衛地域内で軍事活動を行うことを定めたものであった。当初，米国側は協定の名称の一部（"Agreement Pursuant to the North Atlantic Treaty, Concerning the Defense of Greenland"）を「グリーンランド及び北大西洋地域（the defense of Greenland and the North Atlantic area）の防衛」とすることを提案していたが，デンマーク側の求めに応じて「グリーンランドの防衛」と修正した[38]。そして米国は懸案であった「NATOグリーンランド司令官」の問題について，それをグリーンランドに展開するデンマーク（軍のための）司令官（The Danish Commander-in-Chief of Greenland）とすることで合意した。そして，協定にはデンマーク司令官が軍の担当官を通じて，デンマークの利益に影響を与える全ての重要なローカル問題（all important local matters）について米軍の基地司令官と協議（consult）することが明記された。これは米国側からみれば，デンマーク側の主権に配慮したものとして捉えられようし，またデンマーク側からみれば，彼らの自立性を高め，巻き込まれの危険性をコントロールするための最低限の措置として捉えられるものであった。

他方，デンマーク政府は新しい協定が発効するまでの間，41年協定が効力を持つことに同意した。またデンマーク側は米国の求めに応じて，協定がカバーする地域を米国を含めた「北大西洋条約地域」とすることを認めた。そして，最後の調整を終えた4月27日，デンマーク外相のオーレ・ビョーン・クラフト（Ole Bjørn Kraft）と米国大使のユジェニー・アンダーソン（Eugenie Anderson）はグリーンランド協定に調印した[39]。

デンマーク側の評価 　デンマーク側にとってグリーンランド協定は，最終的に以下の点で満足のいくものであった。第一に，米国によるグリーンランド防衛範囲が三つの米軍活動地域（チューレ，ナルサルスアーク，センレ・ストレムフィヨルド）に限定された（すなわち，それ以外の地域についてはデンマークが防衛責任を負うこととなった）。第二に，グロネダールがデンマークの海軍基地であることが明記された。第三に，米国によるデンマークに対する支援（assistance）が明記された（但し，その具体的な中身については言及されなかった）。第四に，既述のとおり，デンマーク司令長官（Danish C-in C）についての言及がなされた。第五に，デンマークがグリーンランドの行政管理を行うことが合意された。第六に，グリーンランドについては将来的なNATO

地位協定の適用を受けることが約束された。そして最後に，協定には見直し条項（revision clause）が含まれた。

一方，「NATOグリーンランド司令官」の問題で大幅な譲歩を余儀なくされたことや，協定のカバーする地域が「北大西洋条約地域」となったこと，そして米軍が使用する施設建設にかかる費用の援助案が却下されたことには不満が残った。しかしそれよりも，戦後一貫して懸案であった41年協定が失効し，それに代わる新たな協定が締結され，米国とデンマークの関係がより対等なものへと変容したことは大きな成果であった。

米国側の評価　一方，米国側にとって協定の締結は，戦後求め続けてきたグリーンランド基地の長期使用が約束されたという意味で大きな戦略的意義を持った。とりわけ，チューレ空軍基地を獲得したことは，対ソ戦略の実効性を担保する重要な足掛かりを得るものであった。それ以外にも，米国は協定によって基地地域内で自由な軍事活動を行うことが可能となり，米軍の免責特権も確保した。さらには，グリーンランド領空を自由に飛行する権利も得た。

米国側が大幅な妥協を行ったのは，グリーンランドの防衛地域外での米軍の一部の活動についてデンマーク側の同意が必要となった点である[40]。これは米国が最終的にデンマーク側の主権を重くみた結果であった。交渉でデンマークは，協定の内容次第ではそれがデンマーク国民のナショナリズムを刺激するものになるとの懸念を米国側に伝えていた。例えば，4月3日，ブランは米国側の協定案を批判し，それがデンマークの主権を「ほとんど考慮していないか，無視している[41]」と述べた。そしてこのままでは，草案はデンマーク政府及び議会の同意が得られないだろうと伝えた[42]。さらに，4月5日には，「貴国はデンマークが同協定を締結することが意味する問題について十分に評価しているとは思えない。我々が1941年に締結した協定は……所謂，眼下の危機が去ったときに終了するべきものであった。危機が去ったのは遥か昔のことである[43]」として，デンマーク側の要求が主権に基づいた正当なものであることを主張した。それらを考慮して，米国はチューレ，ナルサルスアーク，センレ・ストロムフィヨルド以外の領域での活動については，デンマーク側の利益に影響を与える可能性がある限りにおいて，協議を行うことを受け入れたのである。

以上のことを踏まえて次にみるのが，デンマーク本土での交渉である。先に

も述べたように，デンマークは冷戦期，本土では平時の外国軍駐留を一貫して認めなかった。そこでみられたグリーンランドと本土との違いは何だったのか。

第4節　本土を巡る交渉

平時の駐留　デンマーク本土での外国軍の駐留問題が取りざたされるようになったのは，グリーンランド協定が締結されて8か月が経った1951年12月，ローマで開かれた北大西洋理事会の席のことであった。このとき北大西洋理事会は，デンマーク空軍が十分に近代化をとげるまでの間，米軍を中心としたNATOの空軍部隊が平時にデンマーク本土の基地に駐留することを提案した。それは，1）デンマーク軍の近代化のペースが遅れていること，2）西欧に対するソ連の軍事的脅威が着実に増大していると考えられたこと，の二つの理由によるものであった。

巻き込まれの危険性　デンマーク政府はNATOの提案に前向きな姿勢をみせたものの，外国軍の本土展開についてはあくまでも極秘で行う必要があるとの見解を示した。1952年2月，クラフト外相は，もし米軍の飛行場が建設されて戦闘機がまだ到着しない間に基地協定が締結されたとすれば，それはデンマークにとって「不幸（unfortunate）」であるとした。なぜなら，デンマークにとって戦争に巻き込まれるリスクが最も高まるのは，ソ連がそのような動きを察知してから，実際に米軍の展開が完了するまでの「隙間」の時期と考えられたからである[44]。そのため，クラフトは米軍の基地展開が全て完了するまでは，何としてもソ連にその動きを察知されてはならないと考えていた[45]。

以降，米国はデンマーク政府に対して本格的に本土基地に関する協定を締結するよう求めるようになった。例えば，トルーマン米大統領は7月，議会で改めてデンマークのNATOに対する貢献の問題に触れ，平時に外国軍の駐留を禁ずるデンマーク政府の態度は見直されるべきであると発言した[46]。

一方，デンマーク議会はこの問題を巡って紛糾した。それは国内に外国軍が駐留することを嫌う強力な世論に後押しされたものであった。8月，急進党のヨーゲン・ヨーゲンセン（Jörgen Jørgensen）はクラフト外相に対して，議会

の承認無くして米国側と（基地使用に関する）何らの約束も交わしてはならないと強く主張した。さらに彼は，議会で北大西洋条約の批准が検討されていた1949年3月当時，外相だった既出のラスムッセンが外国軍の基地展開を認めないと述べていたことを引き合いに出して，政府の対応を批判した[47]。つまり，外国軍の駐留を認めないことがNATO加盟の条件であったことを想起せよと迫ったのである。対するクラフト外相はデンマークに外国軍を駐留させるかどうかは，それがデンマークの防衛に利するかどうかによって判断されるべきものであり，仮にそれを受け入れるとしても，それが即座に外国軍の基地建設を受け入れるものではないと反論した[48]。とはいえ，クラフトも世論が熟すまでは平時の外国軍の受け入れには慎重でなくてはならないことを認めていた[49]。

国内の反対論とソ連の牽制　デンマーク国内の反対は激しさを増していった。と同時に，ソ連もデンマークに対する牽制を開始した[50]。1952年10月，ソ連はデンマーク政府に対してデンマーク領を対ソ侵略のために用いないとした1946年3月の取り決めを持ち出して，NATO軍駐留の動きを批判した[51]。その取り決めとは，ボーンホルム島を外国軍に使用させないという，ソ連がボーンホルム島から撤退する際に交わした約束であった[52]。しかし，デンマーク側は不法に同島を占拠したソ連軍がそこから撤退するのは当然のことであり，ソ連軍の撤退がデンマークに何らかの義務を生じさせるものではないと反論した。対するソ連側は，デンマークはデンマーク領への外国軍の駐留を認めない義務を負っていると主張し，ボーンホルム島のロネの病院で米軍人が治療を受けた行為に対してさえも抗議を行った[53]。

ソ連の牽制に敏感だったデンマーク議会はこの問題に対する政府への反発を強めた。議会では共産党が本土に基地を設けることを禁ずる法案を提出したものの否決された[54]。しかし，同法案に対しては急進党だけでなく社民党が採決に欠席するなど，デンマーク議会の幅広い（潜在的）支持がうかがえた。少なくとも，共産党と社民党はデンマーク本土に外国軍が駐留することについて明確に反対の姿勢を打ち出していた[55]。

1953年に入ってもソ連はデンマークに対する牽制を続けた。コペンハーゲンで米国とデンマークの（本土基地に関する）非公式会談が開かれた直後の1月28日，ソ連はデンマーク政府に覚書を送り，デンマーク領にNATOの空軍

部隊が駐留する計画に反対である旨を伝えた[56]。ソ連による一連の牽制はデンマーク政府の認識に大きな影響を与えた[57]。クラフト外相はソ連に対して従来の立場（すなわちNATOがソ連に侵略的意図を持つものではない）を繰り返し説明しつつも，NATO軍のボーンホルム島への上陸演習については消極的な姿勢を示すようになり，また基地の受け入れについても決定を先送りにするようになっていた[58]。

　もっとも，米国はこの頃になると，デンマーク本土に駐留する部隊はデンマーク防衛のために使用するのではなく，欧州連合軍最高司令部（Supreme Headquarters Allied Powers Europe: SHAPE）が欧州全域に展開するために使用するとの見解を示すようになっていた[59]。さらに，デンマーク領域外での軍事活動については，デンマーク側の同意を必要としないとの見方さえ示すようになっていた[60]。社民党にとって，デンマーク領域外で行われる戦争にデンマークに駐留する米空軍部隊が関与する場合，それに一定の制約を課すことは，基地を受け入れるための必要条件であった。そのため，社民党は平時（デンマークにとっての平時）の政治的不平等性と，戦時における「巻き込まれ」のリスクに鑑みれば，基地を受容することで得られる安全保障上の利益は極めて小さいと判断していた。つまり，彼らにとって国家の自立性と巻き込まれの問題は，安全保障上の利益よりもはるかに深刻な問題と捉えられるようになっていたのである。

　デンマーク政府も次第に社民党の意見に同調するようになっていた。当時，自由党と保守国民党の連立政権は，社民党の協力無しに協定を批准することができない状況にあった[61]。そのため政府は，現状では米空軍部隊の駐留はデンマークの安全保障を改善するものではなく，米国との交渉はこれ以上進められないとの見方で一致していった。1953年4月，エリック・エリクセン（Erik Eriksen）デンマーク首相は，この問題については慎重な判断が求められており，未だデンマーク領に外国軍を駐留させることが必要であるとの強い確信が持てる状況にない，との見解を示した[62]。社民党党首であり前首相のヘドフトも同様であった。1953年1月，彼は個人的にはNATOの提案に反対するものではないが，デンマーク世論は未だ同盟への参加に慣れておらず，NATOに対しては根強い不信感が存在していると述べた[63]。彼は，大戦から10年も経たないう

195

ちに，デンマーク国民が外国軍の駐留について支持することは困難であると判断していたのである。

　その後，社民党が政権に返り咲いてからもヘドフトの態度は変わらなかった。ヘドフトは現状ではNATOからの要請は断らざるをえないと考えていた[64]。1953年9月，デンマーク政府は平時に外国軍の基地を受け入れないことを正式に決定した。もっとも，彼は将来的に欧州の政治状況が著しく悪化した場合に備えて，外国軍が駐留するための選択肢そのものは残しておく必要があると判断していた。そのため，1954年の春，デンマークとNATOは平時に外国軍が駐留しないことを条件に，二つのデンマークの空軍基地を（デンマークが）拡張することに合意したのである[65]。

第5節　小結

　以上，デンマークはソ連の脅威を認識しつつも，グリーンランドで基地を受容し，本土ではそれを拒絶した。そしてそれは冷戦期を通じて彼らの基本的な安全保障政策の一つとなった。デンマークにとって本土での基地受け入れは，彼らを危険に陥れる要因と捉えられた。さらにソ連の牽制やデンマーク議会の消極的態度は基地の受け入れを一層困難にするものであった。そこからわかるのは，仮に接受国候補が米国と共通の脅威認識を有していたとしても，彼らが巻き込まれや自立性の低下を強く懸念している場合には，基地は拒絶され得るということであった。加えて，「巻き込まれ」の危険に対する認識は，接受国が小国で，脅威を与える国と近接しているほど高まる可能性があることも推察された[66]。これらのことは，同盟政治仮説の妥当性を示すものだといえる。

　逆に，デンマークをしてグリーンランドで基地を受容させた要因の一つは，1949年以降，基地がNATOとリンクされたことにあった。それによって，従来別の問題だったはずの両者は連動し，基地は米国単独の安全保障政策ではなく，西側全体の安全保障政策の一環として位置付けられることとなった。ニコライ・ピーターセン（Nikolaj Petersen）はそれを「権威戦略（strategy of authority）」と呼んだ[67]。米国はNATOでのリーダー的立場をデンマークとの

二国間交渉に存分に利用し，デンマーク政府に対してNATOへの貢献が十分でないことを説くことで交渉の妥結を迫ったのである。

このことは，基地が二国間の軍事援助問題とリンクされたことをも意味した。1949年以降，米国はNATOと軍事援助の問題を明確に結びつけて捉えていた[68]。実際，対デンマーク軍事援助はデンマークがNATOに加盟した後の1949年7月，当初の計画よりも増額されて4892万ドルとなっていた[69]。1951年から開始された基地交渉がNATOの中期防衛計画の一環として位置付けられていたことを考えれば，軍事援助が基地交渉と密接に結びついていたことは明白である。これは，第5章でみた見返り原則の考え方が実践されていたことを示すものであった。取りも直さず，それは契約仮説（米国と脅威認識を共有しなくとも，或いは自立性の低下や「巻き込まれ」を恐れる接受国に対しても，単一的ではなく包括的な基地契約を提案し，そこで十分な利益供与を行うことで基地は展開される可能性がある）の妥当性を裏付けるものといえるだろう。

但し，ここで重要なのは「見返り」が本土では通用しなかったことである。本土の場合，基地のディレンマの問題がとりわけデンマーク政府の意思決定に作用していた。1952年以降，デンマーク共産党や社民党は，本土での基地の受容をソ連を刺激するものとして強く反対した。しかも，米国側が本土をSHAPEのための基地として使用するとの見解を示し，またそのような活動についてはデンマーク側の同意を必要としないとの立場を打ち出したことによって，議会の反発は一層強固になった。デンマーク政府にとって，自国内の基地から行われる米軍の活動に一定の制約を課すことは，国家の自立性を守り「巻き込まれ」の危険をコントロールするための不可欠の条件だったのである。

この点，グリーンランドにおいては，米国は防衛地域外での活動について，場合によってはデンマーク側の同意が必要になることを認めていた。換言すれば，デンマーク側は自立性を確保し，巻き込まれの危険をコントロールするための余地を残すことに成功していたのである。このように，グリーンランドと本土で交渉結果に違いが生じたのは，自立性と巻き込まれの問題についての米国側の対応に重要な違いが存在したことが一つの要因だったといえるのである。

第7章 デンマーク

注

1) Fogelson 1989 : 57.
2) *Ibid.*
3) Barck and Blake 1947 : 6. 正式には「アメリカによるグリーンランドの保護に関するワシントン駐在デンマーク公使カウフマンとアメリカ政府の間で締結された1941年4月9日付協定」である。同協定はデンマークが解放された1945年5月にデンマーク議会で事後承認されている。
4) なお，このグリーンランド協定が持つ国際法上の有効性については，石渡 1989 : 14-17. 参照。
5) Buss 1998.
6) Duke 1989 : 37.
7) *FRUS, 1946*, 1, p.1174.
8) ブラッセル条約は，1948年3月17日に調印された，英国とフランスとベルギー，ルクセンブルク，オランダの間で結ばれた相互防衛を目的とする条約である。
9) Aahman 1950 : 297.
10) Heisler 1985.
11) Einhorn 1975 : 17.
12) *Ibid.*
13) *New York Times*, January 13, 1949.
14) この点は，Petersen 1982.が詳しい。
15) Wilkinson 1956 : 390-401.
16) Einhorn 1975 : 20.
17) Petersen 1981 : 98.
18) Duke 1989 : 37.
19) Wilkinson 1956 : 393.
20) *Ibid.*
21) *Ibid.*, p.394.
22) 1949年8月24日にワシントンで開かれた外相理事会で，北大西洋条約第6条が規定する防衛範囲を西欧（Western Europe），北欧（Northern Europe），南欧・西地中海（Southern Europe, Western Mediterranean），北大西洋（North Atlantic Ocean），及びカナダ・米国（Canada-United States）の五つの地域に分割し，地域ごとに地域計画グループ（Regional Planning Group）を設置するとともに，同グループが軍事委員会に対して担当地域の防衛計画を具申することが合意された。なお，北大西洋地域計画グループのメンバーは，デンマーク，ベルギー，カナダ，アイスランド，オランダ，ノルウェー，ポルトガル，英国，米国，の9か国であった。(NATO, *Texts of Final Communiques, 1949-1974*, Brussels : NATO Information Service, no date, pp.39-46.)
23) Petersen 1998.
24) Einhorn 1975 : 29.
25) NATO条約第3条は，50年代以降，米国（或いはNATO加盟国）が他のNATO加盟国領域内に基地を置く際の根拠とされたものである。なお，NATO軍地位協定（1951年6

月署名，1953年8月発効）は派遣国軍隊の法的地位を規定したものであり，特定の国による基地の使用を定めたものではない（ちなみに，日米地位協定は地位協定と基地使用協定の二つの性格を併せ持ったものである）。そのため，NATO加盟国は他のNATO加盟国内に基地を置くに当たっては，二国間で基地の使用協定を締結しなくてはならなかった。(本間 2003：9.)

26) ちなみに，同時期，米国はグリーンランドだけでなく，1951年3月にはフランス，5月にはアイスランド，そして9月にはポルトガルとの間で，基地使用に関する二国間協定を締結している。
27) Condit 1996：228.
28) 同時期のNATOの軍事援助計画については，Kaplan 1980. が詳しい。
29) Condit 1996：229.
30) *Ibid.*
31) Petersen 1998：7.
32) *Ibid.*
33) *Ibid.*
34) *Ibid.*, p.9.
35) *Ibid.*
36) 以下，*ibid.*, pp.15-16.
37) *Ibid.*, p.18.
38) *Ibid.*, 9.
39) "Agreement pursuant to the North Atlantic Treaty, concerning the defense of Greenland. Signed at Copenhagen, on 27 April 1951," *United Nations, Treaty Series*, Vol.94, No. 1305, pp.35-57. なお，2004年8月6日の修正補足協定によって，グリーンランドにおける米軍基地の削減が合意され，米国の防衛地域はチューレのみに限定されることとなった。("Agreement between the Government of the United States of America and the Government of the Kingdom of Denmark, including the Home Rule Government of Greenland, to Amend and Supplement the Agreement of 27 April 1951 pursuant to the North Atlantic Treaty between the Government of the United States of America and the Government of the Kingdom of Denmark concerning the Defense of Greenland (Defense Agreement) including Relevant Subsequent Agreements related thereto." *United Nations, Treaty Series*, Vol.2335, A-1305, pp.32-53.)
40) Petersen 1998：23.
41) Tel. to US Emb Cph April 5, 1951, Box 829, Folder : OPD 000.93 Greenland (29 Sep 47) Sec. 2, Project Decimal File 1942-1954, RG 341.
42) Petersen 1998：20.
43) *Ibid.*, p.1. より引用。
44) *Ibid.*
45) Agger and Micheisen 2006：246.
46) *New York Times*, July 5, 1952, pp.4, 26.
47) Einhorn 1975：31.

第7章　デンマーク

48) *Ibid.*
49) Agger and Micheisen 2006 : 246.
50) *Ibid.*, p.247.
51) *New York Times*, October 2, 1952, p.4.
52) なお，米国の軍部はボーンホルム島に米軍を展開させる計画を立案していた。（Agger and Micheisen 2006 : 248.）
53) 石渡 1990 : 147.
54) Einhorn 1975 : 32.
55) *Ibid.*
56) *Ibid.*
57) Agger and Micheisen 2006 : 246.
58) 石渡 1990 : 147.
59) Agger and Micheisen 2006 : 247.
60) *Ibid.*
61) 当時のデンマーク議会の構成は，自由党が32議席，保守国民党が27議席，社民党が59議席，急進党が12議席，公正党（Justice Party）が12議席，共産党が7議席であった。（Einhorn 1975 : 88.）
62) *Ibid.*, p.32.
63) *Ibid.*, p.33.
64) 加えて，ソ連のヨシフ・スターリン（Joseph Stalin）が1953年3月に死去したことで，デンマーク政府は米空軍部隊の駐留の必要性がさらに減じたと判断するようになっていた。
65) Einhorn 1975 : 33.
66) デンマークが巻き込まれのリスクを重くみていたことについては，Wilkinson 1956.
67) Petersen 1998 : 18. また，冷戦期を通じたデンマーク政府の安全保障政策，とりわけ対NATO政策について理論的に考察したものとしては，Christensen 2001. を参照されたい。
68) Condit 1996 : 229.
69) *Ibid.* その後，トルーマンは1949年10月6日に相互防衛援助法案に署名し，20日に議会で承認された。

第8章　スペイン

　最後にみるのは，スペインのケースである。スペインは1953年になって初めて米軍基地が置かれた国である。大戦中，米国（及び連合国）はスペインに基地を展開することはなく，大戦後もフランシスコ・フランコ（Francisco Franco y Bahamonde）の独裁体制に対する反発から，その戦略的重要性にもかかわらずNATOに招聘することはなかった。また戦後，米国は国連をはじめとした国際機関からスペインを排除し，マーシャル・プランの対象からも除外した。一方，スペイン側には40年代後半から50年代前半にかけて，対外的な脅威がほとんど存在していなかった。むしろ，当時のスペインにとっての安全保障上の脅威は内戦（1936年〜39年）の影響もあって国内に存在した。そのため，スペインはNATOに関心を示さず，安全保障分野での欧州諸国との連携にも消極的だった。それどころか西側と安全保障協力を行うことで，ソ連との戦争に巻き込まれることを恐れていた。つまり，スペインは米国と共通脅威がないにもかかわらず，最終的に基地を受容した国と位置付けられるのである。

　以下，第1節では，大戦直後のスペインが国際的孤立を深めていった経緯を概観し，第2節では米国側のスペインに対する戦略認識の変化と基地交渉が開始に至る過程を考察する。第3節では，米国とスペインの基地交渉の経緯を詳述し，第4節ではマドリード協定の締結に影響を与えた要因を考察する。

第1節　国際環境

　大戦中，地中海地域は連合国にとってシチリア島やイタリア半島を経て，欧州本土に攻撃を仕掛けるための重要な拠点であった。そのため，米英両国は開

第8章　スペイン

戦直後からスペインに対して枢軸国側と如何なる軍事協力も行わないよう要請していた[1]。結局，スペインは第二次世界大戦に公式的に関与することはなく，枢軸国側と同盟を結ぶこともなかった[2]。そのためフランコ政権はドイツやイタリアの場合とは異なり，戦後も生き残りを果たすことになったのである。

スペインの国際的孤立　戦後，連合国側はスペインの政治体制と独裁者であるフランコを殊更嫌悪した。ポツダム会談の席でも，トルーマン，チャーチル，スターリンの三か国首脳は，スペインの国連加盟を支持しないことを確認した。また1946年3月4日，米英仏の首脳はフランコが政権にいる限りスペインとは如何なる協調も行わないことを宣言した[3]。さらに同年10月30日，米国の国連代表であったトム・コナリー（Tom Connally）上院議員（民主党，テキサス州）は次のような声明を発した。

> スペイン問題についての米国の立場は次のように要約される。我々はフランコに反対し，スペインが国民の基本的人権と自由を保障する民主主義体制へと変容することを歓迎する。もしフランコ政権が国際的な平和と安全に対して脅威となった場合，我々は国連憲章に則って必要と考えられる全ての行動に参加する。……我々はフランコ政権が国連のみならず国連主導の下で創設される如何なる国際機関にも加盟することに反対する，そして最後に，我々はスペイン国民が自らの運命について自らが決定すると信じている[4]。

それを受けた国連総会は12月12日，1）スペインが国連及び全ての国際機関に加盟することを禁じ，2）全ての加盟国は大使と使節を即刻，本国に召還し，3）安全保障理事会は，（スペインにおいて）ある一定期間に自由主義的政府が誕生しない場合にさらなる手段を模索することを決めた[5]。これによりスペインの国際的孤立は決定的となった。当然，スペインはNATOの創設メンバーにも招聘されなかった。スペインと同盟関係を構築することはNATOの掲げる政治目的と著しく矛盾するというのがその理由であった。

一方で，西側欧州諸国はサラザール独裁政権下のポルトガルがNATOに加盟することについては容認していた。それは何よりも，ポルトガルが有してい

たアゾレスの戦略的価値に起因したものであった。第Ⅰ部でみたように、JCSはアゾレスを戦後一貫して基地計画の最重要地域に指定してきた。他方、スペインが提供できる基地はアゾレスに匹敵するほどの重要性を持っていなかった。当時、ジブラルタル海峡は英国によって守られていたし、米国の戦略空軍はスペインよりもソ連に近い英国から出撃することが可能であった。加えて米国は北アフリカのモロッコに空軍基地を建設していた。そのため、米国にとってスペインをNATOに加盟させることで得られる戦略上の利益はほとんど存在しないと考えられていたのである。

そのような状況にあって、フランコの目的は、自国の政治体制を自由主義的なものへと変革することなく、国際社会への復帰を果たすことにあった。当時、スペイン経済は1945年と49年の二度の経済危機によって壊滅的な打撃を受けていた。そのような危機的状況を打開するために、フランコは米国との接近を唯一の解決策と考えるようになっていた。というのも、当時、米国に次ぐ大国であった英国はフランコの独裁体制に対して極めて敵対的な態度を取っており、スペインが援助を期待できる唯一の手蔓は米国だけだったからである。

第2節　交渉への道

1) スペインに対する戦略認識とその変化

大戦直後、米国陸軍の欧州での主たる任務は西ドイツから大西洋に至る大陸全体を防衛することにあり、ピレネー山脈の南側の防衛についてはほとんど重視されていなかった。他方、海軍は地中海及び大西洋への入口が脆弱であることを憂慮していた。なぜなら、同地域においては英国がジブラルタル、マルタ、エジプトに基地を有していたものの、米国は自前の基地を持っていなかったからである。

スペインの戦略的重要性　米国防総省がスペインの基地の重要性を認識し始めたのは、戦後しばらく経ってからのことである。英国が1947年にギリシャとトルコに対する支援から撤退した後、そしてパレスチナから撤退し、さらにベルリン危機によって東西の冷戦構造が決定的となっていた1948年頃にな

第8章　スペイン

ると，国防総省は一転してスペインの重要性を評価するようになった。スペインはソ連の勢力範囲から地理的に離れており，欧州での軍事作戦の後方基地として最適だった[11]。また，イベリア半島はピレネー山脈によって中欧から隔絶されており，そのような自然の防壁は東側による奇襲攻撃を容易ならざるものにしていた。さらに，スペインに基地を置くことは米国をしてジブラルタル海峡をコントロールせしめる重要な機会を提供するものであった。

　国務省でも，例えばマーシャル国務長官は，国連が決定した大使の交換停止措置を無効にするよう早くから主張していた。マーシャルにとって基地と政治体制は別の問題であった。ケナンも「地中海はスペインを抜きにして考えることはできないし，ジブラルタル海峡の通過問題を抜きにして考えることはできない」と述べ，「（米国の国連代表は）スペインの現政権に異議を唱えるような，更なる試みに参加すべきでない」（括弧内筆者）と主張した[12]。従来，国務省はスペインの政治体制を変革することこそが，スペインの政治的，経済的混乱を避けるため（すなわちソ連に付け入る隙を与えないため）には不可欠とみていた。しかし1948年頃になると，徐々にその考えを改めるようになっていた。むしろ日増しに高まる東西対立の深刻さを考えれば，反共であるフランコ体制は米国にとって有益と判断されるようになっていた。当時，イタリアやフランスでは国内の共産主義が勢いを増していた。一方，スペインは独裁体制であるとはいえ，それまで考えられていたよりもずっと安定した政権であることが明らかになっていた。

　もっとも，国務省は諸手を挙げてスペインとの宥和を図ろうとしていたわけではない。国務省はファシスト政権と友好的な関係を築く正当な理由を米国民に示すことは困難とみていた。例えば，国務次官のロヴェットは，「（スペイン）政権の本質的かつ継続的な変革はスペイン人によって行われるべきものであり，外国からの干渉によって行われるべきものではない」[13]（括弧内筆者）として，スペインとの関係改善には慎重だった。また，スペインと宥和を図ることについては同盟国である欧州諸国，特に英国とフランスが強く反対していた。欧州諸国にとって，フランコ政権は未だドイツの国家主義やイタリアのファシズムと連動して捉えられるものであった。アトリー政権下の英国はスペインとの如何なる形の協力も拒否していた[14]。フランスは英国よりもさらに強固な姿勢でフ

ランコとの協力に反対していた。そのため，米国務省はスペイン問題を扱うに際しては，欧州諸国の反発に慎重に配慮する必要があったのである。

結局，国際社会から孤立したスペインは1948年時点で米国から如何なる援助をも受けていない西欧唯一の国となった。国際社会からの孤立はフランコの国内的な立場を強くしたが，その代償は大きかった。スペインの工業生産力は経済危機と欧州復興援助計画から外されたことによって，1951年には内戦前の半分に落ち込んでいた。そのため，フランコは何としても米国から経済援助を得る必要があった。実際，フランコはそれとの関連で早くも1947年の段階から米軍基地受け入れの可能性を模索し始めていたのである[15]。

2) スペインロビー

では，公式的な外交関係にない米国とスペインはどのように接近していったのか。ここで注目すべきは，米国のスペインロビーが果たした役割である。国務省が対スペイン政策の見直しに着手しようとしていた1948年頃，米国内にはいくつかのグループから成るスペイン支持派が存在した。主なグループは次の五つであった。第一が，熱心なカトリック信者から構成されるカトリック・グループであった。例えば，上院歳出委員会の委員長を務めていた民主党のパット・マッカラン（Pat McCarran）上院議員（ネヴァダ州）はその筆頭であった[16]。マッカランは米国輸出入銀行を通じたスペインへの借款の可能性を探っていた[17]。

第二が，それと重なるところもあるが，極端な反共主義者によって構成されるカトリック・グループであった。彼らはスペインを欧州で最も強固な反共国と捉えていた。第三は，海軍のリチャード・コノリー（Richard L. Conolly）提督をはじめとした，軍のスペイン基地推進派であった。彼らは対ソ抑止，或いは戦争対処計画の観点からスペイン基地の重要性を主張していた。第四は，共和党のロバート・タフト（Robert Alphonso Taft）上院議員（オハイオ州）に代表される，反トルーマン派であった。第五は，米国南部の綿の輸出業者を中心とした経済グループであった。彼らは党派，省庁，宗教，そして経済分野を超えて連携し，スペインロビーを形成していた[18]。

スペインロビーの目的は議会で対スペイン経済援助を採択すること，そして

国連が決定した大使交換停止措置の撤回を求めることにあった。例えば、1948年3月24日、スペインロビーの一人、共和党のアルビン・オコンスキー（Alvin O' Konski）上院議員（ウィスコンシン州）は、欧州復興援助計画の対象にスペインを含めるよう主張した。彼は「一体、どのような論理によってスペインは排除されるのか。同法案からスペインを排除することは恥ずべきことである以上に、モスクワ及び我々の国務省、そして商務省のアカ（pinkos）との馬鹿げた宥和を意味するものである[19]」と述べて、スペインに対する経済支援の必要性を主張した。また、翌年の9月14日、マッカラン上院議員はスペインを訪れ、対スペイン借款問題についての個人的立場を次のように報告した[20]。

　　我々はフランコ政権の存在を既成事実として受け入れなくてはならないし、同政権と十分に協力しなくてはならない。自由主義国のリーダーとしての我々の立場は、我々を世界の良心（conscience）に仕立て上げるものではないし、また他国にとって何が最善であるかを判断し審査するものではない[21]。

　スペインロビーによるスペイン側との非公式折衝は、ホセ・フェリックス・デ・レクエリカ（Jose Felix de Lequerica）スペイン特命大使を通じて行われた。レクエリカは以前に外相を務めた人物であり、40年代後半から50年代前半にかけて、幾度となく米国のスペインロビーと協議を行っていた。1948年初頭、フランコはレクエリカの米国での活動に特別予算を当て、彼を米国側との交渉窓口とした。この頃、フランコは米国と何らかの二国間経済連携協定を締結したいと考えていた[22]。そして、彼にはそれと引き換えにスペイン本土とカナリア諸島で米軍の基地使用を認める用意があった[23]。

3）国務省と軍部―基地の戦略的重要性

　1949年1月、米国では国務長官がマーシャルからアチソンへと引き継がれた。アチソンはマーシャルの下で、トルーマン・ドクトリンや欧州復興援助計画の作成にかかわっており、とりわけNATOの創設に心血を注いできた。当初、アチソンのスペインに対する姿勢は厳しいものであった。1949年5月5日、

彼は国務省の次年度予算要求に関する公聴会でスペインの問題に触れた。アチソンはまず，大使の交換停止措置問題について「我々は国連の停止措置を支持する」とし，「我々はスペインとの外交関係を樹立しない。大使が不在であるということは瑣末な問題である」と述べた。そして最後に，「スペインは政治体制を自由主義的にしないといけないし，我々がより緊密な関係を構築する場合には同盟国の満場一致の支持を受けなくてはならない」と締めくくった[24]。

　このようなアチソンの態度はトルーマン大統領の意向に沿ったものであった。トルーマンは戦後一貫して反スペインの立場を取ってきた。その理由はトルーマンの個人的な反全体主義思想，そしてバプティストとしての宗教的信念によるものだったとされている[25]。トルーマンにとってフランコは枢軸国の後ろ盾で政権に就いたファシストそのものであった。彼は1949年7月，議会がスペインを欧州復興援助計画の対象に含めようとしたときも，国務省に相談することなく「米国はそのような対応をとらない。なぜなら両国は友人ではないからだ[26]」と述べていた。

　一方，軍部はこの頃，国務省や大統領の意向に反してスペイン支持の動きを強めていた。例えば，JCSは1949年2月『米国の安全保障とスペインにおける戦略的利益[27]』と題した報告書の中でスペインの戦略的価値を次のように評価し，国務省に対して直ちにスペインとの関係を正常化するよう求めた[28]。

> スペインの最も重要な強みはその戦略的位置にある。イベリア半島に位置し，欧州大陸の最南端に位置している。地理的には西地中海とジブラルタル海峡を支配し，西ヨーロッパと北アフリカへの出入り口に接している。イベリア半島は切り立ったピレネー山脈によって欧州大陸の大半からほとんど孤立している。山脈はアルプスほど高くはないものの，物資を供給するのに使用可能なルートはほとんど存在していない。そのため，ピレネー山脈は北からの侵攻を遅らせるための強力な自然の防壁となっている。……スペインは有事の際の米国の安全保障にとって極めて重要な戦略的位置にあるのである[29]。

1949年以降，地中海及び大西洋近海での米軍の活動が，NATOコマンドの下

第8章　スペイン

に編入されたことによって，海軍は同地域に英国の影響を受けない独自の基地を持つことが必要と考えるようになっていた。そのような中，1949年の秋には，海軍作戦部長に既出のフォレスト・シャーマン提督が任命された。シャーマン提督はスペインとの関係改善に熱心であった。彼はスペインにおける第6艦隊の展開が地中海でのソ連の動きを抑止するものと固く信じていた[30]。

トルーマンの反対　さらに，東大西洋と地中海方面海軍司令官でありスペインロビーの一人でもあったコノリー提督もスペインの戦略的重要性を声高に主張していた[31]。コノリーが「非公式だが公式的な」ものと評した米海軍のスペインへの最初の寄港が実現したのは，1949年9月3日のことであった[32]。コノリーの訪問はフランコの対米認識や基地提供についての意思を確認し，そのような訪問が米国世論と欧州諸国にどのような反応をもたらすかを確認するための観測気球であった。そのため，コノリーとフランコは両国の関係改善に向けた具体的な話をしなかったし，何らの約束も交わさなかった。10月，コノリーは帰国し，政府に会談の中身を報告した。しかし，既述のように，この時点でトルーマンはスペインとの国交回復について明確に反対の立場を取っていたし，国務省もそれには慎重だった。国務省にとってこの段階でスペインと国交改善に向けて動き出すことは，生まれたばかりのNATO，すなわち西側の政治的結束を危険に晒すと受け止められたのである[33]。

4）交渉の萌芽

米国政府がスペインとの関係改善に初めて言及したのは，冷戦が激化の一途をたどっていた1950年1月18日のことであった。アチソンはコナリー上院外交委員会委員長に書簡を送り，国務省のスペインに対する立場を説明した[34]。アチソンはまず，スペインから大使を引き揚げたことは誤りだったと認めた。そして，国務省は国連が大使交換停止措置を撤回することを望んでいるとの見解を示した。また，アチソンはスペインにおいてフランコ政権に代替するものはなく，同政権は国内的に非常に安定している，との認識を示した。すでに在マドリード米大使館からは，1949年8月の時点でフランコ政権の国内基盤は磐石であり，長期政権になるであろうとの予測が届けられていた[35]。

それに関連してアチソンは，スペインを欧州でさらに孤立させるような批判

208

を行うべきではないとも述べた。一方、彼は次のように述べ、欧州諸国への配慮も忘れなかった。

> 我々はある一定の政治的条件が整わない限り、スペインとの間で緊密な経済、軍事関係を構築しない。その条件とは、スペイン政府が一定の自由主義的な経済、政治体制を導入すること、そして、米国がその防衛範囲をピレネー山脈の南に後退させるのではないかとの西側同盟国の不安を払拭することである[36]。

フランスの懸念　しかし、欧州諸国は米国側の姿勢に反発した[37]。彼らからすれば、米国がスペインとの関係を改善した上で、二国間の安全保障協定を締結するつもりであることは明らかだった。フランス外務省は、米国がスペインと安全保障関係を構築することで、ピレネー山脈の南側に防衛ラインを後退させるのではないかとの危惧を持っていた。もしそうなった場合、フランスは必然的にソ連による軍事侵攻の最初の犠牲者になると考えられた。それと同時に、フランスにはそのような二国間協定が生まれたばかりのNATOを分断するのではないかとの懸念もあった[38]。

朝鮮戦争　このような反発にもかかわらず、米国にとってのスペイン基地の重要性は日増しに高まっていった。1950年6月に勃発した朝鮮戦争はそれを決定付ける出来事であった。戦争の勃発によって、トルーマン政権はスペインとの二国間協議を先延ばししておく根拠を見つけることが困難になった[39]。スペインとの関係改善に向けた最初の一歩は、1950年11月4日、国連総会で決定された大使交換停止措置の撤回であった。もっとも、総会の決定は、加盟国がマドリードに大使を送ることを強制するものではなく、各国の自由意思にまかせると述べたに過ぎないものであった。しかし米国は早くも12月27日にボストンの銀行家であったスタントン・グリフィス（Stanton Griffis）をマドリードの米国大使に任命した。グリフィスはエジプト大使、ポーランド大使、アルゼンチン大使を歴任し、就任前からスペイン支持を打ち出していた。彼は任命される3年前にも「スペインに大使がいない状況で、我々はどのように地中海のコントロールについて話し合うのか」と述べ[40]、当時のフォレスタル国防長

第8章　スペイン

官に対してスペイン支持を働きかけていた。

　大使交換停止措置の解除は両国の関係改善の大きな一歩となった。1951年2月，アチソンは上院の外交委員会の席上「いまや米国と，そして願わくば，それ以外の国とスペインとの関係は新たな段階に入った」と述べた[41]。またそこで，コナリー上院外交委員会委員長は国務省に対して，スペインを無条件でNATOに加盟させることを提案した。

　ところが，スペインの外相マルティン・アルタホ（Martin Artajo）は，スペインにとってNATOは必要でないとの見方を示していた[42]。背景には，スペイン側の脅威認識があった。当時，スペインは対外的な脅威に晒されておらず，内戦以来，スペイン軍は主として国内の治安維持装置としての役割を担っていた。にもかかわらず，NATOに加盟すれば軍はそれまでの国内任務を離れ，NATO共通の任務を果たさなければならなくなり，それはひるがえって，国内治安の不安定化を招く恐れがあると考えられたのである[43]。そのような政治的判断がスペインをして，NATOのような多国間枠組ではなく米国との二国間安全保障協定の締結へと向かわせたのである。

　米欧の対立　　一方，米欧はこの問題を巡って相変わらず対立していた。欧州側の反応としては，例えば1951年6月，英国外相ハーバート・モリスン（Herbert Morrison）は下院で「我々がスペインと西側防衛について協調することで得られる戦略的利益よりも，協調によって西側コミュニティーに生じるであろう政治的損失の方が大きい[44]」として，スペインとの関係改善に警戒感を示した。そのような事情もあって，このとき米国が腐心していたのは，スペインに対する経済・軍事援助が，対NATO防衛コミットメントを低減させるものではないことを欧州諸国に説明し，所謂「ピレネー問題」（米国がピレネー山脈の南に防衛ラインを後退させるのではないかとの不安）を解決することにあった[45]。

　NSC 72/6　　1951年6月28日，トルーマン大統領はNSC 72/6を承認した。NSC 72/6は，米国が海軍基地及び長距離爆撃機用の施設を獲得するためにスペイン政府と交渉を行うこと，そして米国政府に対してスペインの軍事能力に関する調査を行うことを要請したものであった[46]。それに関連して，米国務次官補のジョージ・パーキンス（George A. Perkins）は7月，スペインとの相互

防衛条約に関する計画を提出した。そこでは「我々はスペインとの間で，特定の軍事施設の使用可能性についての協議を開始する。それは基地を建設することを意味するのではなく，特定の空・海軍施設を使用する権利を得ることを意味するものである」[47]との認識が示された。米国の政策決定者はここにきて，欧州諸国との溝が十分に埋まらないまま，スペインとの二国間交渉を開始する決意を固めていたのである。

第3節　交渉開始

　両国の予備交渉は1951年7月15日から始まった[48]。交渉はトルーマン大統領が特使に任命したシャーマン提督とフランコの間で行われた。シャーマンはフランコに対して，両国の関係を正常化したいと伝え，米軍がスペインの軍事基地にアクセスすることの重要性を訴えた。対するフランコは経済援助と軍事援助を必要としていると述べ，米国に基地を貸与するかどうかは，米国が提供する援助の問題と密接に関連しているとの認識を示した。そして彼は，イベリア半島から行われる米軍の軍事行動はソ連空軍によるスペインへの報復攻撃を招くものであるとし，スペイン側の要求は正当であると主張した[49]。つまり，彼は「巻き込まれ」の危険性によって生じる不利益を，見返りによって相殺しようと考えたのである。

　quid pro quo　　以後の交渉は，7月22日に死去したシャーマンに代わって米空軍のジェイムズ・スプリー（James W. Spry）少将が窓口となった。交渉の鍵は米国による対スペイン援助の規模にあった[50]。朝鮮戦争の最中の1951年10月，スペインロビーの熱心な働きかけによって，米国議会はスペインに対する1億ドルの直接財政援助を決定した。援助は米国輸出入銀行を通じた借款の形で行われることとなった。トルーマン政権にとって，この1億ドルは「基地の値段[51]」であり，先にみた大使交換停止措置の解除と並んで，基地の「見返り[52]」であった。JCSはスペインに対する援助を「米国の安全保障目的を達成するための手段の一つ」と捉えていた。トルーマン大統領も「資金（money）については，安全保障，返済期限，資金の使用目的，そしてその他の適切な要素

211

第 8 章　スペイン

について米国とスペインが相互に納得のいく協定が締結され，そしてそのような借款が米国の外交に利益をもたらすと判断されれば，すぐにでも行われる」[54]として，援助と交渉の連動性を示唆した。

　実際，財政援助の実施時期については，それが有効に活用されると判断されるまで据え置かれることになった。また，援助の規模をどの段階でスペイン側に提示するかについては，国防総省と国務省，そしてマーシャル・プランの窓口となっていた経済協力局（Economic Cooperation Administration: ECA）[55]が合同で組織した軍事勧告支援グループ（Military Advisory Assistance Group: MAAG）の判断に委ねられることとなった[56]。このように，同時期の米国とスペインの二国間関係は「資金（money），大使，基地が全て不可分に絡み合って」[57]形成されていたのである。

　幾度かの予備交渉を終えた，1952 年 3 月 12 日，アチソン国務長官は米国がスペインと公式交渉を開始すると発表した。アチソンは「軍事施設の使用に関するスペイン政府との交渉の準備は整った。……（基地に関する）研究を通じて，国務省，国防総省，相互安全保障庁（Mutual Security Agency）[58]は交渉準備を終えた。交渉は米国がスペインの軍事施設を使用することを目的とするものである。そして，それとの関連で議会ではすでにスペインに対して 1 億ドルを用意することが可決されている」[59]（括弧内及び傍点筆者）と述べた。つまりアチソンも 1 億ドルの借款が基地交渉とパッケージであることを認めていたのである。

　公式交渉　　スペイン側との公式交渉は，フランコがそれを望んだこともあって両国の軍同士で行われた。米国側は空軍のオーガスト・キスナー（August W. Kissner）少将をはじめとする代表団が，一方のスペイン側はスペイン陸軍のフアン・ビゴン（Juan Vigon）中将をはじめとする代表団がそれに当たった[60]。1952 年 4 月から同年 9 月にわたって行われた交渉の過程では，双方の望む結果に大きな隔たりが存在した。米国は基地使用に関する最大限の自由裁量を求めたが，スペインに対しては最低限の防衛コミットメントしか与える用意がなかった。一方，スペイン側は基地を提供する見返りとして，相応の経済・軍事援助を要求した。キスナーによれば，ビゴンは軍事援助の獲得に最大の関心を持っていた[61]。また，スペイン側は平時に基地を受け入れることで主権が損

なわれることについて強く反発していた[62]。そのため，交渉ではどのような条件下で米国に基地を使用させるのかが大きな争点となった[63]。とはいえ，フランコにとっての最終目標はあくまでも米国との二国間協定に合意し，経済，軍事援助を獲得することにあった。米国との交渉決裂はフランコの政権運営に深刻な危機をもたらすと捉えられていた。フランコは援助を獲得するためなら，政治体制の変革以外の如何なるコストをも支払う用意があったのである[64]。

それと並行して，米国内のスペインロビーは交渉の最終的な妥結に向けて，議会で更なる対スペイン財政援助の獲得に成功していた。見返りの増額である。1953年6月19日，米国議会は，軍事目的に限定した1億100万ドルの対スペイン財政援助を決定した。結局，議会が承認した対スペイン援助の額はこの時点で，計2億2,600万ドルにも及んでいた[65]。

アイゼンハワー政権―交渉の進展　1953年1月，米国ではトルーマンに代わって，新たにアイゼンハワーが大統領に就任し，それに伴いジェイムズ・ダン（James Clement Dunn）がスペイン大使に任命された。ダンは，スペイン内戦時にフランコに同情的だったこともあり，スペイン政府から好意的に評価されていた。ダンは，1953年5月，上院外交委員会の席で「二国間協定がスペインを国際協調に引き戻すための契機になる[66]」と述べ，さらにスペインの基地の意義については「米国とスペインの二国間問題を超えて，西側防衛全体に寄与するもの[67]」との認識を示した。そして米国政府の立場については，「我々の立場は単純明快である。我々はスペインに基地が欲しい。……そのために我々はすでに準備している軍事，経済援助を提供するつもりである[68]」とし，また「基地問題における取引に関して我々はより現実的であるべきである……もし我々が基地を欲するのであれば，現実的背景に則して取引を行うことが望ましい[69]」との見方を示した。

ダンの登場によって交渉は大きく進展した。また，アイゼンハワー政権が前政権よりも交渉妥結に意欲的であることは明らかだった。新政権には朝鮮戦争をはじめとして解決しなくてはならない問題が山積みであり，スペインとの交渉に時間と人員を割く余裕はなかった[70]。アイゼンハワーは交渉を最終段階に向かわせるための検討会議を招集した。メンバーは，リチャード・ニクソン（Richard M. Nixon）副大統領，チャールズ・ウィルソン（Charles E. Wilson）

国防長官,そしてJCS議長のオマール・ブラッドレー(Omar N. Bradley)であった。[71] 1953年9月初頭,ダンは交渉妥結に向けた最終調整をアイゼンハワーと行い,協定の文言に関する大統領の承認を携えてマドリードに戻った。

第4節 マドリード協定

1953年9月26日,ダン大使とアルタホ外相は,1) 防衛協定(Defense Agreement),2) 経済援助協定(Economic Aid Agreement),3) 相互防衛援助協定(Mutual Defense Assistance Agreement),の三つの二国間協定をパッケージとする,マドリード協定に調印した。[72]

基地の使用条件 防衛協定は基地使用に関するものであり,経済援助協定と相互防衛援助協定はそれぞれ経済援助と軍事援助に関するものであった。協定は行政協定の形をとるもので,議会の承認を必要としなかった。協定は10年が期限であり,その後は5年毎に計二度の延長が可能とされた。第1条では,両国政府は「西側防衛を強化する」ことを確認し,米国が基地を「スペイン軍と共同で,軍事目的に則して展開,維持,使用」することが謳われた。

基地使用に関する実質的な条件(基地の形態と場所)は協定に付随する秘密条項によって定められるとされた。ちなみに,1970年に公開された秘密条項によれば,米国は「西側の安全を脅かす明らかな共産主義による侵攻があった場合」に基地を使用できるとされていた。[73] そしてその場合,米国はスペインに対して通告だけをすればよいと定められていた。また,米軍基地を利用可能にする条件については幅広い解釈が可能であった。共産主義による侵攻があった場合,スペイン内での米軍の展開は米国単独の意思決定に基づくとされ,スペイン政府はそれに何らの制限を課すことも許されなかった。このことは,同時期に他の国でみられた状況(例えば,第6章でみた英国がずっと避けたがっていた状況),つまり接受国が関与していない戦争で米国の核攻撃基地として使われる,という事態をもたらし得るものであった。

一方,基地の見返りとして,米国はスペインに,計2億2,600万ドルの軍事援助と経済援助を行うことで合意した。内訳は,1億4,100万ドルの最終品目

援助（end-item assistance）と8,500万ドルの防衛支援援助（defense support assistance）であった[74]。それはスペインがマーシャル・プランから外されたことを相殺するに十分な額であった。しかし，この援助についてもスペイン側は妥協を余儀なくされた。例えば，協定では財政援助（financial aid）と経済支援（economic assistance）の条件が曖昧であった。また援助計画の期間は「数年」とされ，米国は「できる限り」それらを提供するとされるに留まった[75]。そして，米国による支援の範囲は「議会の承認によって定められた米国の国際的コミットメントと国際情勢の急迫性についての優先順位，そしてそれらの状況と条件の観点から」決定されるとされた[76]。それらの文言は極めて曖昧であった。

空軍基地　マドリード協定の結果，米国はスペインに空軍基地と海軍基地を獲得した。空軍基地については以下の通りである。協定締結後，米国は13,000フィートの滑走路を持つ，サラゴサ，トレホン，モロンで基地の使用を開始した。そこにはソ連を攻撃することが可能な，4,000マイルの航続距離を持つB-47が配備され，サラゴサとトレホンにはそれを防衛するための戦闘機が配備された。また，サラゴサとモロンは燃料補給タンカーを格納する補助基地としても使われた。加えて，二つの小規模空軍基地がレウスとセビリア近郊のサン・パブロに建設された。マヨルカにはレーダー基地が建設された。

このようなスペインにおける空軍の基地システム，特にB-47中距離爆撃部隊は重要な意味を持った。マドリード協定によってB-47部隊はセビリアとアルバセテ近郊に展開した。当時，ソ連は長距離ミサイルを有しておらず，米軍基地に対して攻撃を行う場合には，イベリア半島に航空機を飛来させなければならなかった。このことは米国に効率的な防衛と適当な反撃を行うのに十分な時間を与えるものであった。つまり，スペインの基地はソ連による奇襲攻撃から米国の空軍部隊を守るのに極めて適した地理的条件を有していたのである。

海軍基地　海軍基地については以下の通りである。スペインにおける海軍基地の中で最も重要な役割を果たしたのは，ジブラルタル海峡の西，カディス近郊にあるロタ海軍基地である。1953年から63年までの間，スペインにおける基地建設費として支払われた5億3,500万ドルのうち，約半分がロタの海軍基地建設に当てられた（なお，ロタは60年代から70年代の終わりまで，ポラリス潜水艦及びポセイドン潜水艦が配備されていた）。加えて，ロタはスペイ

ンの主要な空軍基地であるモロン，トレホン，サラゴサを結ぶ，全長450マイルにも及ぶ石油パイプラインの始点としての役割も担っていた。この巨大なパイプラインは米軍の活動にとって不可欠なものであった。海軍はその他にも，(ロタに比して小規模ではあるが) 大西洋岸のフェロルと地中海に面したカルタヘナにも小規模の海軍施設を置いた。

第5節　小結

　以上，マドリード協定は基地と経済・軍事援助，そして安全の提供の三つがリンクされたものであった。さらに，スペインの国連復帰や米国との外交関係の樹立 (フランコ体制の存続容認) も事実上，基地の提供と密接に結びついたものであった。それらは両国の互恵性を形成する重要な要素であった。実際，フランコはその後22年間も政権の座にあり続けたし，アルタホ外相は協定調印後，「我々は主権と独立をほとんど毀損することなく，協定によって国際的に重要な立場を回復した」とそれを評価した。[77]

　とはいえ，協定締結に至る道のりは険しいものであった。スペインは早くから米軍基地の受け入れを容認し，それを唱導する一方で，基地を受け入れることで戦争に巻き込まれることを恐れていた。そのため，フランコは「巻き込まれ」の危険を凌駕するだけの見返りを米国側に求めた。他方，米国側では大統領と国務省，そして国防総省と軍部とで対スペイン政策についての認識が異なっていた。トルーマンはスペインとの関係改善に難色を示し，国務省は欧州諸国との関係悪化を懸念して交渉開始には慎重だった。一方，軍部や一部のスペインロビーは早くからスペインの戦略的重要性を認め，早期の交渉開始を求めていた。その後，朝鮮戦争の勃発によって政府はスペインとの交渉を開始する決意を固め，巨額の経済・軍事援助を行うことを決めたばかりか，フランコの独裁体制を容認した。

　このようなスペインのケースからは次のことが明らかになった。第一に，スペインの意思決定に主要な影響を与えていたのは，米国との共通脅威ではなく，基地を受容することで得られる政治的，経済的，或いは外交上の利益であっ

た。[78]と同時に,米国の側もスペインに対する経済・軍事援助をスペイン側のインセンティヴに働きかける手段として明確に位置付けていた。つまり,スペインのケースは見返り原則の考え方(すなわち,経済援助や軍事援助,或いはその他の利益提供を,基地交渉を妥結に導くための手段にする)が実際に作動し,それが接受国の意思決定に有効に作用していたことを示すものであった。このことは,契約仮説(米国と脅威認識を共有しなくとも,或いは自立性の低下や「巻き込まれ」を恐れる接受国に対しても,単一的ではなく包括的な基地契約を提案し,そこで十分な利益供与を行うことで基地は展開される可能性がある)の妥当性を示すものであっただろう。また,両国が対ソ脅威認識を共有しないまま,基地と援助の取引を介して事実上の同盟関係に入ったことは,共通脅威に基づかない同盟形成の一つのメカニズムを示すものだったといえるかもしれない(この点,終章で整理する)。

　第二に,スペインのケースでは国内の目立った反発を確認することはできなかった。このことは,特定の政治体制と国内の反発の強弱には相関関係があることを示唆するものであろう。同時期,スペインは独裁体制下にあり,国民はとりわけ外交・安全保障政策について異を唱える状況にはなかった。そしてそれは,米国側にとって基地交渉を有利に運ぶ材料となった。というのも米国は(すでにみたデンマークの場合とは異なり)経済復興と軍の近代化,そして国際社会への復帰を目論むフランコだけを交渉相手に設定することができたからである。そうであるからこそマドリード協定では,基地の実質的な条件を秘密条項として扱うことができたし,援助の中身についても米国側に有利な条件で合意することができたのである。

注

1) Dabrowski 1996 : 12.
2) 但し,フランコはスペイン義勇軍がドイツ軍の戦闘に参加することについては認めていた。例えば,1941年6月22日,フランコはドイツによるソ連侵攻に際して,ドイツ軍を支援するために義勇軍を派遣する計画を承認した。もっとも,それはソ連の共産主義と戦うことに限定したものであり,ヨーロッパの他の連合国と戦うことについては認めていなかった。(Bowen 2000.)
3) Lowi 1963 : 671.
4) Dennett *et al.* 1951 : 889-890.

5) *Ibid.*
 6) JCS 570/72, "United States Requirements for Military Rights Which Require Negotiation with the Spanish Government," July 10, 1946, Box 84, CCS 360 (12-9-42), Sec. 26, Central Decimal Files, 1946-1947, RG 218.
 7) Sandars 2000 : 244.
 8) 同時期の英国とスペインの関係については，Ahmad 1999.
 9) Lowi 1963 : 675.
10) *Ibid.*
11) Liedtke 1999 : 267.
12) Millis and Duffield 1951 : 328.
13) Dabrowski 1996 : 29. より引用。
14) Ahmad 1999. 但し，前首相のチャーチルは1948年12月10日，同僚の議員に対して「なぜスペインを追放者のように扱わなくてはならないのか？」とスペインに同情的な姿勢をみせていた。(Madriaga 1958 : 595.)
15) Sandars 2000 : 246.
16) マッカランはフランコ政権を「世界で最も暴力的な反共政府」と評していた。(McCarran 1951 : 137.)
17) U.S. Congress, House, Loan to Spain, 81st Cong., 2d sess., August 25, 1950, *Congressional Record*, Vol.96, Pt.10, pp.13492-13498.
18) Lowi 1963 : 676.
19) U.S. Congress, House, 80th Cong., 2d sess., March 29, 1948, *Congressional Record*, Vol.94, Pt. 3, p.3428.
20) Lowi 1963 : 679.
21) Dabrowski 1996 : 40. より引用。
22) Sulzberger 1948 : 1, 17.
23) *FRUS, 1948*, 3, p.1063.
24) *Department of State, Justice, Commerce and the Judiciary*, Hearings before the Subcommittee of the Senate Committee on Appropriations, 1949, pp.90-93.
25) Lowi 1963 : 677.
26) *New York Times*, July 15, 1949, p.6.
27) JCS 1821/3, "Report by the Joint Strategic Survey Committee to the Joint Chiefs of Staff on United States Security and Strategic Interests in Spain," February 10, 1949, Box 50, CCS 092 Spain (4-19-46), Sec.1, Geographic File, 1948-1950, RG 218.
28) その後，1949年4月19日，ジョンソン国防長官はアチソン国務長官に対し，スペインとの国交正常化に関する国務省の見解を質す書簡を送っている。(Enclosure, Letter from Johnson to Acheson, April 19, 1949, JCS 1821/7, "United States Strategic Interests in Spain," April 20, 1949, Box 50, CCS 092 Spain (4-19-46), Sec.1, Geographic File, 1948-1950, RG 218.)
29) JCS 1821/3, "Report by the Joint Strategic Survey Committee to the Joint Chiefs of Staff on United States Security and Strategic Interests in Spain," February 10, 1949, Box

50, CCS 092 Spain（4-19-46）, Sec.1, Geographic File, 1948-1950, RG 218, pp.20-21.
30) Seidel 1993：290.
31) *Ibid.*, p.291.
32) *Ibid.*
33) *Ibid.*
34) Lowi 1963：680.
35) *FRUS, 1949*, 4, p.756.
36) Lowi 1963：689.
37) JCS 1821/8, "Report by the Joint Strategic Survey Committee to the Joint Chiefs of Staff," April 21, 1950, Enclosure "A" and "B", Box 50, CCS 092 Spain（4-19-46）, Sec.1, Geographic File, 1948-1950, RG 218.
38) *FRUS, 1949*, 5, pp.748-749.
39) Lowi 1963：689-691.
40) Millis and Duffield 1951：445. 但し，トルーマンは，グリフィスをスペイン大使に任命したことは彼の対スペイン政策を変更させるものではないことを強調していた。つまり，この時点に至ってもトルーマンは，政治的，宗教的理由によってスペインに対して否定的だったのである。例えば，1950年12月27日，トルーマンはグリフィスに対して「君の宗教的信条については知らないが，私はバプティストである。私は如何なる者も自らの神を自らの方法で崇拝することを許されるべきであると信じている。スペインでの状況にはしのび難いものがある」と述べている。（Griffis 1952：269.）
41) Lowi 1963：691.
42) Seidel 1993：293.
43) *Ibid.*
44) Sandars 2000：244.
45) この点については，Weeks 1977.が詳しい。
46) Dabrowski 1996：54-56.
47) Lowi 1963：694.
48) Welles 1965：287. その際，フランス及び英国政府には事前に通告や相談はなかった。
49) *FRUS, 1951*, 4, pp.832-834.
50) *Ibid.*, p.838.
51) Dabrowski 1996：79.
52) Lowi 1963：688.
53) Memorandum by the Chief of Staff, U.S. Army for the Chiefs of Staff on U.S. Military Bases in Spain and Military Assistance to Spain, June 19, 1952, Box 52, CCS 092 Spain（4-19-46）, Sec 11, Geographic File, 1951-1953, RG 218.
54) U.S. President, *Public Papers of the Presidents of the United States*, Harry S. Truman, 1950, Washington, D.C.：U.S. Government Printing Office, 1965, p.616.
55) ECAはマーシャル・プランを実行するために設立された米国の政府機関である。
56) Watson 1986：294-296.
57) *Ibid.*

第8章　スペイン

58) 相互安全保障庁は，欧州復興計画を実施するための援助機関であるECA（1948年4月設立）が改組されて，1951年12月に誕生した組織である。ちなみに，本書第3章に登場したハリマン（1945年当時は駐ソ連大使）がその初代長官に就任している。
59) Lowi 1963 : 696.
60) この点，Dabrowski 1996 : 70.
61) *Ibid.*, p.78.
62) *New York Times*, September 27, 1953.
63) *Ibid.*
64) Seidel 1993 : 297.
65) *Ibid.*, p.298.
66) U.S. Congress, House, Committee on Foreign Affairs, European Problems, *Selected Executive Session Hearings of the Committee, 1951-1956, Vol.* ⅩⅤ, Washington, D.C. : Government Printing Office, 1980, p.383.
67) *Ibid.*
68) *Ibid.*, p.377.
69) *Ibid.*, p.378.
70) Dabrowski 1996 : 101.
71) Cianfarra 1953 : 103.
72) Edwards 1999 : 255-257.
73) Seidel 1993 : 299.
74) JSPC 966/31, "Report by the Joint Strategic Plans Committee to the Joint Chiefs of Staff on Implementation of U.S. Aid Programs for Spain," Enclosure "B", September 23, 1955, Box 33, CCS 092 Spain（4-19-46），Sec.18, Geographic File, 1954-1956, RG 218.
75) Seidel 1993 : 298.
76) *Ibid.*, p.299. しかし，経済援助協定と軍事援助協定，或いはその後の付属協定に基づいて，実際にスペインが米国からいくらの援助を得たのかを知ることは容易ではない。当時，国務省が発表したデータによると，1954年度予算で2億2600万ドルの軍事・経済援助が行われている。それに加えて，付属協定で定められた援助額である3億5000万ドルが，1953年から57年までの4年間の間に支払われた。また1953年から63年の間の10年間で，米国がスペインに行った軍事援助の総額は5億400万ドルであり，それは1年間のスペインの輸出による外貨獲得額とほぼ同等であった。（Sandars 2000 : 249.）
77) Whitaker 1961 : 54.
78) Liedtke 1999 : 274.

終章

結論──戦略と対接受国政策

　ここまで本書は「戦後の米国はなぜ，如何にして広大な海外基地システムを形成したのか」を明らかにするために，基地の政治学から導出した仮説に依拠しつつ，JCSの基地計画の変遷と四つの基地交渉（英国，グリーンランド，デンマーク本土，スペイン）を考察してきた。終章では，第1節で戦後の海外基地政策の決定と実行の過程をまとめた上で，結論を示す。第2節では，本書で明らかになったことの含意，すなわち，1）基地の安定性，2）基地が戦略に与える影響，3）見返りとしての同盟，4）占領地における基地の問題を指摘し，最後に将来の研究課題を示す。

第1節　40年代から50年代初頭にかけての海外基地政策

1. まとめ
分析枠組と仮説
　本書が分析枠組として用いた基地の政治学とは，次のようなものであった。図表終−1は，第1章で示した図表1−1に実際の考察を通じて明らかになった点を加えて，戦後基地システムの形成過程を整理したものである。以下，図表終−1を元に議論を展開していこう。

　戦略論　まず，基地の戦略論は米国の基地計画，すなわち基地及び接受国の選定の問題を米国の戦略（脅威への対応と資源制約）の観点から説明しようとするものであった（図表終−1，下段のⅠ）。そこからは，米国にとっての脅威が増大すれば資源制約の範囲の中で基地を拡大しようとし，脅威が低下したり資源制約が強まったりすれば，それを縮小しようとするとの仮説が引き出

終章　結論――戦略と対接受国政策

図表終-1　戦後基地システムの形成過程

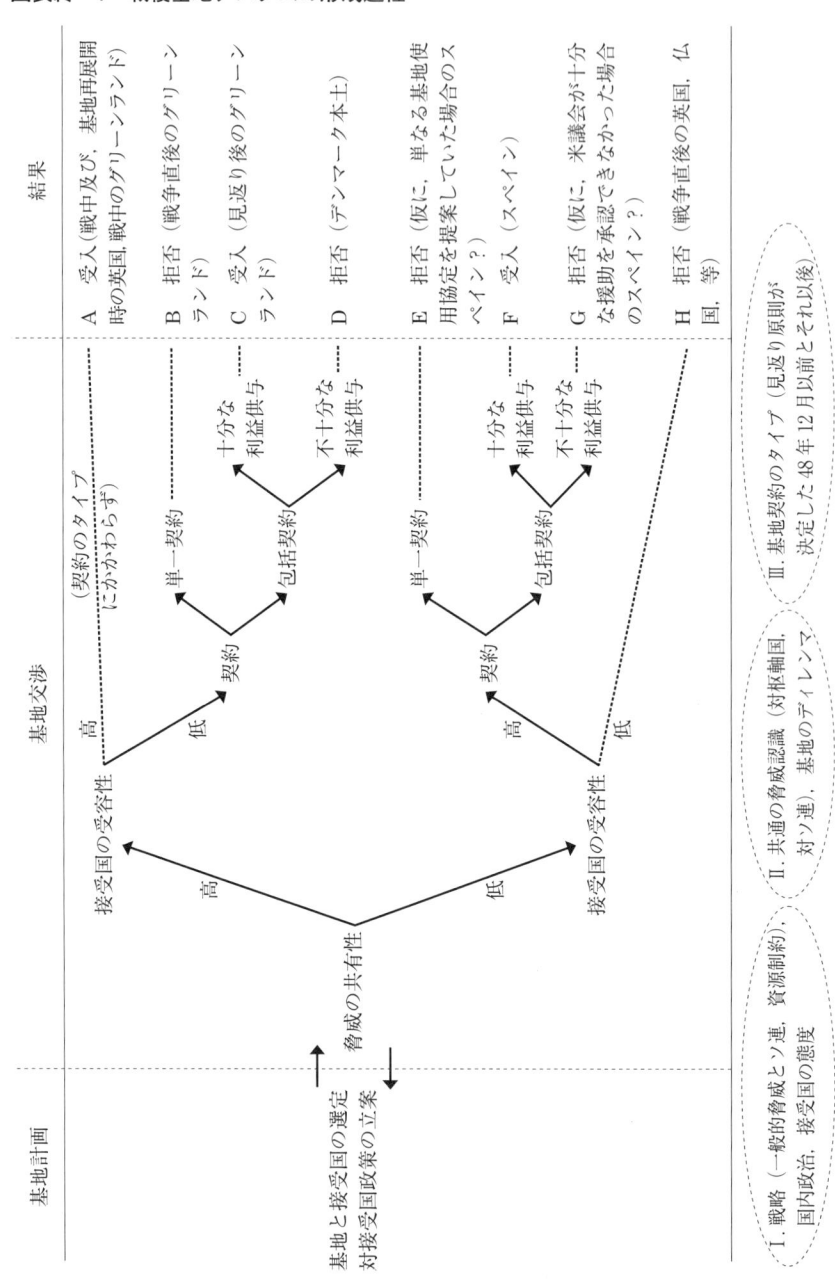

基地計画

- 基地と接受国の選定
- 対接受国政策の立案

I. 戦略（一般的脅威とソ連、資源制約）、国内政治、接受国の態度

脅威の共有性

- 高 → 接受国の受容性
- 低 → 接受国の受容性

基地交渉

接受国の受容性：高 → 契約
- 高 → 単一契約（契約のタイプにかかわらず）
- 低 → 包括契約
  - 十分な利益供与
  - 不十分な利益供与

接受国の受容性：低 → 契約
- 高 → 単一契約
- 低 → 包括契約
  - 十分な利益供与
  - 不十分な利益供与

II. 共通の脅威認識（対枢軸国、対ソ連）、基地のディレンマ

結果

- A　受入（戦中及び、基地再展開時の英国、戦中のグリーンランド）
- B　拒否（戦争直後のグリーンランド）
- C　受入（見返り後のグリーンランド）
- D　拒否（デンマーク本土）
- E　拒否（仮に、単なる基地使用協定を提案していた場合のスペイン）
- F　受入（スペイン）
- G　拒否（仮に、米議会が十分な援助を承認できなかった場合のスペイン？）
- H　拒否（戦争直後の英国、仏国、等）

III. 基地契約のタイプ（見返り原則が決定した48年12月以前とそれ以後）

222

された。またそこでは脅威の配置や性格に応じて個別の基地の重要性や獲得の優先順位、そして基地システムの配置に変化が生じると仮定された。

同盟政治論　　次いで、基地の同盟政治論は、米国の基地が受け入れられるかどうかを、接受国側の脅威の共有性と基地に対する受容性（基地のディレンマ）の観点から捉えるものであった（図表終-1、下段のⅡ）。そこからは、接受国が米国と脅威認識を共有していれば基地は受け入れられるが、そうでない場合は拒否される。しかし、接受国が米国と脅威認識を共有していても、自立性の低下や巻き込まれの危険性を強く懸念していれば基地は拒否される、との仮説が導かれた。

契約論　　最後の契約論は、米国と接受国の交渉とそこで行われる利益のやり取りに着目するものであった。具体的には、米国が提案する基地契約がどのような問題領域をカバーするか（単一契約か、それとも包括契約か）が、接受国の意思決定に影響を与えると仮定された（図表終-1、下段のⅢ）。そこからは、1）米国が深刻な脅威に直面して基地を拡大しようとしても、同盟政治論的な観点から、米国と脅威認識を共有しないか、自立性の低下や「巻き込まれ」を恐れる接受国との交渉が難航すれば基地計画は縮小される、2）しかし、米国と脅威認識を共有しなくとも、或いは（また）自立性の低下や「巻き込まれ」を恐れる接受国に対しても、単一的ではなく包括的な基地契約を提案し、そこで十分な利益供与を行うことで基地は展開される可能性がある、との仮説が導かれた。

海外基地政策の計画と実行の過程　　これらの視角を踏まえて、本書は米国の海外基地政策の計画と実行の過程を大まかに次のように捉えた。まず、基地計画の決定に主たる影響を与えるのは米国の戦略であり、それが基地の配置や規模を決定する。そしてそのような計画の実行には、接受国側の脅威の共有性と基地のディレンマに起因する制約が課せられ、それを克服するのが基地契約、つまり「見返り」の問題である。

ではこのような枠組は、40年代から50年代初頭にかけての米国の海外基地政策を説明する上でどれほど有効だったのか。

終章　結論——戦略と対接受国政策

図表終-2　戦略と基地計画の変遷

	戦略の前提となった考え方	基地計画	規模	基地計画の特徴
1943年	「4人の警察官」による国際協調	JCS 570/2	拡大	国際警察軍のための基地システム
	勢力範囲の分割			西半球と太平洋の基地の直接・間接支配（地図1）
1944年〜46年	一般的な脅威と特定的な脅威への対抗	JCS 570/40	拡大	欧州，中東，北アフリカ，太平洋，西半球の全域に広がる広範囲な基地システム（地図2）
1947年〜48年	選択的で限定的な対ソ抑止	JCS 570/83	縮小	戦略的重要性の高い地域にのみ基地を展開し，それ以外の地域では最低限の基地権を確保する（地図3）
1949年	大規模な対ソ「封じ込め」	JCS 570/120	拡大	北大西洋，南アジア，北アフリカ，欧州の基地から戦略航空攻撃を行う（地図4）

基地計画の決定に影響を与えた要因

1）戦略

　第Ⅰ部でみたように，戦中から戦後にかけての基地計画の決定に強い影響を与えていたのは米国の戦略であった。基地は主として，脅威（それが潜在的であれ，顕在的であれ）に対抗し，戦後の安全保障を実現する（或いは，米国主導の国際秩序を形成する）ための重要な手段と捉えられた。図表終-2（戦略と基地計画の変遷）に整理したように，40年代の戦略とそれについての考え方は，米国が直面する安全保障環境の変化に応じて幾重にも変化した。政策決定者にとってそれは複数ある選択肢の中から特定の戦略を採用するという能動的な問題であったと同時に，限られた選択肢の中から特定の戦略を採用せざるをえないという受動的かつ制約された問題でもあった。なぜなら，そこには特定の基地を獲得・運用できるかどうかという問題が密接にかかわっていたからである。

　一般的脅威—国際協調と勢力範囲　　基地計画の立案がスタートした1943年から44年にかけて，米国は戦後世界を，1）「4人の警察官」による国際協調と，2）諸大国による勢力範囲の分割という二つの戦略によって維持しようと考えていた。政策決定者の頭の中には，特定の脅威に対抗することよりも，

一般的な脅威に備えるための防衛ラインや勢力範囲を確定することが先にあった。そのため，1943年11月に承認された初の公式的な戦後基地計画（JCS 570/2）は，従来米国の勢力範囲と考えられていた太平洋の島嶼地域と西半球に限定的に基地を配置し，その一部を直接コントロールすることを謳うものとなった（接受国側の主権の問題は等閑視されていた）。

ソ連の脅威と資源制約　そして戦争が終結し，米ソ関係が悪化するにつれて，基地計画はソ連との対抗関係を強く意識したものへと変容していった。と同時に，国内では動員解除が進み，将来の軍事予算の削減が求められるようになった。そのような中で提出された1945年10月のJCS 570/40は，欧州，中東，北アフリカ，太平洋，西半球の全域に広がる広範囲な基地システムを提案するものとなった。そこでは，一般的な脅威に対抗するための措置として，対ソ戦略上は重要性が低いと考えられた赤道以南の太平洋地域までもが基地リストに含まれた。もっとも，このとき基地の拡大がソ連の警戒心をいたずらに惹起するとして，それに異を唱える声（例えば，JSSCのエンビック）もあったが，大勢とはならなかった。

国内政治―縄張り争いとクリスマスツリー　とはいえ，軍を中心とした政策決定者はこのときも予算制約の問題に一定の注意を払っていた。にもかかわらず，基地計画の拡大に歯止めがかからなかったのは，そこに米国の国内政治要因，すなわち軍の「縄張り争い」が関係していたためであった（これは，第1章の図表1-1では想定されていなかった要因である――後述）。軍にとって基地計画の策定過程は，基地の縮小を求める国務省や議会との攻防であると同時に，予算配分を巡る軍同士の熾烈な競争でもあった。彼らは，基地拡大と予算削減という相反する二つの目的を同時に満たす手段として，より財政的負担の小さい基地権の獲得を目指すようになった。そしてそこで調整のつかなかった彼らの多様な要求はJCSの基地計画を巨大にクリスマスツリー化させた。同時期，資源制約が高まっていたにもかかわらず，要求される接受国の数が増えるという「鋏現象」が生じた背景にはこのような国内政治上の問題もあったのである。

ソ連の脅威の顕在化　JCS 570/40の承認からしばらく経った1947年9月，軍は新たな計画であるJCS 570/83を策定し，北大西洋と西半球に限定的に基

地を配置することを決めた。そこには戦略的重要性の高い基地のみを確保することで，選択的，或いは集中的にソ連を抑止しようとする彼らの戦略があった（基地計画の縮小）。それと並行して軍の中では戦争対処計画の準備も進められ，冷戦を意識した対ソ「封じ込め」政策が立案，実行されていったのである[1]。

　彼らのそのような戦略関心はベルリン危機の勃発と相まって，基地計画の集大成であるJCS 570/120（1949年4月）として結実した。そこでは，先の計画で外された中東や南アジアの基地が新たにリストに加えられ，地理的にも接受国の数の面でも大規模なものとなった。そしてそのような計画は，後にNSC 68で示されることになる基地の位置付けと基本的に合致するものであった。言い換えれば，JCS 570/120で示された基地システムの構造は，後に本格的に形成されていくことになる冷戦型基地システムの重要な基盤になるものだったのである。

　米国の脅威認識の変化と基地計画の変遷　　以上のような基地計画の変遷からわかるのは，当時の政策決定者が持っていた力のバランスについてのイメージとその変化である。彼らは基地の戦略論が想定したように，時期によって異なる脅威に対抗するための戦略を立案し，それを実行する手段として基地を用いようとした。すでにみた，地図1，2，3，4の比較からは，基地が当初あった太平洋と西半球を中心とする配置から，徐々にソ連の北側と南側を中心とする配置へと変化していったことが見てとれる。これらのことから，戦略仮説は資源制約要因の影響力に一定の条件が付くことがあったとはいえ，その妥当性が示されたといえる。

　戦略仮説の限界（官僚政治と接受国の反応）　　但し，JCS 570/40とJCS 570/83についての説明は，一部例外であった。というのも，JCS 570/40は基地の拡大にかかる制約（予算削減と動員解除）が明確であるにかかわらず，基地システムを大きく拡大しようとするものだったからである。そこには，米国にとっての脅威の増大のみならず，軍部の縄張り争いがとりわけ大きな影響を与えていた（もっとも，海軍，陸軍，陸軍航空隊の間には，常に官僚政治的発想に基づいた基地システムのあり方に関する相違が存在していた）。

　また，米国にとっての脅威の観点からいえば，JCS 570/83は基地の縮小ではなく拡大を志向していたはずであった。そして，そこでは少なくともソ連の

南側(例えば,カラチやカルカッタ)に基地が置かれることが決定していたはずであった。当時,軍はソ連の脅威を強く認識し,とりわけ南アジアと欧州に広く基地を展開する必要性を主張していたからである。したがって,JCS 570/83で採られた戦略(すなわち,選択的かつ限定的な地域で対ソ抑止を行うとの考え方)は接受国候補の意思決定に制約された結果として生まれたものだったといえるのである。

2) 接受国との交渉

そこから明らかだったのは,米国の基地計画の決定には一定の条件下で接受国との交渉,すなわち接受国側の基地に対する態度が大きな影響を与えるということであった。戦争終結後,それまで基地を受け入れていた国のほとんどが,米国に対して基地の撤退を求めるようになった。戦中に結ばれた基地協定の多くは単一的であり,接受国側の平時の利益までを保障するものではなかったからである。図表終−1の右側のコラムでいえば,A(共通の脅威に基づいた基地の受容)から,B(共通の脅威はありながらも,深刻な基地のディレンマに直面し,さらに契約による利益も得られないことによる基地の拒否),或いはH(共通の脅威がなく,また受容性も低いことによる基地の拒否)への移行であった。

結局,JCSはソ連との対立が激化する只中にあって,基地計画の縮小を決定した(JCS 570/83)。序章で提示した疑問の一つ(米国はなぜ脅威が深刻化する最中に基地計画を縮小したのか)は,主としてこの接受国との交渉の観点から説明されるものだったのである。従来,それが戦争の終結と動員解除という二つの要因によって説明されてきたことを考えれば,本書はそこに新たな見方を加えるものだったといえるだろう[2]。そしてそれは紛れもなく,基地計画の決定に対する交渉の影響力を仮定した契約仮説の前段部分(米国が深刻な脅威に直面して基地を拡大しようとしても,同盟政治論的な観点から,米国と脅威認識を共有しないか,自立性の低下や「巻き込まれ」を恐れる接受国との交渉が難航すれば基地計画は縮小される)の妥当性を示すものであった。

計画の実行に影響を与えた要因

では,そのようなプロセスを経て決定された基地計画は,どのように実行に

終章　結論——戦略と対接受国政策

移されたのか。

脅威の共有性　第Ⅱ部でみたように，米国と接受国の基地交渉に主たる影響を与えていたのは，第一に，接受国側の脅威認識が米国のそれと一致しているかどうかという問題であった。例えば，戦中，多くの国が米国の基地を受け入れたのは，枢軸国の脅威に対抗するためであった。接受国が重大な危機に瀕している場合には，接受国の側から基地を唱導するケースも確認された（例えば，1941年の「駆逐艦－基地交換協定」）。

また，英国のように戦争終結後も米国と脅威認識を共有している場合には，基地は容易に再展開される傾向もみられた。さらに，英国は基地に対する国内の潜在的反発を抑えるための善後策も積極的に講じていった。その一方で，米国は見返り原則導入後でさえ，英国に対して問題領域を超えた見返りを供与することはなかった。これらのプロセスは，図表終－1のAに該当するものであった。

基地のディレンマ　一方，脅威の共有性が高くても，接受国側が戦争に巻き込まれることを恐れていたり，国家の自立性が損なわれると判断している場合（すなわち，基地に対する受容性が低い場合）には，基地は拒絶されることもあった。例えば，デンマーク政府は本土での基地受容を国家の安全と自立性の双方を低下させるものと認識し，最終的にそれを拒絶した。彼らは自国内の基地から行われる米軍の作戦に一定の制約を課すことができない以上，自立性と「巻き込まれ」の問題をコントロールすることは不可能と考えていたのである。このように，英国とデンマーク本土のケースは対照的でありながら，何れも同盟政治仮説（接受国が米国と脅威認識を共有していれば基地は受け入れられるが，そうでない場合は拒否される。しかし，接受国が米国と脅威認識を共有していても，自立性の低下や巻き込まれの危険性を強く懸念していれば基地は拒否される）を支持するものであった。

見返り（包括契約）　では，脅威の共有性が高いにもかかわらず，接受国側の受容性が低い（すなわち，深刻な基地のディレンマが存在する）場合，米国はそれにどう対応しようとしたのか。まず，米国は1948年12月以降，対接受国政策の転換を行い，基地交渉に見返り原則を導入した。それは戦後一貫して課せられていた基地拡大政策に対する制約を克服しようとする試みであった。

例えば，戦争終結以降，デンマーク政府はソ連への対抗策を模索する一方

で（スカンジナビア同盟連合構想），基地のディレンマに直面し，グリーンランドからの基地の撤収を求めていた（AからBへの移行）。そこで米国はデンマークに対し，新たに包括契約を提案し，それまで別々に扱われていた基地とNATO及び二国間軍事援助の問題をリンクした。それはデンマーク側に基地のディレンマをコントロールせしめ，最終的にはグリーンランド協定を合意に導いた（BからCへの移行，すなわち，共通の脅威はありながらも，深刻な基地のディレンマが存在し，利益が十分に供給されないために基地が拒否されていたBから，十分に利益が供給されたために基地が受け入れられたCへの移行）。

但し，デンマーク本土のケースからも明らかなように，接受国側の基地のディレンマが極めて深刻な場合には，仮に包括契約が提案されたとしても基地は受容されなかった（D）。本土においては基地を受容することで生じる費用があまりにも甚大だったため，それを上回るだけの便益を米国側が供与することは，事実上不可能だったのである[3]。

受容性と政治体制，そして見返り　　一方，スペインのケースのように脅威の共有性は低くとも，一定の条件下で基地は受け入れられることがあった。40年代後半から50年代前半にかけて，スペインには対外的な脅威がほとんど存在しなかった。と同時に，独裁体制の下では，基地に対する国内的な反発もみられなかった。そのため，米国は経済復興と軍の近代化，そして国際社会への復帰を目論むフランコだけを交渉相手に設定することができた。結局，最終的なマドリード協定はスペイン側に十分な政治・経済的利益をもたらすもの（包括契約）であったため，基地は受容された（F）。もっとも，米国がそこで単なる基地の使用協定（単一契約）を提案したり，十分な援助を約束することができなければ（例えば，米国議会が1億100万ドルの追加的な財政援助を承認しない等）基地は拒否されたか，交渉がさらに長期化していた可能性もあった（E及びG）。スペインにとって，体制の承認と十分な援助の獲得は基地を受容するに当たっての不可欠の要因だったのである。

このようにグリーンランドとスペインのケースは，契約仮説の後段（米国と脅威認識を共有しなくとも，或いは自立性の低下や「巻き込まれ」を恐れる接受国に対しても，単一的ではなく包括的な基地契約を提案し，そこで十分な利益供与を行うことで基地は展開される可能性がある）の妥当性を裏付けるもの

であった。もっとも、米国による利益供与が十分かそうでないかは、実際のケース・スタディーを行うことによってしか明らかにならないものであり、この点は、契約仮説の限界として捉えられるものであった。

2. 結論
基地の政治学の有効性

以上、本書の考察から明らかになったのは、米国の広大な基地システムは、1) 脅威に基づいた米国の戦略と、2) 接受国側の脅威の共有性と基地に対する受容性（基地のディレンマの解決）、そして、3) 米国の戦略と接受国からの制約の問題を調整する（包括）契約、の三つの条件が揃ってはじめて形成されるということであった。

米国の戦略がなければそもそも基地計画は立案されないし、交渉過程で接受国側の脅威の共有性が高く、さらに深刻な基地のディレンマが存在しなければ、基地契約を包括的にする必要はない。しかし、包括契約という政策がなければ、基地を利益と見做さない国にそれを置くことはできないし、またそこで供与される見返りが適切である限り、基地は仮にその戦略的重要性が低下した後も、米国がその使用を将来の軍事オプションの一つとして見做す場合においては、（ときに接受国側の求めに応じて）長期に維持される可能性が生まれるのである。

これらのことは、いうまでもなく基地の政治学の有効性を示すものであった。海外基地政策が決定され実行に至る過程は、基地の政治学の三つの視角を組み合わせることによってはじめて説明されるものであり、そのうちの一つか二つを用いても体系的にそれを理解するのは困難であった。例えば、これまで基地研究の主流を占めていた戦略論だけに依拠すれば、米ソ対立が激化する最中の基地計画の縮小は説明できなかったし、同盟政治論だけでは米国と脅威を共有しない国や基地のディレンマに直面する国に対してさえ基地を受容させる米国の戦後基地政治の特性を理解することは難しかった。またもし、契約論のような視点がなければ、理論上、図表終－1のC（接受国の受容性が低いにもかかわらず展開される基地）やF（接受国が米国と脅威認識を共有しないにもかかわらず展開される基地）は見過ごされ、基地システムの実際の規模や範囲を的確に捉えることはできなかったであろう。かくして、基地の政治学はこれまで

考えられてきたよりもずっと多元的で複雑な米国の海外基地政策を説明する重要な手掛かりを示すものだったといえるのである。

基地拡大の起源と力に対する自制

本書の考察を通じて明らかになったいま一つのことは，戦後の米国は朝鮮戦争という脅威に対抗するために，言わば「白紙」の状態から基地を拡大していったわけではないということである。

第Ⅰ部でみたように，米国は潜在的かつ顕在的な脅威に対抗するために，大戦中から一貫して基地システムの拡大を試み，1948年12月には基地の受け入れを渋る国に対して見返り原則を採用した。そしてそれが適用され，その効果が十全に発揮されることで基地が拡大したのが，朝鮮戦争やNSC 68を契機とした時期のことであった。つまり，基地の拡大は朝鮮戦争やNSC 68を待つまでもなく40年代後半にはすでにその「種」が蒔かれていたのである。戦後の対接受国政策の転換であった見返り原則の導入は，米国の平時の基地獲得政策に正当性と互恵性を担保し，基地をグローバルに拡大するための重要な政策イノベーションになったのである。

加えに，このことは国際政治の重要な一般原則を示すものでもあった。それは，いくら強大な大国であっても同盟国や友好国との合意や協調なくしては，彼らの望む政策を実行することはできないし，仮にそれができたとしても安定しないという極めてシンプルな原則である。そしてそこからは，力を獲得するためには力を自制しなくてはならない，という一見逆説的な国際政治の本質も垣間見えたであろう[4]。だとすれば，今日一部の国と地域でみられる海外基地の安定性は，米国がこれまで曲がりなりにも自制的な大国であったことの証左なのかもしれない。

第2節　含意と将来の研究課題

最後に本書から導かれる四つの含意，すなわち，1）基地の安定性，2）基地が戦略に与える影響，3）見返りとしての同盟，4）占領地における基地の問題

を指摘して論を終えたい。

1) 基地の安定性

　まず，本書の考察からは，見返り原則が戦後の基地獲得のみならず，それ以降の基地の安定性にまで重要な影響を与えていた可能性を推察することができる。もっとも，第5章でみたように，1948年当時，政策決定過程の中心にいたフォレスタルやJCSは見返り原則を新たな基地獲得の手段とみていたに過ぎず，それが将来の基地の安定性にまで資するとは考えていなかったはずである。ところが，同原則の導入後，米国は脅威認識を一にする国はおろか，そうでない国に対しても基地を置くことが可能となり，論理的には，脅威が消失しても当初の目的を変えてそれを維持することが可能となった。

　例えば50年代以降，米国は（同盟網の外にあった）バーレーンやリビア，イラン，パキスタンといった中東・南アジア諸国，或いは，エジプト，エリトリア，エチオピアといった北アフリカ諸国に10年以上，長い場合には30年（イラン）も基地を維持した。そしてその何れの国に対しても見返りとして莫大な経済・軍事援助を行っていた[5]。また，冒頭でみたケインのデータからは，接受国全体の31％が40年以上の長期にわたって基地を受け入れ，さらに24％の国が50年以上もそれを受容し続けたことがみて取れる。そしてその傾向は冷戦の主戦場であったアジアと欧州でとりわけ顕著であった（詳細は，Appendix）。

　では，なぜ見返りは基地の安定性に資するようになったといえるのか。その理由としては，まず見返り原則の適用によって，基地は米国と接受国の一過性の軍事協力の対象ではなくなったということが考えられる（繰り返せば，第二次世界大戦以前，基地は国家間の一時的な軍事協力の対象に過ぎなかった）。なぜなら，多くの場合に中小国である接受国にとって米国による援助や安全保障の見返りは，ときに脅威の有無やその大小にかかわらず，彼らの長期的な利益に合致する場合があるからである。ましてそれが彼らの生存に不可欠のものと認識されれば，基地は仮に騒音や環境被害，或いは主権や「巻き込まれ」の問題を生起するものであったとしても，それを相殺して余りある利益をもたらす存在として（少なくとも政府レベルでは）歓迎されるはずである（例えば，冷戦期の日本や西ドイツ，或いは韓国）。

このような場合，接受国側は当該条件が続く限り基地の撤収を要請しないであろうし，ときに基地の駐留経費を肩代わりしてでもそれを維持しようとするかもしれない。この点に鑑みれば，日本や韓国，或いはドイツなどが行っているホスト・ネーション・サポートは，接受国側の合理的な利得計算の結果として捉えられるものであろう。また，そうした状況下では米国の側にも，（戦略環境に大きな変化がない限り）基地から撤退しようとする積極的なインセンティヴは働きにくい。これが50年代以降，二国間でみた場合に，多くの国で基地が長期に安定する傾向を持つようになった一つの要因と考えられる。

　加えてそこには，第1章でもみたように見返りが米国と接受国の基地契約に「しっぺ返し（tit for tat）」の構造を与えることも関係しているかもしれない。というのも，もし接受国が基地契約上の約束を履行しなかったり，契約そのものを反故にしたりすれば，米国はそれとパッケージになっている援助協定や防衛義務を停止することができる（或いはその脅しをかけられる）からである。見返り原則の適用が接受国側の基地のディレンマを解決するのみならず，契約締結後に起こり得る機会主義行動を抑止する効果を持つと考えられるのはそのためである。このような見方は，これまで脅威や戦略，或いは同盟に着目したアプローチによっては十分に説明されてこなかった問題，例えば，なぜ多くの接受国は脅威の消失した後も基地を受け入れ続けるのかといった問題を明らかにするための一つの手掛かりになり得るものである。

　以上，見返りと基地の安定性の関係についての含意と若干の仮説を述べた。勿論，米国の基地の安定性には単に見返りだけが影響を与えているのではない。例えば，システムレベルから俯瞰すれば，そこには大国間の力のバランス（冷戦期であれば米ソの固定化された二極構造）や，米国の覇権そのものの性格（米国の覇権は圧倒的な力の優越のみならず，国際制度やルールの活用，或いは民主主義や市場原理といった価値の共有性によって担保されている）[6]が影響していよう。したがって，本書で得た知見に基づいて基地システムの安定性のメカニズムをより詳細に研究することは，将来の重要な研究課題の一つになるといえる。

終章　結論──戦略と対接受国政策

2) 基地が戦略に与える影響

次いで，本書の考察からは戦略が基地を規定するだけでなく，基地が戦略を規定するという，従来の戦略論が想定していなかったもう一つの基地と戦略の関係性が示唆された。戦中から戦後にかけての米国の戦略形成過程には，特定の基地の獲得可能性が密にかかわっていた。繰り返せば，1947年の秋以降，JCSが極めて限定的な対ソ抑止戦略を推し進めた背景には，多くの接受国（候補）が基地に対する反発を強めたことがあった。

このことは今日の米国の戦略を考える上でも有効である。例えば，冷戦後の米国の戦略は「グローバルな覇権（global hegemony）」であるといわれて久しい[7]。しかしながら，その前提を成している広大な基地システムの維持には常に莫大な費用がかかる。当然，そこには軍の展開に必要な移動や装備，建築，補修といった直接的な費用のみならず，接受国に対して支払われる経済・軍事援助や，価値観の相容れない国（例えば，中東，中央アジア諸国）と連携することで生じる政治的費用もある。

そのため，もしこの先，米国がその負担に耐え切れず，接受国への援助を縮小したり，安全保障上の関与を低下させるようなことがあれば，接受国との関係性はたちどころに悪化し，場合によっては基地展開の前提となっている互恵性が失われる事態も起こり得よう。そうなれば，幾つかの接受国は基地の撤退や規模の縮小を求めるかもしれないし，それによって米国は従前の戦略の修正を迫られることにもなりかねない[8]。本書が示唆しているのは，米国の戦略はときにそれを支える海外基地政策の成否，すなわち（多様な脅威に対抗するという）戦略からの要請と，互恵性に基づいた対接受国政策を如何にバランスさせるかという問題に依存し得るということである[9]。

以上のことは，基地システムの形成と縮小，そして崩壊に関する比較研究という将来の研究課題を示すものであった。繰り返せば，基地システムを維持するための一つの条件は，設置国が十分な資源を持っていることである。したがって一般的には，ある国が大国として力を増せば海外に基地を展開し，その後，資源制約が強まるにつれて，それを縮小する（そしてそれに伴って戦略が変化する）との仮説が得られることになる。例えば，英国やソ連，或いはフランスなどが有していた過去の基地システムの消長はそれを検証する格好の材料とな

ろう。また，もし将来的に，中国やインドなどの新興国が本格的に海外に基地を持つことがあれば，そのようなケースにも本書の分析枠組が適用できるかもしれない。そのような比較研究は今後の基地研究の大きな課題となるものである。

3) 見返りとしての同盟

　第三に，上の問題とも関連するが，本書の考察からは同盟と基地の逆転した因果関係も示唆された。繰り返せば，軍の政策決定者が1948年以降，それまで消極的だった欧州での集団安全保障体制，すなわちNATOへの参加に前向きになった一つの背景には，それを難航する欧州諸国との基地交渉の進捗手段に用いたいとの思惑があった（基地の設置という目的は，論理的にNATOに先行していた）。彼らにとって北大西洋条約は，基地についての「標準的で長期的な，そして互恵的な協定を採用する根拠を提供する[10]」手段の一つと解されたのである。このように，欧州での基地獲得問題が当時の軍のNATO認識を構成する一つの要因であったことは，冷戦史にとっても重要な事実であろう[11]。

　また，このような知見は同盟形成の理論にとっても一定の意味を持つ。なぜなら，それは共通脅威に基づかない場合さえも含めた同盟形成のメカニズムの一端を示すものだからである。この点，本書から明らかになった一つのことは，軍は脅威認識を一にしない国に基地を置こうとするとき，当該の接受国候補に対して一定の防衛コミットメント（同盟）を与えることでその実現を図ろうとすることがある，ということである。例えば，第8章でみたスペインのケースでは，両国は脅威認識を共有していないにもかかわらず，基地と援助，或いは安全保障の取引を通じて事実上の同盟関係に入った。これは基地を介した同盟形成の一つのパターンであり，手段としての同盟，または見返りとしての同盟と位置付けられるものである。このような見方は，とりわけ戦略的要衝に位置する中小国と米国の力に非対称性のある同盟形成の問題と，それについての軍の認識を説明する重要な手掛かりになり得るものである。

　繰り返せば，通常は共通の脅威に対抗するために同盟が形成され，その機能を十分に発揮させるために基地が設けられる，と考えられる傾向にある[12]。しかしながら，本書の分析結果からは因果関係としてその逆，すなわち，（軍は）

基地を展開させるために同盟を形成しようとする，という仮説が得られたわけである．このことは，同盟と基地との関係についてのより詳細な分析が将来の研究課題となり得ることを示唆していよう．

4) 占領地における基地——戦後の日本と西ドイツ

最後に，基地の政治学が占領地の基地，とりわけ40年代末から50年代初頭にかけての日本と，より限定的ではあるが西ドイツのケースにも一定程度当てはまることを示し，その上で本書の延長線上にある研究課題を指摘したい．

第1章で述べたように，本書で取り上げたケースは全て米軍基地が存在しないか，または基地協定の期限切れを迎えた主権国家を相手に，米国が交渉を通じて基地を（再）獲得したか，或いはそれに失敗したものであった（したがって，これが本書の分析枠組の厳密な適用範囲である）．本書はそのようにケースを選択することによって，基地獲得の過程に存在する接受国候補の自立性（米国からみれば制約）の程度を平準化しようとした．

しかしながら，米国の基地展開は植民地（例えば，戦前のフィリピン）や占領地でも行われるし，それらの地域が主権国家になった後も維持されることがある．本書が対象とした時期でも占領地，そしてその後に主権を回復する国々の基地は冷戦の文脈，とりわけ朝鮮戦争やNSC 68以後の世界に大きな役割を果たした．

その一方で，施政権と外交権が停止された被占領地においては，接受国側が利益やコストを勘案して基地の受け入れを拒否するといった事態は起こりえない[13]．また，そこでは主権国家間の基地交渉で問題になるはずの施設の設置場所や期間，或いはその他の条件について米国側にほとんど制約が働かない．加えて，占領を解かれた後の基地使用をめぐる協議においても，基本的にそれは占領期間中から行われるものであり，その結果には占領国と被占領国の力の差が色濃く反映される．したがって，本書ではそれらのケースは取り上げていないが，基地の政治学はそのようなケースにも一部応用できるところがある．以下，それらのことを前提に日本のケースと西ドイツのケースを簡単に素描しよう．

まず，戦後の米国と日本の講和交渉は朝鮮戦争勃発後の1950年9月，軍の求める日本本土への基地展開の継続について，マッカーサー連合国最高司令官

と国務省が合意したことを機に開始されたものであった。軍は早くから「もし米国が日本本土に基地を持つことができないならば，琉球諸島の基地は太平洋や太平洋周辺の他の米軍基地と同様，我々の本質的な必要性を満たさない[14]」として，沖縄と本土基地の不可分性を説いていた。そのため，日本を自由主義陣営に留めておくために早期講和を実現したい国務省及びマッカーサーにとって，軍のそのような要求（本土での基地展開）を呑むことが，講和交渉開始の条件となっていた。沖縄はもとより本土での基地の継続は，日本との交渉が始まる前から米国にとっての既定路線だったのである。

　そのため，講和に当たっての基地交渉は「厳格な意味での交渉 negotiation ではなく，相談 consultation[15]」（西村熊雄・外務省条約局長）であった。例えば，占領下の1951年1月に開始された日米安保協議の過程では，日本側は米国に対して現に使用している基地を講和後にいったん返還することを求めたが，それは認められなかった。また，刑事裁判権（行政協定第17条）や，非常時の共同防衛のための協議（同24条），或いは防衛分担金の支払い（同25条）の問題などでは，同時期にみられた他の国との交渉よりも不利な結果がもたらされた[16]。

　この点，第7章でみたグリーンランドのケースではそれらの問題がより対等な形で処理されていた。例えば，デンマーク政府は新たなグリーンランド協定を締結するに当たっては，大戦中の基地協定を破棄し，その上で新たな基地協定を締結することを望んでいた。米国は最終的にそのような要求を受け入れ，現行協定の延長ではなく，新規にグリーンランド協定を締結した。加えて，米国はグリーンランド基地から行われる防衛地域外での活動については一定の条件下で協議を行うことを認めた。しかし，日本との基地契約ではそのような約束がなされることはなかった。このような日本とデンマークの違いは，被占領国である日本と小国であるとはいえ主権国家であったデンマークの交渉上の立場の違いとして捉えられるものである。

　一方，日米の基地契約は他の多くの基地契約と同様，包括契約，すなわち日米安保とサンフランシスコ講和条約（1951年9月），そして行政協定（1952年2月）がリンクしたものであった[17]。そして，そのような包括契約は，早期講和の実現と同時に独立後の安全保障の手段を探っていた日本側にも歓迎されるも

のであった[18]。実際，日本側は早くから米国に基地を提供する用意があることを伝えていた。例えば，1947年9月の「芦田書簡」では「米軍駐留よる講和後の安全保障」という考え方が初めて米国側に示された[19]。また，1950年5月に訪米した池田勇人大蔵大臣は，米国に対して，1) 日本政府が早期の講和を望んでいること，2) 講和条約後の日本及びアジア地域の安全保障には米軍の日本駐留が不可欠であること，3) もし米国側からそのような希望を申し出にくいのであれば，日本側からそれを提案する方法を準備することを伝えていた[20]。つまり，多くの研究が指摘しているように，日本側にはもし米国の望むような権利を与えなければ，占領はさらに長引かざるをえないとの判断があったのである[21]。

このことから，日本側の意思決定には主として講和後の安全保障に対する懸念（共通の脅威認識）と，早期の講和に対する期待（見返り）が影響していたということができる。すなわち，日本の政策決定者の間には基地が講和の代償であり，またそのことをもって戦後の安全保障を担保できるとの明確な認識があった（もっとも，旧日米安保は米国の防衛義務を確約するものではなかったが）[22]。結果的に，日本は基地の提供によって国際社会に復帰し，曲がりなりにも米国と「同盟」関係に入った。奇しくもそれは基地の提供と引き換えに国際社会への復帰をとげ，米国の同盟国となったスペイン（第8章）とパラレルの状況だったのである。

同様に，ドイツの西側占領地区の場合も（日本のケースよりさらに複雑であるが）独立後の基地の継続に関する接受国側の認識には，1) 米国（或いは西欧諸国）との脅威の共有性と，2) 基地とパッケージで扱われていた独立と再軍備，そしてNATOへの加盟問題が大きな影響を与えていた。まず，米国は朝鮮戦争勃発後の1950年9月，ソ連の脅威に対抗するために西欧における米軍の規模を大幅に増強することを決定した。そして，その直後に行われた北大西洋理事会（North Atlantic Council）では，ドイツ連邦共和国（1949年5月成立：以下，西ドイツ）が西側防衛に寄与できるような体制，すなわち再軍備の問題に着手すべきであるとの認識が示された[23]。

このとき，アチソン米国務長官は，西ドイツの再軍備問題は在独米軍の増強（すなわち，基地の継続とその強化）と「パッケージ」[24]であるとの見方を示し，一

方のコンラート・アデナウアー（Konrad Adenauer）西独首相も，再軍備への取り組みこそが，西ドイツが主権を回復するための重要な契機になるとの認識を示していた[25]。もっとも，この問題について西ドイツ国内の見方は割れていた。例えば，社民党党首だったクルト・シューマッハー（Kurt Schumacher）は戦争への「巻き込まれ」に対する懸念から，あくまでも中立的立場を維持することを主張していた[26]。しかしながら，東西冷戦の最前線に位置し，大規模なソ連軍の駐留する東ドイツと対峙していた西ドイツにとっては，NATOに加盟し，西側諸国の軍を国内に駐留させることは，事実上，不可避の選択肢として捉えられた[27]。本書の分析枠組でいえば，「巻き込まれ」への懸念を凌駕するほどの深刻な脅威の存在が，アデナウアーをはじめとした政策決定者の認識に大きく作用していたのである。

　結局，パリ協定が発効した1955年5月，西ドイツは主権を回復し，自前の軍事力を保持するとと共に，NATOに加盟することが認められた。そしてそれに伴って，米国，英国，フランスの軍がNATO戦略に基づいて，引き続き西ドイツ領内に駐留することが決定した[28]。このことから，基地は西側の冷戦戦略を前提に，西ドイツの独立と再軍備，そしてNATOへの加盟がセットになった，いわば包括的な枠組の中で処理されていたと考えられるのである。

　以上，日本と西ドイツの例からわかるように，占領，及び占領から主権回復へかけての基地の問題は，一方ではそれが新規の基地の獲得ではなく，また占領国と被占領国の間に非対称的な力関係が存在するという意味で，さらに西ドイツの場合には，基地が米・英・仏の多国間協議の対象であったという意味において，本書で取り上げた四つのケースとは明らかに相違する。しかし，他方では共通の脅威や包括契約の問題など，基地の政治学の枠組が限定的ながら適用できるという共通点もある。

　そのため，本書の研究結果は，占領から主権回復期における基地の問題を理解する上で一つの視点を与えてくれると同時に，将来の研究として，例えば，在日米軍基地の展開と継続の政治過程を考察する手掛かりを示すものであろう。或いは，そのような日本のケースと他の主権国家のケース，例えば，被占領状態から主権を回復したイタリアや，植民地から独立したフィリピンのケースとを比較することも，将来の研究課題として重要なものかもしれない。それらの

作業は米国の海外基地の全体像を捉えるのに不可欠であるだけでなく，在日米軍基地の相対的な特質，さらには，日米関係そのもののあり方を明らかにする上でも意味を持つと考えられるのである．

注

1) なお，1947年から49年にかけては，ケナンの「封じ込め」構想が政策として実現されていく時期である．ケナンの「封じ込め」の考え方と，それが実際の対外政策にどのように反映されていたかを考察したものとして，Gaddis 1982；佐々木 1993.
2) このような見方をするものとしては，例えば，Harkavy 1984；Blaker 1990.
3) もっとも，デンマークはNATOへの加盟を通して，米国からすでに防衛コミットメントという便益を確保していた．そこで彼らは最低限の妥協，すなわち将来に備えてデンマーク国内の基地を拡張することで，米国側の要請に応えようとしたともいえる．
4) 力の拡大が大国にとって負の効果をもたらす条件について論じたものとして，Gallarotti 2010.
5) Harkavy 1989：chap.10.を参照。
6) この点，Ikenberry 2006.
7) 例えば，Layne 2006；Ikenberry 2002；Posen 2003.
8) この点，かつてジョージ・リシュカ（George Liska）は「接受国にとっては，基地に駐留する，或いはそこから展開できる兵力の種類に制限を課すことが，同盟国を抑制し，紛争を限定化するための手段となる」と指摘し，基地を中小国が大国を抑制する手段の一つと位置付けた．Liska 1962：144.
9) このような視点は，例えば，2001年以降進められているGPRや，日本の沖縄基地問題を考える上でも欠くことができないだろう．
10) 本書第5章参照．（JCS 570/120, "Requirements for Military Rights in Foreign Territories," March 31, 1949, Box 147, CCS 360（12-9-42）, Sec. 38, Central Decimal File 1948-1950, RG 218, p.854.）
11) 一般的にはNATOの創設が先にあって，それが欧州での本格的な米軍基地展開の端緒となったと解釈されるからである．例えば，Harkavy 1989：321-3；Duke 1989：8；Pedlow 1993：16-17.
12) 例えば，Art 2003：139-142；Kugler 1998：12-13.
13) 被占領国の法的地位については，『米国陸海軍軍政・民事マニュアル』を参照されたい．
14) *FRUS, 1949*, 7, pp.773-777.
15) 田中 1997：59.
16) 西村 1959：100-108.
17) 日米安保，サンフランシスコ講和条約，行政協定が一体となって扱われていたことについては，宮沢 1999；豊下 1996.
18) この点，細谷 1984；渡辺 1986.
19) 「芦田書簡」とは，芦田均外相と外務省がまとめた日本側の考え方を，鈴木九萬終戦連

絡横浜事務局長が私信として，米国第八軍司令官，ロバート・アイケルバーガー（Robert L. Eichelberger）中将に渡したものである。（芦田 1986：403-404.）もっとも，それ以前にも外務省では省内に研究会を発足させ，米軍駐留問題を含めた平和条約締結に向けた検討を行っていた。（この点，渡辺 1986. が詳しい）
20) 宮沢 1999：55.
21) 例えば，坂元 2000：62.
22) この点に関する吉田茂首相の考え方については，吉田 1998；楠 2009. を参照。
23) 占領から再軍備までの経緯については，Nelson 1987. を参照。
24) Duke 1989：59. 但し，アチソンはフランスをはじめとする西欧諸国の不安を緩和するために，西ドイツ軍の最大単位が師団を超えてはならないなど，幾つかの条件を加えている。（Ismay 1954：32.）
25) Ireland 1981：169.
26) Sandars 2000：204.
27) 戦略的な観点からこの問題を論じたものとして，Schraut 1993.
28) 金子 2008：79-80.

Appendix
基地の変動性と安定性, 及び接受国のリスト

　次頁に示した「接受国別の基地存続期間（1950年-2005年）」は, Kane 2006. を用いて作成したものである。そこでは, 100人以上の米軍人の展開がある国を基地のある国と見做した。括弧内は基地の存続年数であるが, 何度も基地の出入りがある国についてはその中の最長年数を示している。また1年の空白は, 部隊運用上の例外（例えば, 部隊が一時的に移動していた, 等）として, 基地が継続されているものとして扱った。

　その結果, 基地の平均的な存続期間は20.4年となった（N=85）。一度, 基地が展開されれば平均的に20年はそれが維持されるという計算である。しかしながら, 基地の存続期間が1年の国が14か国あり, その中にはロシア（2000年, 101人）も含まれていた。それ以外にも, イスラエル（1991年, 438人）や南アフリカ（1957年, 279人）, スウェーデン（1998年, 106人）が含まれており, 実際にはこれらの国に米軍基地があったとは考えにくい。また, 同様に1年であったメキシコ（1955年, 860人）やペルー（1958年, 342人）, ウルグアイ（1955年, 2107人）などの南米諸国の場合, 合同訓練や武器の移転に伴う技術指導, 或いは一時的な飛行場の使用等に当たると考えるのが妥当といえる。

　そのため, 基地の存続期間が1年の国は例外として扱い, それ以外の国を対象に再度計算すると今度は平均が24.2年となった（N=71）。本書はこちらの数値を, 平均値として採用した。

　それを前提に考えれば, 1950年以降, 一度も基地が撤収されていない国は, 日本, 韓国, ベルギー, ドイツ, ギリシャ, デンマーク（グリーンランド）, イタリア, ポルトガル, 英国, サウジアラビア, トルコ, カナダ, キューバの13カ国であり, それが全体の18%を占めた。ちなみに, この中ではキューバとサウジアラビア以外が, 米国の公式的な同盟国である。

接受国別の基地存続期間（1950年-2005年）

アジア
Australia (43), Hong Kong (5), Japan (56), Korea, Republic of (56), Laos (2), Malaysia (1), New Zealand (10), Philippines (47), Singapore (14), Taiwan (28), Thailand (53), Vietnam (22)

欧州
Austria (6), Belgium (56), Bosnia and Herzegovina (10), Croatia (5), Cyprus (15), Denmark (2), France (19), Germany (56), Gibraltar (4), Greece (56), Greenland (56), Hungary (5), Iceland (55), Ireland (1), Italy (56), Macedonia (9), Malta (8), Netherlands (51), Norway (43), Portugal (56), Russia (1), Serbia and Montenegro (7), Spain (52), Sweden (1), United Kingdom (56)

中東及び北アフリカ
Afghanistan (5), Algeria (1), Bahrain (20), Diego Garcia (30), Egypt (27), India (6), Iran (30), Iraq (3), Israel (1), Kuwait (14), Lebanon (4), Morocco (29), Oman (3), Pakistan (15), Qatar (5), Saudi Arabia (56), Turkey (56), United Arab Emirates (4)

アフリカ
Djibouti (3), Eritrea (12), Ethiopia (17), Libya (20), Somali Republic (3), South Africa (1)

南北アメリカ
Antigua (18), Bahamas (26), Barbados (5), Bermuda (45), Brazil (29), British West Indies Federation (9), Canada (56), Chile (2), Colombia (1), Cuba / Guantanamo (56), Dominican Republic (1), El Salvador (5), Grenada (1), Guyana (1), Haiti (5), Honduras (23), Jamaica (2), Mexico (1), Panama (49), Peru (1), Suriname (2), Trinidad (4), Uruguay (1), Venezuela (4)

それ以外の国の存続期間とその全体に占める割合は次の通りである。

50年以上　17か国（24％），40年以上　22か国（31％），30年以上　24か国（34％），20年以上　33か国（46％），10年以上　43か国（61％），5年以上　57か国（80％），5年未満　14か国（20％）

このようにしてみると，5年未満のいわゆる「短命」な接受国は全体の20

Appendix　基地の変動性と安定性，及び接受国のリスト

％に満たず，全体の半数以上（61％）が10年以上，基地を受け入れ続けていることがわかる。とりわけ，全体の1/3以上の国が30年から40年という極めて長期にわたって基地を受容していることが大きな特徴である。本書が海外基地の持つ変動性のみならず，その安定性を主張するのはこのためである。これらの国では，米国との安全保障だけではない政治的，或いはイデオロギー的な結びつきによって基地が制度化されている可能性がある。逆に，基地が5年未満で撤収された国においては，基地の消長は戦略環境の変動に対応している可能性が高い。つまり，戦争や当該地域での軍事作戦が終われば基地が撤収されるということである（例えば，ソマリア，クロアチア，ハイチ，或いは5年間ではあるがカタール）。

今度はそれを地域別にみてみよう。するとアジアでは，平均的な存続期間が30.5年であり（N=11），欧州は31.0年であった（N=22）。一方，中東及び北アフリカは19.2年（N=16）で，アフリカは11.0年（N=5）となり，南北アメリカは20.0年（N=17）であった。そこからわかるのは，冷戦の主戦場であったアジアと欧州での存続期間がとりわけ長期に及んでいるということである。試しに，両地域とそれ以外の地域に分けて計算してみると，アジアと欧州では，平均が30.9年（N=33）であり，それ以外の地域（中東及び北アフリカ，アフリカ，南北アメリカ）では18.5年（N=38）となった。両者の間には，明確な存続期間の差があるといえる。また，南米では短期間の基地展開を何度も繰り返す傾向がみられた（例えば，ベネズエラやトリニダード）。

以上，海外基地の安定性は相対的な問題ではあるものの，1/3以上の国で30年から40年の間，長期に維持されており，それはとりわけアジアと欧州に集中していることがみてとれる。このことは米国の戦略のみならず，覇権や国際構造そのものの特質を考える上で重要な問題であろう。

おわりに

　本書は2011年1月に青山学院大学に提出した博士論文「戦後米国の海外基地拡大政策─戦略と対接受国政策」を修正し，量を圧縮したものである。

　本書の執筆に当たっては，実に多くの方々のご指導とご援助に与っている。青山学院大学大学院においては，まず山本吉宣先生（元青山学院大学教授，東京大学名誉教授，青山学院大学名誉教授，PHP総研研究顧問）の名前を挙げなくてはならない。本書は先生のご指導の賜物であり，何より先生との出会いがなければ，今日の筆者は存在しないからである。先生が青山学院大学で教鞭をとられた7年間は，そのまま筆者がご指導を頂いた期間と重なっている。筆者にとっては誠に幸運なその間，先生は気が遠くなるほどの時間をお割きになり，ときに論文とも呼べない筆者のペーパーに根気強くコメントを下さった。先生の深い学識と，公平で決して威張らない謙虚な人柄は，研究者としてのみならず，人として良き手本であった。筆者が長い大学院生活で得た一つの財産は，学問と教育に対する先生の御姿勢に接せられたことに他ならない。本書の完成が，少しでもその御恩に報いるものになればと願っている。

　高木誠一郎先生（元青山学院大学教授，国際問題研究所研究顧問）には，とりわけ戦略的な視点に関する多くの教えを頂いた。海外基地のネットワークをシステムとしてどう捉え，それを米国の戦略の中に如何に位置付けるかという先生に与えられた重要な課題は，筆者が最後まで頭を悩ませる難問となった。納家政嗣先生（青山学院大学教授）には，冷戦史，或いは歴史観という，筆者に欠けがちな大局的な視点を教えて頂いた。戦後の海外基地政策という，ともすれば冷戦史の傍流に位置する問題を，冷戦起源論という本流に繋げるための橋を掛けて下さったのは先生である。土山實男先生（青山学院大学教授）には，当時，副学長というご要職にありながら温かいご配慮を賜った。先生にはいつ

おわりに

も研究の進むべき方向性と理論的に重要な課題をご教示頂いた。未熟な論文を博士論文にまとめることができたのは，先生のたえまないご激励によるところが大きい。倉松中先生（青山学院大学准教授）には，外交史の観点から緻密なご指導を頂いただけでなく，多くの貴重な史料と文献を提供して頂いた。先生のご協力がなければ本書はまったく異なったものになっていたはずである。佐々木卓也先生（立教大学教授）には，博士論文の最終審査に加わって頂き，貴重なコメントを頂いた。本書が展開した米国の初期の「封じ込め」政策に関する考察の多くは，先生の研究成果に負うところが大きい。

以上が筆者の博士論文の審査に当たって下さった先生方である。この他にも筆者は多くの先生からご指導とご援助を賜っている。菊池努先生（青山学院大学教授）には，長年にわたりティーチング・アシスタントの機会を提供して頂いた。筆者が早い段階で米国の公文書館にて資料調査を行うことができたのは，先生のお力添えによるものである。また，森本敏先生（拓殖大学大学院教授），ロバート・エルドリッヂ先生（在沖縄米軍海兵隊外交政策部次長），武田興欣先生（青山学院大学准教授）からは，貴重なご助言と，ときに膨大な資料の提供を受けた。阪口功先生（学習院大学教授）には，リサーチ・アシスタントの業務を通じて，公私にわたり多くの教えを頂いた。福田毅氏（国立国会図書館），伊藤丈人氏（青山学院大学非常勤講師）との議論は，いつも代えがたい刺激となっている。この場を借りて，諸先生方に厚く御礼を申し上げたい。

2011年4月から勤務している（財）平和・安全保障研究所においては，西原正理事長（元防衛大学校長）の温かいご指導を賜っている。西原先生の安全保障に対する冷徹な視座は，筆者の研究の現在の位置付けを確認する上で，常に欠かせないものとなっている。恵まれた環境で，日々刺激的な研鑽の機会を頂いていることに，格別の感謝を申し上げたい。また，同研究所の元同僚，中内政貴氏（大阪大学特任講師）にはこれまで様々なご支援を頂いた。

本書を出版するに当たっては，財団法人アメリカ研究振興会の出版助成を受ける幸運に恵まれた。査読に携わって下さった先生方からは，本文から注に至るまで，実に詳細かつ有益なコメントを頂戴した。それらは全て最終稿に反映するよう努めた。記して謝意を表したい。また，研究の一部は，財団法人松下幸之助記念財団からも財政的支援を頂いた。本書の出版・編集の労をとって下

さった白桃書房の大矢栄一郎氏には，何度も無理なお願いを聞き入れて頂いた。厚く御礼を申し上げる。

　なお，筆者が国際政治学に初めて関心を持ったのは，明治大学商学部にて三和裕美子教授のゼミに参加させて頂いた折である。当時，金融ビックバンといわれた日本の金融政策の転換を学ぶ過程で，日米関係，ひいては米国の対外政策そのものに関心を抱くようになった。金融のゼミにあって，先生は筆者の関心を否定するのではなく，それを探求することを勧めて下さった。先生が繰り返し問われた「それはなぜ？」という短いフレーズは，筆者の学問への最初の扉となっただけでなく，以後も筆者の思考に宿る数多の予断を排す助けとなった。論文の出版を勧め，白桃書房を紹介して下さったのも先生である。先生のお導きなくして本書の出版は叶わなかった。心からの感謝を申し上げたい。

　最後に，私事にわたるが，今日まで物心両面で筆者を援助し，励まし，辛抱強く待っていてくれた両親，川名淳文・奈緒子と，妻の純子に感謝したい。両親は，幼い頃からわがままだった筆者を理解し，常に協力を惜しまなかった。子を持つ身になり，両親の苦労が身に染みている。妻は大学院時代から含めて，ただの一度も筆者に研究の進捗を尋ねず，見守り支え続けてくれた。この研究は，紛れもなく彼女との共同作業であった。息子の豪志は，博士論文の執筆に向かう筆者の背中に背負われ，よく眠ってくれた。これらのことがどれだけ筆者の負担を軽くし，出口の見えない研究を前に進めてくれたか知れない。今日までの感謝を込めて，本書を両親と妻，そして息子に捧げる。

2012年3月

川名　晋史

引用・参考文献

一次資料

1. 米国政府の未公刊資料
United States National Archives II, College Park, Maryland
- Record Group 18, Records of the Army Air Forces.
- Record Group 59, General Records of the Department of State.
- Record Group 80, General Records of the Department of the Navy.
- Record Group 107, Records of the Office of the Secretary of War.
- Record Group 165, Records of the War Department General and Special Staffs.
- Record Group 218, Records of the Joint Chiefs of Staff.
- Record Group 319, Records of the Army Staff.
- Record Group 330, Records of the Office of Secretary of Defense.
- Record Group 341, Records of Headquarters, United States Air Force, 1942-1956.
- Record Group 353, Records of Interdepartmental and Intradepartmental Committees-State Department.

Operational Archives Branch, Naval Historical Center, Washington, D.C.
- Papers of William D. Leahy.
- Records of the Strategic Plans Division.
- Records of the Chief of Naval Operations.

憲政資料室（国立国会図書館），東京都千代田区
- Joint Chiefs of Staff Materials（microfilm）.

2. 英国政府の未公刊資料
The National Archives, Kew
- CAB. 131/6, Cabinet : Defence Committee : Minutes and Papers.
- CAB. 131/8, Cabinet : Defence Committee : Minutes and Papers.

3. 米国政府の刊行文献
- Department of Defense, *Active Duty Personnel Strength by Regional Area and By Country*.［1950-2006］
- Depatment of State, *Foreign Relations of the United States,* Washington, D.C.: Government Printing Office.［*FRUS*］
- Department of State, Justice, Commerce and the Judiciary, *Hearings before the Subcommittee of the Senate Committee on Appropriations*, 1949.
- U.S. President, *Public Papers of the Presidents of the United States, Harry Truman, 1945,* Washington, D.C.: Office of the Federal Register, National Archives and Record Service, 1961.

- U.S. President, *Public Papers of the Presidents of the United States, Harry Truman, 1950*, Washington, D.C.: Government Printing Office, 1965.
- U.S. Congress, House Committee on Naval Affairs, *Study of Pacific Bases: A Report by the Subcommittee on Pacific Bases*, 79th Congress, 1st Session, 1945, H.R. 154, Report no. 104.
- U.S. Congress, House, 80th Congress, 2nd Session, March 29, 1948, *Congressional Record*, Vol.94, Pt.3.
- U.S. Congress, House, 81st Congress, 2nd Session, August 25, 1950, *Congressional Record*, Vol.96, Pt.10.
- U.S. Congress, House, Committee on Foreign Affairs, European Problems, *Selected Executive Session Hearings of the Committee, 1951-1956, Vol.15*, Washington, D.C.: Government Printing Office, 1980.
- U.S. Senate Committee on Foreign Relations (SCFR), *Final Report of the Sub-committee on US Security Arrangements and Commitments Abroad*, 91st Congress, 1970.

4. 回想録，日誌，その他刊行文献
- Berle, Adolph A. 1973. *Navigating the Rapids, 1918-1971*, ed. by Beatrice Bishop Berle and Travis Beal Jacobs, New York : Harcourt, Brace, Jovanovich, Inc.
- Blan, Larry I., ed. 2003. *"The Finest Soldier": January 1, 1945-January 7, 1947, The Papers of George Catlett Marshall, Vol.5*, Baltimore, Md.: Johns Hopkins University Press.
- Blum, John Morton, ed. 1973. *The Price of Vision: The Diary of Henry A. Wallace, 1942-1946*, Boston : Houghton Mifflin.
- Campbell, Thomas M., and George C. Herring, eds. 1975. *The Diaries of Edward R. Stettinius, Jr., 1943-1946*, New York: New Viewpoints.
- Dennett, Raymond, *et al.*, eds. 1951. *Documents on American Foreign Relations*, 12, Boston: World Peace Foundation.
- Grew, Joseph C. 1952. *Turbulent Era: A Diplomatic Record of Forty Years, 1904-1945*, Vol.2, Boston: Houghton Mifflin.
- Griffis, Stanton. 1952. *Lying in State*, Garden City, NY: Doubleday.
- King, Ernest J., and Walter Muir Whitehill. 1952. *Fleet Admiral King: A Naval Record*, New York: Norton.
- Leahy, William D. 1950. *I Was There*, New York: Whittlesey House.
- Millis, Walter, and E. S. Duffield, eds. 1951. *Forrestal Diaries*, New York: Viking Press.
- Moran, Lord. 1966. *Churchill: Taken from the Diaries of Lord Moran, The Struggle for Survival, 1940-1945*, Boston: Houghton Mifflin.
- 芦田均（進藤榮一，下河辺元春編），1986年『芦田均日記』第二巻，第七巻，岩波書店．
- アチソン，ディーン，1979年（吉沢清次郎訳）『アチソン回顧録』2，恒文社．
- 東郷文彦，1989年『日米外交三十年―安保・沖縄とその後』中公文庫．
- 『米国陸海軍軍政・民事マニュアル：1943年12月22日 FM27-5 NAV50E-3』（竹前栄治，尾

引用

崎毅訳）1998年，みすず書房。
・宮沢喜一，1999年『東京―ワシントンの密談』中公文庫。
・吉田茂，1998年『回想十年』3，中公文庫。

二次資料

1. 単行本，論文

- åhman, Birta Skottsberg. 1950. "Scandinavian Foreign Policy, Past and Present," in Henning Friis, ed. *Scandinavia, Between East and West*, Ithaca and New York: Cornell University Press, pp.255-306.
- Agger, Jonathan Soborg, and Trine Engholm Micheisen. 2006. "How Strong was the 'Weekest Link'," in Vojetech Mastny, Sven G. Holsmark and Andreas Wenger, eds. *War Plans and Alliances in the Cold War: Threat Perceptions in the East and West*, London and New York: Routledge, pp.240-265.
- Ahmad, Qasim. 1999. "Britain and the Isolation of Franco, 1945-1950," in Christian Leitz and David J. Dunthorn, eds. *Spain in an International Context, 1936-1959*, New York: Berghahn Books, pp. 219-243.
- Albion, Robert G., and Robert H. Connery. 1962. *Forrestal and the Navy*, New York: Columbia University Press.
- Allison, Graham, and Philip Zelikow. 1999. *Essence of Decision: Explaining the Cuban Missile Crisis*, 2nd ed., New York: Longman.
- Armitage, Richard L., and Joseph S. Nye, Jr. 2007. *CSIS Commission on Smart Power : A Smarter, More Secure America*, Washington, D.C.: Center for Strategic & International Studies.
- Art, Robert J. 2003. *A Grand Strategy*, Ithaca : Cornell University Press.
- *AUSTRALIAN TREATY SERIES*, ATS 36, "Agreement between the Government of Australia and the Government of the United States of America relating to the Operation of and Access to an Australian Naval Communication Station at North West Cape in Western Australia , Washington, D.C., 16 July 2008".
- Baker, Anni P. 2004. *American Solidiers Overseas: The Global Military Presence*, Westport, Conn. : Praeger Security International.
- Barck, Oscar Theodore, Jr., and Nelson Manfred Blake. 1947. *Since 1900: A Hitory of the United States in Our Times,* New York: Macmillan Co.
- Barnett, Thomas P.M. 2004. *The Pentagon's New Map: War and Peace in the Twenty-First Century*, New York: G.P. Putnam's Sons.
- ———. 2009. *Great Powers: America and the World After Bush*, New York: G.P. Putnam's Sons.
- Battistini, Lawrence. 1960. *The Rise of American Influence in Asia and the Pacific*, East Lansing, Mich. : Michigan State University Press.

- Baylis, John. 1984. *Anglo-American Defense Relations 1939-1984: The Special Relationship*, 2nd ed., London: The Macmillan Press.
- Bennett, Andrew, Joseph Lepgold, and Danny Unger. 1994. "Burden-Sharing in the Persian Gulf War," *International Organization*, Vol.48, No.1, Winter, pp.39-75.
- Berry, William, Jr. 1989. *U.S. Bases in the Philippines: The Evolution of Special Relationship*, Boulder, Col. : Westview Press.
- Blaker, James R. 1990. *United States Overseas Basing: An Anatomy of the Dilemma*, New York: Praeger.
- Bogle, Lori Lyn, ed. 2001. *The Cold War*, 5 vols., New York: Routledge.
- Boot, Max. 2003. "Neither New nor Nefarious: The Liberal Empire Strikes Back," *Current History*, Vol.102, No.667, November, pp.361-366.
- Bohlen, Charles. 1973. *Witness to History, 1929-1969*, New York: Norton.
- Bowen, Wayne H. 2000. *Spaniards and Nazi Germany: Collaboration in the New Order*, Columbia, Mo.: University of Missouri Press.
- Boxer, Charles R. 1969. *The Portuguese Seaborne Empire*, New York: Knopf.
- Brodie, Bernard, ed. 1946. *The Absolute Weapon: Atomic Power and World Order*, New York: Harcourt, Brace, Jovanovich, Inc..
- Buell, Thomas B. 1974. *Quiet Warrior: A Biography of Admiral Raymond A. Spruance*, Boston: Little, Brown.
- Burns, James MacGregor. 1970. *Roosevelt: The Soldier of Freedom*, New York: Harcourt, Brace, Jovanovich, Inc.
- Buss, Lydus H. 1998. "US Air Defense in the Northeast 1940-1957," Historical Reference Paper, Number one, updated June 19, 1998. http://www.pinetreeline.org/other/neac.html（2009年2月18日　アクセス）
- Buzan, Barry. 2004. *The United States and the Great Powers: World Politics in the Twenty-First Century*, Cambridge, UK: Polity Press.
- Calder, Kent E. 2007. *Embattled Garrisons: Comparative Base Politics and American Globalism*, Princeton, NJ: Princeton University Press.
- Campbell, Donald T., and Julian C. Stanley. 1963. *Experimental and Quasi-Experimental Designs for Research*, Boston: Houghton Mifflin.
- Campbell, Duncan. 1984. *The Unsinkable Aircraft Carrier: American Military Power in Britain*, London: M. Joseph.
- Campbell, Kurt M., and Celeste Johnson Ward. 2003. "New Battle Stations?" *Foreign Affairs*, 82, No.5, September-October, pp.95-103.
- Cantril, Hadley, ed. 1951. *Public Opinion 1935-1946*, Princeton, NJ: Princeton University Press.
- Christensen, Svend Aage. 2001. "The Danish Experience: Denmark in NATO, 1949-1999," in Erich Reiter and Heinz Gärtner, eds. *Small States and Alliances*, Heidelberg, Ger.: Physica-Verlag, pp.89-100.
- Cianfarra, Camille M. 1953. "Spanish Ties Need Cited by U.S. Envoy," *New York Times*,

引用

April 10.
- Clarke, Duncan L., and Daniel O'Connor. 1993. "U.S. Base Rights Payments after the Cold War," *Orbis*, 37, pp.441-457.
- Cohen, Saul B. 1963. *Geography and Politics in a World Divided*, New York: Random House.
- ———. 2009. *Geopolitics: The Geography of International Relations*, 2nd ed., Lanham, Md.: Rowman & Littlefield.
- Condit, Kenneth W. 1996. *The Joint Chiefs of Staff and National Policy, Volume Ⅱ, 1947-1949*, Washington, D.C.: Office of Joint History, Office of the Chairman of the Joint Chiefs of Staff.
- Converse, Elliot Vanveltner, Ⅲ. 1984. *United States Plans for a Postwar Overseas Military Base System, 1942-1948*, Princeton, NJ; Princeton University, Ph.D. thesis.
- ———. 2005. *Circling the Earth: United States Plans for a Postwar Overseas Military Base System, 1942-1948*, Maxwell Air Force Base, Ala.: Air University Press.
- Cooley, Alexander A. 2008. *Base Politics: Democratic Change and the U.S. Military Overseas*, Ithaca: Cornell University Press.
- Cooley, Alexander A., and Hendrik Spruyt. 2009. *Contracting States: Sovereign Transfers in International Relations*, Princeton, NJ: Princeton University Press.
- Cordesman, Anthony H. 2006. *Iraqi Security Forces: A Strategy for Success*, Westport, Conn.: Praeger Security International.
- Cottrell, Alvin J. 1963. "Soviet Views of U.S. Overseas Bases," *Orbis*, 7, Spring, pp.77-95.
- Cottrell, Alvin J., and Thomas H. Moorer. 1977. *U.S. Overseas Bases: Problems of Projecting American Military Power Abroad*, Beverly Hills, Calif.: Sage Publication.
- Cullather, Nick. 1994. *Illusion of Influence: The Political Economy of U.S.-Philippine Relations*, Stanford, Calif.: Stanford University Press.
- Dabrowski, John R. 1996. *The United States, NATO and the Spanish Bases 1949-1989*, Kent, Ohio: Kent State University, Ph.D. thesis.
- Davis, Christina. 2004. "International Institutions and Issue Linkage: Building Support for Agricultural Trade Liberalization," *American Political Science Review*, Vol.98, No.1, pp.153-169.
- Davis, Vincent G. 1966. *Postwar Defense Policy and the U.S. Navy, 1943-1946*, Chapel Hill, NC: University of North Carolina Press.
- Dedman, John J. 1966. "Encounter over Manus," *Australian Outlook*, Vol.20, (August), pp.135-153.
- Desch, Michael C. 1992. "Bases for Future: US Post-Cold War Military Requirements in the Third World," *Security Studies*, Vol.2, No.2, Winter, pp.201-224.
- Dimbleby, David, and David Reynolds. 1988. *An Ocean Apart: The Relationship between Britain and America in the Twentieth Century*, London: Hodder & Stoughton.
- Douglas, Roy. 1981. *From War to Cold War, 1942-1948*, New York: Macmillan.
- Dower, John W. 1971. "Occupied Japan and the American Lake, 1945-1950," in Edward

Friedman and Mark Selden, eds. *America's Asia: Dissenting Essays on Asian-American Relations*, New York: Vintage, pp.146-206.
- Dueck, Colin. 2006. *Reluctant Crusaders: Power, Culture, and Change in American Grand Strategy*, Princeton, NJ: Princeton University Press.
- Duffield, John S., and Peter J. Dombrowski, eds. 2009. *Balance Sheet: The Iraq War and U.S. National Security*, Stanford, Calif.: Stanford University Press, Security Studies.
- Duke, Simon. 1987. *US Defense Bases in the United Kingdom: A Matter for Joint Decision?*, Basingstoke, UK: Macmillan Press.
- ———. 1989. *United States Military Forces and Installations in Europe*, Oxford amd New York: Oxford University Press.
- Duke, Simon, and Wolfgang Krieger, eds. 1993. *U.S. Military Forces in Europe: The Early Years, 1945-1970*, Boulder, Col.: Westview Press.
- Dulles, John Foster. 1954. "Policy for Security and Peace," *Foreign Affairs*, 32, April, pp.353-364.
- Edwards, Jill. 1999. *Anglo-American Relations and the Franco Question 1945-1955*, Oxford: Clarendon Press.
- Eggertsson, Thrainn. 1990. *Economic Behavior and Institutions*, New York: Cambridge University Press.
- Einhorn, Eric S. 1975. *National Security and Domestic Politics in Post-War Denmark: some principal issues, 1945-1961*, Odense, Denmark: Odense University Press.
- Ellwood, Sheelagh. 1994. *Franco*, London: Longman.
- Facon, Patrick. 1993. "U.S. Forces in France, 1945-1958," in Simon W. Duke and Wolfgang Krieger, eds. *U.S. Military Forces in Europe: The Early Years, 1945-1970*, Boulder, Col.: Westview Press, pp.233-248.
- Fogelson, Nancy. 1989. "Greenland: Strategic Base on a Northern Defense Line," *The Journal of Military History*, Vol.53, No.1, January, pp.51-63.
- Fox, William T. R., and Annette Baker Fox. 1967. *NATO and the Range of American Choice*, New York: Columbia University Press.
- Friedman, Hal Marc. 1995. *Creating an American Lake: United States Imperialism, Strategic Security, and the Pacific Basin, 1945-1947*, East Lansing, Mich., : Michigan State University, Ph.D. thesis.
- Gaddis, John L. 1972. *The United States and the Origins of the Cold War, 1941-1947*, New York: Columbia University Press.
- ———. 1974. "Reconsiderations: Was the Truman Doctrine a Real Turning Point?" *Foreign Affairs*, 52, January., pp.386-402.
- ———. 1980. "The Strategic Perspective: The Rise and Fall of the 'Defensive Perimeter' Concept, 1947-1951," in Dorothy Borg and Waldo Heinrichs, eds. *Uncertain Years: Chinese-American Relations, 1947-1950*, New York: Columbia University Press, pp. 61-118.
- ———. 1982. *The Strategies of Containment: American National Security Policy in the*

Cold War, New York: Oxford University Press.
- ———. 1997. *We Now Know: Rethinking Cold War History*, New York: Oxford University Press.
- ———. 2004. *Surprise, Security, and the American Experience*, Cambridge, Mass.: Harvard University Press.
- ———. 2011. *George F. Kennan: An American Life*, New York: Penguin Press.
- Gallarotti, Giulio M. 2010. *The Power Curse: Influence and Illusion in World Politics*. Boulder, Col.: Lynne Rienner Press.
- George, Alexander L., and Andrew Bennett. 2004. *Case Studies and Theory Development in the Social Sciences*, Cambridge, Mass.: MIT Press.
- Gerson, Joseph. 1999. "Architecture of U.S. Asia-Pacific Hegemony," *Peace Review*, September, Vol.11, No.3, pp.399-407.
- Gerson, Joseph, and Bruce Birchard, eds. 1991. *The Sun Never Sets: Confronting the Network of Foreign U.S. Military Bases*, Boston: South End Press.
- Gowing, Margaret. 1974. *Interdependence and Deterrence: Britain and Atomic Energy, 1945-1952, Vol.1*, London: Macmillan.
- Gray, Colin S. 1986. *Maritime Strategy, Geopolitics, and the Defense of the West*, New York: National Strategy Information Center.
- ———. 1988. *The Geopolitics of Super Power*, Lexington: University Press of Kentucky.
- Hall, H. Duncan. 1955. *North American Supply*, London: HMSO.
- Harkavy, Robert E. 1982. *Great Powers Competition for Overseas Bases: The Geopoilitics of Access Diplomacy*, New York: Pergamon Press.
- ———. 1989. *Bases Abroad*, Oxford: Oxford University Press.
- ———. 2005. "Thinking About Basing," *Naval War College Review*, Vol.58, No.3 (Summer), pp.12-42.
- Harris, Kenneth. 1982. *Attlee*, London: Weidenfeld and Nicolson.
- Heisler, Martin O. 1985. "Denmark's Quest for Security: Constraints and Opportunities Within the Allliance," in Gregory Flynn, ed. *NATO's Northern Allies: The National Security Policies of Belgium, Denmark, the Netherlands, and Norway*, London: Croom Helm, pp.57-107.
- Hermann, Richard K., and Richard Ned Lebow. 2004. *Ending the Cold War*, New York: Palgrave Macmillan.
- Hogan, Michael J. 1988. *A Cross of Iron: Harry S. Truman and the Origins of the National Security State, 1945-1954*, Cambridge: Cambridge University Press.
- Hohn, Maria, and Seungsook Moon, eds. 2010. *Over There: Living with the U.S. Military Empire from World War Two to the Present*, Durham, NC, and London: Duke University Press.
- Hoopes, Townsend. 1958. "Overseas Bases in American Strategy," *Foreign Affairs*, 37, October, pp.69-82.
- Ignatieff, Michael. 2003. *Empire Lite: Nation-Building in Bosnia, Kosovo, Afghanistan*,

New York: Vintage.
- Ikenberry, John. 2001a. *After Victory: Institutions, Strategic Restraint, and the Rebuilding of Order After Major Wars*, Princeton, NJ: Princeton University Press.
- ———. 2001b. "Getting Hegemony Rights," *The National Interest*, No. 63, Spring, pp. 17-24.
- ———, ed. 2002. *America Unrivaled: The Future of the Balance of Power*, Ithaca and London: Cornell University Press.
- ———. 2006. *Liberal Order and Imperial Ambition: Essays on American Power and World Politics*, Cambridge, UK: Polity Press.
- ———. 2011. *Liberal Leviathan: The Origins, Crisis, and Transformation of the American World Order*, Princeton, NJ: Princeton University Press.
- Ireland, Timothy P. 1981. *Creating the Entangling Alliance: The Origins of the North Atlantic Treaty Organization*, Westport, Conn.: Greenwood Press.
- Ismay, Lord. 1954. *NATO: The First Five Years, 1949-1954*, Paris: North Atlantic Treaty Organization.
- Jervis, Robert. 2005. *American Foreign Policy in a New Era*, New York: Routledge.
- Johnson, Chalmers. 2004. *The Sorrows of Empire: Militarism, Secrecy, and the End of the Republic*, New York: Metropolitan Books, Henry Holt.
- Kagan, Robert. 2008. "End of Dreams, Return of History," in Melvyn P. Leffler and Jeffery W. Legro, eds. *To Lead the World: American Strategy after the Bush Doctorine*, New York: Oxford University Press, pp.36-59.
- Kagan, Robert, and William Kristol. 2000. "The Present Danger," *The National Interest*, No.59, Spring, pp.57-69.
- Kane, Tim. 2006. "Global U.S. Troop Deployment, 1950-2005," May 24, http://www.heritage.org/Research/NationalSecurity/cda06-02.cfm（2009年8月27日アクセス）
- Kaplan, Lawrence S. 1980. *A Community of Interests: NATO and the Military Assistance Program, 1948-1951*, Washington, D.C.: Office of the Secretary of Defense, Historical Office.
- Kaplan, Robert D. 2005. *Imperial Grunts: the American Military on the Ground*, New York: Random House.
- Kennan, George F. 1967. *Memoirs, 1925-1950*, Boston: Little, Brown.
- Kennedy, Paul M. 1987. *The Rise and Fall of the Great Powers: Economic Change and Military Conflict from 1500 to 2000*, New York: Random House.
- ———. 2004. *The Rise and Fall of British Naval Mastery*, London: Penguin Books.
- Killingworth, Paul S. 2000. *Flex Basing: Achieving Global Presence for Expeditionary Aerospace Force*, Santa Monica, Calif.: RAND.
- Kimball, Warren F., ed. 1984. *Churchill & Roosevelt: The Complete Correspondence*, Vol. 1, Princeton, NJ: Princeton University Press.
- Klare, Michael T. 2004. *Blood and Oil: The Dangers and Consequences of America's Growing Petroleum Dependency*, New York: Metropolitan Books, Henry Holt.

- Krauthammer, Charles. 2002. "The Unipolar Moment Revisited," *The National Interest*, No.70, Winter, pp.5-17.
- Kugler, Richard L. 1998. *Changes Ahead: Future Directions for the U.S. Overseas Military Presence*, Santa Monica, Calif. : RAND.
- Lake, David A. 1996. "Anarchy, Hierarchy, and the Variety of International Relations," *International Organization*, Vol.50, No.1, Winter, pp.1-33.
- ―――. 1999. *Entangling Relations: American Foreign Policy in Its Century*, Princeton, NJ: Princeton University Press.
- ―――. 2009. *Hierarchy in International Relations*, Ithaca: Cornell University Press.
- Layne, Christopher. 2006. *The Peace of Illusions: American Grand Strategy from 1940 to the Present*, Cornell Studies in Security Affairs; Ithaca and London: Cornell University Press.
- Leffler, Melvyn P. 1984. "The American Conception of National Security and the Beginnings of the Cold War, 1945-1948", *American Historical Review*, Vol.89, No.2, April, pp.346-381.
- ―――. 1992. *A Preponderance of Power: National Security, the Truman Administration, and the Cold War*, Stanford, Calif.: Stanford University Press.
- Liedtke, Boris N. 1998. *Embracing a Dictatorship: U.S. Relations with Spain, 1945-1953*, Basingstoke, UK: Macmillan.
- ―――. 1999. "Compromising with the Dictatorship: U.S.-Spanish Relations in the Late 1940s and Early 1950s," in Christian Leitz and David J. Dunthorn, eds. *Spain in an International Context, 1936-1959*, New York: Berghahn Books, pp. 265-275.
- Liska, George. 1962. *Nations in Alliance: The Limits of Interdependence*, Baltimore, Md.: Johns Hopkins University Press.
- Louis, William Roger. 1978. *Imperialism at Bay: The United States and the Decolonization of the British Empire, 1941-1945*, New York: Oxford University Press.
- Louis, William Roger, and Hedley Bull. 1989. *The Special Relationship: Anglo-American Relations Since 1945*, Oxford: Clarendon Press.
- Lowi, Theodore J. 1963. "Bases in Spain," in Harold Stein, ed. *American Civil-Military Decisions: A Book of Case Studies*, Tuscaloosa, Ala. : University of Alabama Press, pp.667-702.
- Lundestad, Geir. 1986. "Empire by Invitation? : The United States and Western Europe, 1945-1952," *Journal of Peace Reserch*, Vol.23, No.3, September, pp.263-277.
- ―――. 2005. *The United States and Western Europe since 1945: From "Empire" by Invitation to Transatlantic Drift*, Oxford: Oxford University Press.
- Mackinder, Halford J. 1919. *Democratic Ideals and Reality: A Study in the Politics of Reconstruction*, London: Constable.
- Madriaga, Salvador de. 1958. *Spain: A Modern History*, New York: Praeger.
- Magalhas, Jose Calvet de. 1993. "U.S. Forces in Portugal 1943-1962," in Simon W. Duke and Wolfgang Krieger, eds. *U.S. Military Forces in Europe: The Early Years, 1945-*

1970, Boulder, Col. : Westview Press, pp. 273-282.
- Mahan, Alfred T. 1905. *Sea Power and Its Relations to the War of 1812*, Boston: Little, Brown.
- ———. 1918. *The Influence of Sea Power upon History, 1660-1783*, 12th ed., Boston: Little, Brown.
- May, Ernest R., ed. 1993. *American Cold War Strategy: Interpreting NSC 68*, Boston: Bedford Books of St. Martin's Press.
- McCain, Frank D., Jr. 1973. *Brazilian-American Alliance 1937-1945*, Princeton, NJ: Princeton University Press.
- McCalla, Robert B. 1996. "NATO's Persistence after the Cold War," *International Organization*, Vol.50, No.3, Summer, pp.445-475.
- McCarran, Pat. 1951. "Why Shouldn't the Spanish Fight For Us?" *Saturday Evening Post*, 223, April 28, p.137.
- McCullough, David. 1992. *Truman*, New York: Simon & Schuster.
- McDonald, John W., Jr., and Diane B. Bendahmane eds. 1990. *U.S. Bases Overseas: Negotiations with Spain, Greece, and the Philippines*, Boulder, Col. : Westview Press.
- Mearsheimer, John. 2001. *The Tragedy of Great Power Politics*, New York: Norton.
- Mee, Charles L., Jr. 1975. *Meeting at Potsdam*, New York: Dell Publishing Co.
- Milgrom, Paul, and John Roberts. 1992. *Economics, Organization and Management*, Englewood Cliffs, NJ : Prentice Hall.
- Murray, Patrick E. 1995. "An Initial Response to the Cold War: The Buildup of the USAF in the United Kingdom, 1948-1956," in Roger G. Miller, ed. *Seeing Off the Bear: Anglo-American Air Power Cooperation During the Cold War*, Washington, D.C. : Air Force History and Museums Program, pp.15-24.
- NATO. No date. *Texts of Final Communiques, 1949-1974*, Brussels: NATO Information Service.
- Nayar, Baldev Raj. 1995. "Regimes, Power, and International Aviation," *International Organization*, Vol.49, No.1, Winter, pp.139-170.
- Nelson, Daniel J., 1987. *A History of US Military Forces in Germany*, Boulder, Col.: Westview Press.
- Neustadt, Richard E. 1962. *Presidential Power: The Politics of Leadership*, New York: John Wiley & Sons.
- Nitze, Paul H. 1989. *From Hiroshima to Glasnost: At the Center of Decision*, New York: Grove Weidenfeld.
- Nye, Joseph S., Jr. 2002. *The Paradox of American Power: Why the World's Only Superpower Can't Go It Alone*, Oxford: Oxford University Press.
- O'Hanlon, Michael E. 2005. *Defense Strategy for the Post-Saddam Era*, Washington, D.C.: Brookings Institution Press.
- Palmer, Michael. 1988. *Origins of the Maritime Strategy: The Development of American Naval Strategy, 1945-1955*, Annapolis, Md. : Naval Institute Press.

- Paterson, Thomas G. 1979. *On Every Front: The Making of the Cold War*, New York: Norton.
- Paul, Ronald A. 1973. *American Military Commitments Abroad*, New Brunswick, NJ: Rutgers University Press.
- Pedlow, Gregory W. 1993. "The Politics of NATO Command, 1950-1962," in Simon Duke and Wolfgang Krieger, eds. *U.S. Military Forces in Europe: The Early Years, 1945-1970*, Boulder, Col. : Westview Press, pp.15-42.
- Petersen, Nikolaj. 1981. "The Alliance Policies of the Smaller NATO Countries," in Lawrence S. Kaplan and Robert W. Clawson, eds. *NATO After Thirty Years*, Wilmington, Del.: Scholarly Resources, pp.83-106.
- ———. 1982. "Britain, Scandinavia, and the North Atlantic Treaty 1948-1949," *Review of International Studies*, 8, pp. 251-268.
- ———. 1998. "Negotiating the 1951 Greenland Defense Agreement: Theoretical and Empirical Aspects," *Scandinavian Political Studies*, Vol.21, No.1, pp.1-28.
- Posen, Barry. 2003. "Command of the Commons," *International Security*, Vol.28, No.1, Summer, pp.5-46.
- Pressman, Jeremy. 2008. *Warring Friends: Alliance Restraint in International Politics*, Ithaca: Cornell University Press.
- Priest, Dana. 2004. *The Mission: Waging War and Keeping Peace with America's Military*, New York: Norton.
- Rasizade, Alec. 2003. "Entering the Old 'Great Game' in Central Asia," *Orbis*, 47, Winter, pp.41-51.
- Reynolds, David. 1983. *Lord Lothian and Anglo-American Relations, 1939-1940*, Philadelphia, Pa. : American Philosophical Society (Transactions of the American Philosophical Society, Vol.73, Part 2).
- Reiter, Erich, and Heinz Gärtner, eds. 2001. *Small States and Alliances*, Heidelberg, Ger. : Physica-Verlag.
- Rosecrance, R. N. 1968. *Defense of the Realm: British Strategy in the Nuclear Epoch*, London: Columbia University Press.
- Ross, Steven T. 1996. *American War Plans 1945-1950*, London: Frank Cass.
- Sandars, Christopher T. 2000. *America's Overseas Garrisons: The Leasehold Empire*, New York: Oxford University Press.
- Schelling, Thomas C. 1960. *The Strategy of Conflict*, Cambridge, Mass. : Harvard University Press.
- Schnabel, James F. 1979. *The Joint Chiefs of Staff and National Policy, 1945-1947*, Wilmington, Del.: Glazier.
- Schraut, Hans Jurgen. 1993. "U.S. Forces in Germany, 1945-1955," in Simon Duke and Wolfgang Krieger, eds. *U.S. Forces in Europe: The Early Years, 1945-1970*, Boulder, Col.: Westview Press, pp.153-180.
- Seidel, Carlos C. 1993. "U.S. Bases in Spain in the 1950s," in Simon Duke and Wolfgang

Krieger, eds. *U.S. Military Forces in Europe: The Early Years, 1945-1970*, Boulder, Col.: Westview Press, pp.283-308.
- Shalom, Stephen R. 1981. *The United States and the Philippines: A Study of Neocolonialism*, Philadelphia, Pa. : Institute for the Study of Human Issues.
- Sherry, Michael S. 1977. *Preparing for the Next War: American Plans for Postwar Defense,1941-1945*, New Haven, Conn., and London: Yale University Press.
- Skinner, Kiron K., ed. 2008. *Turning Points in Ending the Cold War*, Stanford, Calif.: Hoover Institution Press.
- Smith, Perry. 1970. *The Air Force Plans for Peace 1943-1945*, Baltimore, Md., and London: Johns Hopkins University Press.
- Smith, Sheila A. 2006. *Shifting Terrain: The Domestic Politics of the U.S. Military Presence in Asia*, Honolulu: East-West Center.
- Snyder, Glenn H. 1984. "The Security Dilemma in Alliance Politics," *World Politics*, Vol.36, No.3, pp.461-495.
- Spykman, Nicholas J. 1942. *America's Strategy in World Politics: The United States and the Balance of Power*, New York: Brace and Company.
- Steel, Ronald. 1967. *Pax Americana*, New York: Viking.
- Stockman, David A. 1986. *The Triumph of Politics: Why the Regan Revolution Failed*, New York: Harper and Row.
- Stoler, Mark A. 1982. "From Continentalism to Globalism: General Stanley D. Embick, the Joint Strategic Survey Committee, and the Military View of American National Policy during the Second World War," *Diplomatic History*, Vol.6, No.4, pp.303-320.
- ———. 2000. *Allies and Adversaries: The Joint Chiefs of Staff, The Grand Alliance, and U.S. Strategy in World War II*, Chapel Hill, NC, and London: University of North Carolina Press.
- Strauss, Michael J. 2009. *The Leasing of Guantanamo Bay*, Westport, Conn.: Praeger Security International.
- Sulzberger, C. L. 1948. "Franco Urges U.S. Lend $200,000,000," *New York Times*, November 12.
- Talbott, Strobe. 1988. *The Master of the Game: Paul Nitze and the Nuclear Peace*, New York: Knopf.
- Thaler, David E., *et al*. 2008. *Future U.S. Security Relationships with Iraq and Afghanistan: U.S. Air Force Roles*, Santa Monica, Calif.: RAND.
- Thucydides. 1954. *The Peleponnesian War*, Translated by R. Warner, London : Penguin Books.
- Toynbee, Arnold. 1962. *America and the World Revolution*, London: Oxford University Press.
- United Nations, *Treaty Series*, Vol.94, No.1305, pp.35-57, "Agreement pursuant to the North Atlantic Treaty, concerning the Defense of Greenland. Signed at Copenhagen, on 27 April 1951."

- ―――― Vol.2335, A-1305, pp.32-53, "Agreement between the Government of the United States of America and the Government of the Kingdom of Denmark, including the Home Rule Government of Greenland, to Amend and Supplement the Agreement of 27 April 1951 pursuant to the North Atlantic Treaty between the Government of the United States of America and the Government of the Kingdom of Denmark concerning the Defense of Greenland (Defense Agreement) including Relevant Subsequent Agreements related thereto."
- Vine, David. 2009. *Island of Shame: The Secret History of the U.S. Military Base on Diego Garcia*, Princeton, NJ: Princeton University Press.
- Villa, Brian L. 1976. "The U.S. Army, Unconditional Surrender and the Potsdam Declaration," *The Journal of American History*, Vol.63, No.1, June, pp.66-92.
- Wallander, Celeste A. 2000. "Institutional Assets and Adaptability: NATO After the Cold War," *International Organization*, Vol.54, No.4, Autumn, pp. 705-735.
- Wallander, Celeste A., and Robert O. Keohane. 1999. "Risk, Threat, and Security Institutions," in Helga Haftendorn, Robert O. Keohane and Celeste Wallander, eds." *Imperfect Unions: Security Institutions over Time and Space*, Oxford: Oxford University Press, pp.21-47.
- Walt, Stephen M. 1987. *The Origins of Alliances*, Ithaca: Cornell University Press.
- ―――― . 2006. *Taming American Power: The Global Response to U.S. Primacy*, New York: Norton.
- Waltz, Kenneth. 1979. *Theory of International Politics*, Reading, Mass. : Addison-Wesley.
- Watson, Robert J. 1986. *History of the Joint Chiefs of Staff: The Joint Chiefs of Staff and National Policy, 1953-1954*, Vol. V, Washington, D.C.: Joint Chiefs of Staff, Historical Division.
- Weeks, Stanley Byron. 1977. *United States Defense Policy towards Spain, 1950-1956*, American Univrsity, Ph.D. thesis.
- Welles, Benjamin. 1965. *Spain: The Gentle Anarchy*, New York: Frederick A. Praeger Publishers.
- Whitaker, Arthur P. 1961. *Spain and the Defense of the West: Ally and Liability*, New York: Harper.
- Wilkinson, Joe R. 1956. "Denmark and NATO: The Problem of Small State in a Collective Security System," *International Organization*, Vol.10, No.3, August, pp.390-401.
- Williamson, Oliver E. 1975. *Markets and Hierarchies: Analysis and Antitrust Implications*, New York: Free Press.
- ―――― 1985. *The Economic Institutions of Capitalism: Firms, Markets, Relational Contracting*, New York: Free Press.
- Wing, Christine. 1991. "The United States in the Pacific," in Joseph Gerson and Bruce Birchard, eds. *The Sun Never Sets: Confronting the Network of Foreign U.S. Military Bases*, Boston: South End Press, pp 123-148.
- Wohlforth, William C. 1999. "The Stability of a Unipolar World." *International Security*,

Vol. 24, No.2, Summer, pp.5-41.
- ———. 2003. *Cold War Endgame: Oral History, Analysis, Debates*, University Park, Pa.: Pennsylvania State University Press.
- Woodliffe, John. 1992. *Peacetime Use of Foreign Military Installations under Modern International Law*, Dordrecht, Netherlands: Martinus Nijhoff Publishers.
- Woodward, Llewellyn. 1970. *British Foreign Policy in the Second World War*, London: HMSO.
- Yergin, Daniel. 1977. *Shattered Peace: The Origins of the Cold War and the National Security State*, Boston: Houghton Mifflin.
- 明田川融，1999年『日米行政協定の政治史―日米地位協定研究序説』法政大学出版局。
- ———，2003年「駐英米軍をめぐる法と政治」，本間浩（編）『各国間地位協定の適用に関する比較論考察』内外出版，103-131ページ。
- ———，2008年『沖縄基地問題の歴史：非武の島，戦の島』みすず書房。
- 石渡利康，1989年『北欧国際関係の法的諸相』高文堂出版社。
- ———，1990年『北欧安全保障の研究』高文堂出版社。
- 伊藤裕子，1998年「フィリピンの軍事戦略的重要性の変化と1947年米比軍事基地協定の成立過程」『国際政治』第117号，3月号，209-224ページ。
- 上杉勇司（編），2008年『米軍再編と日米安全保障協力―同盟摩擦の中で変化する沖縄の役割』福村出版。
- エルドリッヂ，ロバート・D，2003年『沖縄問題の起源―戦後日米関係における沖縄1945-1952』名古屋大学出版会。
- エヴァラ，スティーブン・ヴァン，2009年（野口和彦，渡辺紫乃訳）『政治学のリサーチ・メソッド』勁草書房。
- 沖縄国際大学公開講座委員会（編），2006年『基地をめぐる法と政治』沖縄国際大学公開講座委員会。
- 金子讓，2008年『NATO北大西洋条約機構の研究―米欧安全保障関係の軌跡』彩流社。
- 川上高司，2004年『米軍の前方展開と日米同盟』同文館出版。
- 川名晋史，2012年「海外基地の分析モデル―戦略，同盟政治，契約」『青山国際政経論集』第86号，79-106ページ。
- 菅英輝，2010年『冷戦史の再検討―変容する秩序と冷戦の終焉』法政大学出版局。
- 我部政明，1996年『日米関係のなかの沖縄』三一書房。
- ———，2003年『世界のなかの沖縄，沖縄のなかの日本―基地の政治学』世織書房。
- ———，2006年「なぜ米軍は沖縄に留まるのか」『基地を巡る法と政治』沖縄国際大学公開講座委員会。
- ———，2007年『戦後日米関係と安全保障』吉川弘文館。
- 楠綾子，2009年『吉田茂と安全保障政策の形成―日米の構想とその相互作用1943〜1952年』ミネルヴァ書房。
- 坂元一哉，2000年『日米同盟の絆―安保条約と相互性の模索』有斐閣。
- 佐々木卓也，1993年『封じ込めの形成と変容』三嶺書房。
- 柴山太，2010年『日本再軍備への道―1945-54年』ミネルヴァ書房。

引用

- 鈴木健人，2002年『「封じ込め」構想と米国世界戦略』渓水社。
- 高田馨里，2011年『オープンスカイ・ディプロマシー―アメリカ軍事民間航空外交1938-1946年』有志舎。
- 竹内俊隆（編著），2011年『日米同盟論―歴史・機能・周辺諸国の視点』ミネルヴァ書房。
- 多湖淳，2010年『武力行使の政治学―単独と多角をめぐる国際政治とアメリカ国内政治』千倉書房。
- 田中明彦，1997年『安全保障―戦後50年の模索』読売新聞社。
- 豊下楢彦，1996年『安保条約の成立―吉田外交と天皇外交』岩波書店。
- 土山實男，2004年『安全保障の国際政治学―焦りと傲り』有斐閣。
- 永井陽之助，1978年『冷戦の起源―戦後アジアの国際環境』中央公論社。
- 永田実，1990年『マーシャル・プラン―自由世界の命綱』中央公論社。
- 西村熊雄，1959年『安全保障条約論』時事通信社。
- 日本国際政治学会編，1975年『「冷戦」―その虚構と実像―』（『国際政治』第53号）有斐閣。
- 日本国際政治学会編，1981年『冷戦期アメリカ外交の再検討』（『国際政治』第70号）有斐閣。
- 日本国際政治学会編，1992年『冷戦とその後』（『国際政治』第100号記念特別号）有斐閣。
- 秦郁彦，1982年「冷戦初期のアメリカ軍事戦略」『国際政治』第70号，5月号，47-66ページ。
- 花井等，木村卓司，1993年『アメリカの国家安全保障政策―決定プロセスの政治学』原書房。
- 原彬久，1988年『戦後日本と国際政治―安保改定の政治力学』中央公論社。
- ハレー，ルイス・J，1967年（太田博訳）『歴史としての冷戦』サイマル出版会。
- 福田毅，2011年『アメリカの国防政策―冷戦後の再編と戦略文化』昭和堂。
- ブラウ，ピーター・M，1974年（間場寿一他訳）『交換と権力―社会過程の弁証法社会学』新曜社。
- 細谷千博，1984年『サンフランシスコ講和への道』中央公論社。
- 本間浩（編），2003年『各国間地位協定の適用に関する比較論考察』内外出版。
- 松田康博（編），2009年『NSC国家安全保障会議―危機管理・安保政策統合メカニズムの比較研究』彩流社。
- マハン，アルフレッド・T，2008年（北村謙一訳）『マハン海上権力史論』原書房。
- 宮里政玄，1981年『アメリカの対外政策決定過程』三一書房。
- 村田晃嗣，1998年『大統領の挫折―カーター政権の在韓米軍撤退政策』有斐閣。
- 森本敏，2006年『米軍再編と在日米軍』文藝春秋。
- 山田浩，1979年『核抑止戦略の歴史と理論』法律文化社。
- 山本吉宣，2006年『「帝国」の国際政治学―冷戦後の国際システムとアメリカ』東信堂。
- 渡辺昭夫，1986年「講和問題と日本の選択」，渡辺昭夫，宮里政玄編『サンフランシスコ講和』東京大学出版会，19-28ページ。

2. 新聞

- The Times
- New York Times
- 朝日新聞

索 引

A
ATC ... iv, 61, 63

B
B-29 ... 80, 118, 169, 171, 172, 173
B-36 ... 188
B-47 ... 22
B-52 ... 22

C
CNO ... iv, 58
COMINCH ... iv, 58

E
ECA ... iv, 212

F
F-14課 ... 81
FACC ... iv, 187

G
GPR ... iv

I
ICBM ... 22
IPWAF ... iv, 76, 78, 80

J
JCS ... iv, 4, 40
JCS 570 ... 64
JCS 570/1 ... 64
JCS 570/2 ... 67, 75, 76, 87, 91, 225
JCS 570/40 ... 95, 96, 109, 110, 114, 122, 225
JCS 570/62 ... 113, 114, 129
JCS 570/83 ... 119, 121, 122, 128, 137, 153, 225
JCS 570/111 ... 145, 146, 148, 154
JCS 570/120 ... 137, 148, 151, 152, 154, 157, 226
JCS 1496/3 ... 92
JCS 1518/3 ... 92
JPWC ... iv, 85
JSP ... iv, 53, 54, 87, 92, 111, 129
JSP 684/17, JSP684/18 ... 113
JSP 784 ... 111
JSPC ... iv, 146, 148
JSPG ... iv, 138, 153
JSPG 503/1 ... 138, 153
JSSC ... iv, 54, 55, 56, 64, 89, 145, 225
JWPC ... iv, 93, 94, 137, 153, 168
JWPC 361/4 ... 93
JWPC 496 ... 118, 129

M
MAAG ... iv, 212

N
NATO ... iv, 24, 26, 42, 154, 182, 185, 186, 187, 188, 193, 201, 202, 209, 229, 239
NATOグリーンランド司令官 ... 189, 190, 191
NATO条約第3条 ... 152, 187
NSC ... iv, 155
NSC 45/1 ... 155
NSC 68 ... 5, 155, 156, 226
NSC 72/6 ... 210

索引

O
OPD ... iv, 87

P
PPS ... iv

S
SAC ... iv, 172
SEATO ... iv
SHAPE ... iv, 195, 197
SOFA ... iv
SWNCC ... iv, 85, 86, 96, 98, 109, 119, 128

T
TORCH ... 167

V
VCNO ... iv, 81

W
WEU ... iv, 143

あ
アーノルド（Henry H. Arnold）... 54, 55, 88
アイスランド ... 89, 94, 121, 128, 138, 144, 153, 169
アイゼンハワー（Dwight D. Eisenhower）... 21, 109, 112, 146, 213
青色地域 ... 64, 87
アクセス権 ... 122
アゾレス諸島 ... 94, 121, 129, 138, 144, 153, 169
アチソン（Dean Acheson）... 175, 190, 206, 208, 212, 238
アデナウアー（Konrad Adenauer）... 239
アトリー（Clement R. Attlee） ... 89, 174, 176, 204
アメリカンゾーン ... 56, 57
アルタホ（Martin Artajo）... 210, 214
アンダーソン（Eugenie Anderson）... 191

い
硫黄島 ... 122
維持契約（Maintenance Covenant）... 95

う
ウィルソン（Charles E. Wilson）... 213
ウィルソン（Edwin C. Wilson）... 116
ウィルソン（Russell Willson）... 56, 90

え
エドワーズ（Richard S. Edwards）... 81, 82
エリクセン（Erik Eriksen）... 195
遠距離の緩衝地 ... 92
エンビック（Stanley D. Embick）... 56, 57, 89, 225

お
欧州戦略空軍 ... 110
欧州復興援助計画（マーシャル・プラン）... 95, 141, 145, 201, 206, 212
欧州連合軍最高司令部 ... 195
オーランド（H. W. Aurand）... 113
オーリー（John H. Ohly）... 145
小笠原 ... 7, 59, 62, 121
沖縄 ... 7, 20, 45, 121, 237
オコンスキー（Alvin O'Konski）... 206

か

外縁 93
海外基地 17
海軍作戦部長 112
海軍諮問委員会 58, 59, 82
カウフマン(Henrik Kauffmann) 183, 188
核戦略 20
確定(Determination) 81, 82
核抑止 21
合衆国艦隊司令長官 58
カルダー(Kent Calder) 1, 18, 28
カルバートソン(Paul Culbertson) 127
完備契約 29, 30, 32
管理権 114

き

機会主義行動 30, 31, 33, 233
企画・作戦部 87, 139, 142, 143, 146
キスナー(August W. Kissner) 212
北大西洋条約 151, 155
北大西洋地域計画グループ 186
北大西洋理事会 238
基地契約 29, 30, 32, 37, 223
基地権 80, 101, 130
基地地域 119
基地の鎖 57, 62, 68
基地の政治学 18, 230, 239
基地のディレンマ 24, 25, 223, 229, 230
ギャディス(John L. Gaddis) 5, 6
キャフェリー(Jefferson Caffery) 126
キャンベル(Duncan Campbell) 170
吸収(absorption)効果 21
極地戦略 188
拒否権 26, 175, 177
拒否戦略(denial strategy) 22
キング(Ernest J. King) 19, 55, 60, 80, 82, 87, 94, 112, 130

く

グアンタナモ基地 25
クーリー(Alexander Cooley) 28
駆逐艦―基地交換協定 8, 57, 166, 167, 178, 228
グラスフォード(William Grassford) 64
クラフト(Ole Bjorn Kraft) 191, 193, 194
グリーンランド 89, 94, 121, 129, 138, 144, 153, 182
グリーンランド協定 183, 193
クリスマスツリー 101, 225
クリッパートン島 53
グリフィス(Stanton Griffis) 209
グルー(Joseph C. Grew) 86, 90, 110
グローブ(Leslie R. Groves) 93
クローリー(Aiden Crawley) 174
軍事勧告支援グループ 212

け

契約仮説 34, 40, 131, 197, 217, 227, 229
契約関係 29
契約論 28, 34, 223, 230
ケイン(Tim Kane) 2
ケーベル(Charles P. Cabell) 95
ケーン(R. Keith Kane) 86
ケナン(George F. Kennan) 108, 113, 127
ケベック協定 175
権威戦略 196

こ

国際警察軍 52, 54, 63, 64, 76, 77
黒色地域 66, 87
国防総省 145, 216
国防総省政策検討グループ 155
国務省 75, 85, 86, 112, 124, 128, 183, 216
国務・陸・海軍三省調整委員会 85
国連 202
国家軍政機構 151
互恵性 141, 143, 154, 234

コナリー(Tom Connally) ……………202, 208
コノリー(Richard L. Conolly) ………205, 208
孤立主義 ………………………23, 142, 171

さ

サールズ(Fred Searles, Jr.) ……………112
在日米軍基地 …………………………26
サラザール(António de Oliveira Salazar)
 …………………………………127, 202
サンフランシスコ講和条約 ……………237

し

シェリー(Michael S. Sherry) ……………68
資源制約 …………………20, 23, 131, 221
事前協議 …………………………………26
事前集積基地 ……………………………17
しっぺ返し(tit for tat) ……………33, 233
シャーマン(Forrest P. Sherman) …112, 118, 208, 211
ジャイルズ(Benjamin F. Giles) …………183
周辺基地戦略(peripheral strategy) ………22
シューマッハー(Kurt Schumacher) ……239
主権 ……………178, 189, 192, 225, 232
手段としての同盟 ………………………235
主要基地 ………17, 93, 94, 95, 96, 119, 121
シュルゲン(George F. Schulgen) ………53
ジョージ(Harold George) ………………61
初期の戦後航空部隊計画 …………………76
ジョンソン(Chalmers Johnson) …………22
ジョンソン(Leon Johnson) ……………164
ジョンソン(Louis A. Johnson) …………153
ジョンソン(Max S. Johnson) ……………87
自立性 ………………8, 33, 189, 197, 228

す

スカンジナビア同盟 ………………184, 185
スカンジナビア防衛委員会 ……………184

スターリン ……………………112, 202
スティムソン(Henry L. Stimson) ………109
ステッティニアス(Edward Stettinius, Jr.)
 ……………………………………85, 88
スパーツ(Carl Spaatz) …………110, 118, 169
スパーツ・テッダー協定 ……118, 170, 171, 178
スパイクマン(Nicholas J. Spykman) ……19
スピッツベルゲン諸島 ………89, 90, 91, 117, 121
スプリー(James W. Spry) ………………211
スプリュート(Hendrik Spryut) ……………30
スプルーアンス(Raymond Spruance) ……110
スミス(Perry Smith) ……………………77
スレッサー(Johnson Slessor) ……………176

せ

西欧連合 ……………………………143, 145
整合法 ……………………………………39
脆弱性 ……………………………………30
勢力均衡 ………………………………19
勢力範囲 ………………19, 75, 204, 224
戦後基本計画第一号 ……………83, 87, 94
先制攻撃 ……………………75, 77, 93
戦争対処計画 …………………………108, 117
戦略仮説 ……………24, 40, 131, 226
戦略論 ………………19, 34, 221, 230

そ

相互防衛援助協定 ………………………25

た

ダーダネルス海峡 ………………115, 124
対外援助調整委員会 ……………………187
大使の協定 …………………………173, 178
対接受国政策 …………………………153, 228
大量報復戦略 ………………………………21
ダグラス(A. D. Douglas) …………………81
ダグラス(Lewis Douglas) ……………171, 173

多国間制度 154
タフト(Robert Alphonso Taft) 205
ダレス(John Foster Dulles) 21
ダン(James Clement Dunn) 213, 214
単一契約 33, 223
ダンカン(R. B. Duncan) 81
短期契約 142
短期的緊急事態計画 6, 137, 153, 155, 156

ち
地位協定(SOFA) 30
チャーチル(Sir Winston L. S. Churchill)
88, 113, 165, 168, 174, 175, 176, 202
チャペルテック条約 24
中継基地 17
中ソ友好同盟相互援助条約 155
朝鮮戦争 5, 155, 175, 209
長文電報 43, 108, 113

て
帝国主義 128, 130
テッダー(Sir Arthur Teddar) 118, 169
鉄のカーテン 108, 113
デニソン(R. L. Dennison) 114
デューク(Simon Duke) 170, 171
デュエック(Collin Dueck) 23

と
統合計画参謀 53
統合戦後委員会 85
同盟政治仮説 28, 179, 196
同盟政治論 24, 32, 34, 223, 230
同盟のディレンマ 24
特別な責任(special responsibility) 177
トリップワイヤー 27
トルーマン(Harry S. Truman) 6, 86, 87, 91, 112, 116, 174, 177, 193, 202

トルーマン・アトリー会談 171, 176
トルーマン・ドクトリン 108, 117, 206

に
ニクソン(Richard M. Nixon) 213
二国間交渉 152, 186
二重の封じ込め 7, 21
ニッツェ(Paul Nitze) 155, 176
ニミッツ(Chester William Nimitz) 83, 112

の
ノースタッド(Lauris Norstad) 127
ノールトン(William A. Knowlton) 146
ノックス(Frank Knox) 58, 130
ノリエガ(Manuel Noriega) 28

は
ハーカヴィー(Robert Harkavy) 20
パーキンス(George A. Perkins) 210
バード(Richard E. Byrd) 84
バーリ(Adolf. A. Berle) 54
バーンズ(James F. Byrnes) 88, 90, 109, 112, 124, 168
覇権 1, 115, 233, 234
パターソン(Robert P. Patterson) 109, 112, 125
バトル(Lucius Battle) 177
ハリファックス(Lord Halifax) 110, 167
ハリマン(W. Averell Harriman) 88
ハル(Cordell Hull) 165
ハル(John E. Hull) 94, 122

ひ
ピーターセン(Nikolaj Petersen) 196
ビーチャー(William Beecher) 109
ビゴン(Juan Vigon) 212

索引

ヒッカーソン（John D. Hickerson）
　　　　　　　　　　　　　89, 124, 127, 128
ビドー（Georges Bidault）………………85, 126
ピンチャー（Pincher）………………117, 168

ふ

封じ込め………………………22, 155, 156, 226
フェアチャイルド（Muir S. Fairchild）……56
フォレスタル（James V. Forrestal）
　　80, 82, 86, 89, 94, 112, 130, 143, 144, 146, 148, 171, 172, 209
不完備契約…………………………29, 30, 33
不沈空母……………………………………170
ブッシュ（Vannevar Bush）…………………92
ブラウネル（George A. Brownell）79, 85, 86
ブラウン（Willson Brown）…………………69
ブラッセル条約……………………………184
ブラッドレー（Omar N. Bradley）………214
ブラン（C. A. C. Brun）………………188, 192
フランコ（Francisco Franco y Bahamonde）
　　　　　　　　28, 44, 201, 202, 204, 208
ブレーカー（James R. Blaker）……………23

へ

ベアー島………………………89, 90, 91, 117, 121
ペアリー（Robert E. Peary）………………182
兵站線…………………………………93, 98, 168
ベイリス（John Baylis）………………166, 170
ベヴィン（Ernest Bevin）…………110, 113, 124, 125, 167, 171, 173, 174, 176, 184
ヘップバーン（A. J. Hepburn）………………82
ヘドフト（Hans Hedtoft）………………184, 195
ベルリン危機……138, 170, 171, 173, 203, 226
ヘンダーソン（Arthur Henderson）………172

ほ

防衛ライン……………………………183, 225

包括契約……………………………33, 223, 237
ホーン（Frederick J. Horne）……………82, 83
ホスト・ネーション・サポート……………233
ポツダム会談……………………………88, 202

ま

マーシャル（George C. Marshall）
　　　　　　87, 88, 95, 139, 153, 171, 204, 206
巻き込まれ…………………8, 26, 33, 176, 178, 189, 195, 196, 197, 216, 229, 232, 239
マクレア（John L. McCrea）…………………53
マクロイ（John J. McCloy）……………87, 90
マッカラン（Pat McCarran）……………205, 206
マッキンダー（Halford J. Mackinder）……19
マドックス（Ray T. Maddocks）…………146
マドリード協定……………214, 215, 216, 229
マハン（Alfred T. Mahan）…………………19
マルコス（Ferdinand Edralin Marcos）……27

み

見返り………………31, 32, 33, 141, 143, 148, 197, 211, 213, 223
見返り原則………42, 95, 139, 145, 147, 154, 197, 217, 228, 232, 233
見返りとしての同盟…………………………33

も

モファット（Reuben C. Moffat）………77, 78
モリスン（Herbert Morrison）……………210
モロトフ（Vyacheslav Molotov）…………117

や

ヤーネル（Harry E. Yarnell）………………101

ゆ

輸送航空司令部……61

よ

ヨーゲンセン(Jorgen Jorgensen)……193
予算制約……80, 225
4人の警察官……56, 224

ら

ラスムッセン(Gustav Rasmussen)…185, 194
ランゲ(Halvard Lange)……184

り

リーヒ(William D. Leahy)……53, 55, 69
緑色地域……66, 87
リンカーン(George A. Lincoln)……94, 109

る

ルイス(William Roger Louis)……56

れ

レイク(David A. Lake)……30
レクエリカ(Jose Felix de Lequerica)……206

ろ

ロイヤル(Kenneth C. Royall)……143, 144
ロヴェット(Robert A. Lovett)
　……54, 79, 85, 86, 146, 147, 177, 204
ローズヴェルト(Franklin D. Roosevelt)
　……4, 52, 60, 64, 66, 84, 87, 99, 112, 130, 165, 175
ローテーション……170, 172
ロジアン卿(Lord Lothian)……165
ロハス(Manuel Roxas)……27

わ

ワット(Alan Watt)……110

〈著者紹介〉

川名　晋史（かわな・しんじ）

1979年　北海道生まれ

2011年　青山学院大学大学院国際政治経済学研究科博士後期課程修了
　　　　博士（国際政治学）

2011-2013年　（財）平和・安全保障研究所研究員，
　　　　青山学院大学国際政治経済学部非常勤講師，
　　　　学習院大学法学部非常勤講師

現　在　近畿大学法学部講師

■ 基地の政治学──戦後米国の海外基地拡大政策の起源

■ 発行日──2012年5月26日　初版発行　〈検印省略〉
　　　　　　2013年7月16日　初版2刷発行

■ 著　者──川名晋史

■ 発行者──大矢栄一郎

■ 発行所──株式会社　白桃書房

〒101-0021　東京都千代田区外神田5-1-15
☎03-3836-4781　📠03-3836-9370　振替00100-4-20192
http://www.hakutou.co.jp/

■ 印刷・製本──藤原印刷

© Kawana Shinji 2012 Printed in Japan　ISBN 978-4-561-96126-0 C3031

本書のコピー，スキャン，デジタル化等の無断複製は著作権法上での例外を除き禁じられています。本書を代行業者等の第三者に依頼してスキャンやデジタル化することは，たとえ個人や家庭内の利用であっても著作権法上認められておりません。

JCOPY　〈㈳出版者著作権管理機構　委託出版物〉

本書の無断複写は著作権法上の例外を除き禁じられています。複写される場合は，そのつど事前に，㈳出版者著作権管理機構（電話03-3513-6969，FAX 03-3513-6979，e-mail : info@jcopy.or.jp）の許諾を得てください。

落丁本・乱丁本はおとりかえいたします。